Social Media für Freiberufler und Kleinunternehmer

SYBEX
A Wiley Brand

Stephan Koß

Social Media für Freiberufler und Kleinunternehmer

WILEY

Bibliografische Information der Deutschen Nationalbibliothek

Die Deutsche Nationalbibliothek verzeichnet diese Publikation in der Deutschen Nationalbibliografie; detaillierte bibliografische Daten sind im Internet über http://dnb.d-nb.de abrufbar.

1. Auflage 2013

Wir möchten Sie mit diesem Buch optimal unterstützen und freuen uns daher über Ihre Anregungen und Verbesserungsvorschläge. Notwendige Korrekturen veröffentlichen wir im Interesse aller Leser umgehend unter *www.sybex.de* und berücksichtigen sie bei der nächsten Auflage. Herzlichen Dank für Ihre Unterstützung!

Ihr Sybex-Lektoratsteam
lektorat@sybex.de

ISBN 978-3-527-76033-6

Coverbild © fotolia/SG-design
Umschlaggestaltung Torge Stoffers Graphik-Design, Leipzig
Lektorat und Korrektur Isolde Kommer, Großerlach
Satz Reemers Publishing Services GmbH, Krefeld
Druck und Bindung CPI, Ebner & Spiegel GmbH, Ulm

Inhaltsverzeichnis

Geleitwort

Als wir 2002 mit der Entwicklung von LinkedIn begannen, gab es noch kein Facebook – noch nicht einmal MySpace. Und die damals vorhandenen Netzwerke wurden hauptsächlich von jungen Leuten zum Spaß und Zeitvertreib genutzt. Es gab Blogs, aber den meisten Zulauf fand zu der Zeit Friendster.

Das Gründungsteam von LinkedIn bestand nicht aus Studenten; vielmehr hatten wir alle mehr als 10 Jahre Berufserfahrung. Bevor Photosharing sich zur zentralen Social-Media-Achse entwickelte, ging es bei Friendster meist darum, unter den Freunden der eigenen Freunde Lebensgefährten und sonstige interessante Personen zu finden. Das war einfach wesentlich effektiver als auf Partys, da der gemeinsame Freund als Bezugsperson den nötigen Vertrauensvorschuss herstellte. Wir erkannten, dass Business häufig ganz ähnlich funktioniert. Zwar gingen manche Kleinunternehmer gerne zu Networking-Partys, aber die Erfolgsquote dieser Methode war meist doch eher begrenzt. Die begehrten Leute, die man kennenlernen will, sind in der Regel nämlich nicht auf allgemeinen Networking-Veranstaltungen zu treffen.

Häufig wird Social Media als neues Synonym für Foren oder Communities betrachtet. Sie sind jedoch populär geworden, weil sie ganz anders strukturiert sind: Nicht die Gemeinschaft steht im Vordergrund, sondern die individuelle Person. Jede Person hat ihr eigenes Netzwerk – und zwar anders als in einem Forum keine gleichgesinnten Unbekannten, sondern echte Kontakte, die man persönlich gut kennt.

Auf Facebook sollten die direkten Kontakte echte Freunde sein und auf LinkedIn Kunden, Mitarbeiter oder Kollegen in Partnerfirmen. Es sind also die Menschen, die man mehr oder weniger regelmäßig auch Offline trifft. Es besteht zwar die Möglichkeit, über die sozialen Netzwerke den Kontakt zu einem größeren Bekanntenkreis aufrecht zu erhalten; aber die zentrale Idee von Social Media ist der bessere Zugriff auf das erweiterte Netzwerk.

Das erweiterte Netzwerk sind die Kontakte der eigenen Kontakte und dann wiederum deren Kontakte. Nehmen wir mal an, dass Sie 120 Kunden, Mitarbeiter oder Kollegen in Partnerfirmen haben. Diese Personen kennen und schätzen Sie. Sie können sich auf diesen Kreis von Kontakten verlassen. Wenn Sie einen neuen Kunden, Partner, Investor oder Mitarbeiter suchen, ist es selten, dass einer der direkten Kontakte in Frage kommt. Aber wenn jeder dieser Kontakte selbst 120 Kontakte hat und jeder dieser Kontakte wiederum 120, dann haben Sie in seinem erweiterten Netzwerk über 1,7 Millionen Kontakte.

Weil dieses erweiterte Netzwerk keine willkürliche Ansammlung von Personen ist, sondern die Personen im erweiterten Netzwerk die eigenen Kunden, Mitarbeiter oder Kollegen entweder direkt kennen oder mit ihnen gemeinsame Bekannte haben, ist das erweiterte Netzwerk so relevant und wertvoll. Bei einem Kontakt zweiten Grades ist der eigene Kontakt für beide der Bezugspunkt. Dieser gemeinsame Bezugspunkt ist sehr wichtig. Haben Sie auch festgestellt, wie einfach es ist, einen neuen Kunden zu gewinnen, wenn ein existierender Kunde diesen kennt und Sie empfiehlt?

Kontakte zweiten Grades waren auch vor den Zeiten von Social Media bereits zugänglich und wurden gerne genutzt. Dies war jedoch recht aufwändig, da man nicht wusste, wen die eigenen Kontakte kannten. Es gab keine Suche nach den Kontakten zweiten Grades und so war man darauf angewiesen, bei den Kontakten individuell nachzufragen, ob sie jemanden mit dieser oder jener Erfahrung oder bei einer bestimmten Firma kennen. Bei 120 Kontakten ist das natürlich überaus zeitaufwändig und häufig werden dabei relevante Personen absichtlich oder aus Versehen vergessen.

Mit der Hilfe der Suchfunktion von Social-Media-Tools wie LinkedIn oder XING ist so etwas in Sekunden erledigt und Sie wissen sofort, wer bei einer bestimmten Firma wen kennt und können dann um eine Vorstellung bitten. Dies steigert die Effizienz im Vergleich zur konventionellen Methode um einen Faktor 100 oder mehr. Und wenn eine erfolgreiche Methode um den Faktor 100 erleichtert wird, kommt es zu einer raschen Akzeptanz – wie es bei Social Media geschehen ist.

Gerade wenn man keine große Firma als Marke hinter sich stehen hat, sind Vorstellungen Gold wert. Und mit Social Media geht dies einfacher und gezielter als je zuvor. Viel Erfolg!

Konstantin Guericke
Mitbegründer von LinkedIn

Über den Autor

Stephan Koß ist Social-Media-Enthusiast und engagiert sich seit vielen Jahren insbesondere dafür, die (sinnvolle) geschäftliche Nutzung der sozialen Netzwerke zu etablieren. Auf XING und LinkedIn hat er mehrere Gruppen zum Thema Projektmanagement aufgebaut, deren größte mittlerweile über 50.000 Mitglieder hat. Er tritt zudem als Sprecher auf und schreibt den Blog »LinkedInsiders«, der mittlerweile auf bald 300.000 Leser kommt. Im realen Leben ist er Diplom-Betriebswirt und arbeitet, nach ein paar Jahren als Projektleiter in der Finanzindustrie, seit 2002 als Unternehmensberater. Er kommt aus Hameln, ist verheiratet, hat zwei Töchter und einen Golden Retriever, der keinen Cat Content mag.

Einführung

Social Media nimmt in unserem Leben eine immer wichtigere Rolle ein. Während ich dies schreibe, hat Facebook zum Beispiel über eine Milliarde aktiver Nutzer. Drei Viertel aller deutschen Internetnutzer haben einen Facebook-Account. Auch die großen Konzerne sind dort präsent. Muss ich als Freiberufler oder kleiner Unternehmer ebenfalls auf Facebook vertreten sein? Ist die Zeit dort sinnvoll genutzt und muss ich Geld für meinen Auftritt bezahlen? Das sind typische Fragen, die ich in diesem Buch beantworten möchte.

Für wen ist das Buch geschrieben?

Dieses Buch richtet sich vorrangig an Freiberufler, kleine Unternehmer und Selbstständige. Es bietet Ihnen Lösungsansätze für den Einstieg und den effektiven Umgang mit Social Media und es zeigt Ihnen, wie Sie im Gespräch bleiben, bestehende Kunden binden und neue Kontakte finden.

Das Buch soll Ihnen helfen, wenn Sie sich kaum oder nur privat mit den sozialen Netzwerken auskennen. Wenn Sie beispielsweise bereits auf Facebook aktiv sind, hilft Ihnen das an etlichen Stellen, die Strategien und Ideen zu verstehen. Auch wenn Sie überhaupt keine Vorkenntnisse besitzen, erhalten Sie einen praktischen Leitfaden, wie Sie Social Media für Ihr Geschäft einsetzen können. Am Anfang sollte stets eine kritische Reflexion stehen, bei der ich Ihnen mit Checklisten und Ideen zur Seite stehen möchte.

Wie man Social Media am besten einsetzt, lässt sich nicht pauschal beantworten – es hängt von Ihren Zielsetzungen und Möglichkeiten ab. Ich kann Ihnen aber aufzeigen, wie Sie sich und Ihr Angebot oder Ihre Dienstleistung mit einfachen Mitteln präsentieren können, was das »Netzwerk« ist, wie Sie es aufbauen und pflegen und warum das alles nötig ist. Dazu benötigen Sie einige Grundkenntnisse, die ich in den ersten Kapiteln dieses Buchs erläutern werde. Allerdings werde ich die Theorie auf ein Mindestmaß beschränken, denn dieses Buch soll vor allem Praktiker und Macher unterstützen.

Das Ziel ist, dass Sie sich zuerst einmal mit Social Media beschäftigen: Das ist notwendig, um Ihre Zielgruppe zu identifizieren und um zu entscheiden, wo und wie Sie diese am besten erreichen. Sobald Sie dieses Ziel erreicht haben, sollte Ihr Social-Media-Auftritt möglichst wenige Ressourcen im Sinne von Zeit und Geld erfordern. Wenn Sie bereits ein funktionierendes Geschäftsmodell haben, müssen Sie nicht umdenken. Social Media ist ein Werkzeug, das Ihnen helfen kann, nicht mehr und nicht weniger – genau wie ein Telefon.

Um sich einen Auftritt im Social-Media-Umfeld zu schaffen, benötigen Sie vor allem ein bereits jetzt tragfähiges Geschäftsmodell. Alleine durch die sozialen Netzwerke werden Sie keines bekommen. Ansonsten brauchen Sie

- einen Computer mit Internetverbindung, möglichst Breitband (zum Beispiel DSL),
- etwas Zeit, um sich Gedanken über den Auftritt zu machen,
- regelmäßig Zeit, um den Auftritt zu pflegen,
- ggf. etwas Geld und eine Kreditkarte (wenn Sie erweiterte Angebote in Anspruch nehmen möchten)

Was benötige ich an Zeit und Geld?

Ist ein Social-Media-Auftritt teuer? Muss ich täglich mehrere Stunden auf Facebook (oder in einem anderen Netzwerk) verbringen? Das sind Fragen, die viele Selbstständige, Freiberufler oder kleine Unternehmer davon abhalten, sich mit Social Media zu beschäftigen. Zeit ist ein Gut, das gerade der Zielgruppe dieses Buchs nicht unbegrenzt zur Verfügung steht. Sie werden jedoch sehen, dass Sie Social Media auch dann effektiv nutzen können, wenn Sie nur wenig Zeit haben – möglicherweise nur wenige Minuten am Tag oder sogar nur wenige Minuten in der Woche.

Damit Sie Social Media trotzdem erfolgreich nutzen können, sollten Sie sich im Vorfeld erst einige Gedanken über die Ziele machen, die Sie erreichen wollen. Eine genaue Selbsteinschätzung hilft, die richtige Plattform und die richtige Strategie zu finden. Eine Einflussgröße bei dieser Strategie ist die Zeit, die Sie investieren können und wollen.

Die andere Einflussgröße ist Geld. Viele Konzerne arbeiten mit großen Budgets bis in siebenstelligen Bereichen, um ihren Social-Media-Auftritt zu pflegen. Das brauchen Sie natürlich nicht. Sie können Ihren Social-Media-Auftritt auch kostenlos erstellen und Ihr Netzwerk ohne Einsatz von Geld pflegen. Möchten Sie Ihren Social-Media-Auftritt bewerben oder gut platzieren, können Sie bereits für etwa 100 Euro im Monat Werbung schalten und so Interessenten für Ihren Auftritt gewinnen. Dieser finanzielle Einsatz ist aber, wie gesagt, nicht zwingend notwendig, sondern bietet nur eine zusätzliche Möglichkeit der Kundenakquise.

Marketingkenntnisse

Im Grunde genommen ist es egal, wie Sie bis jetzt Ihr Marketing betrieben haben. Auch wenn Sie bis zum jetzigen Zeitpunkt aus Ihrer Sicht überhaupt kein Marketing betrieben haben – intuitiv haben Sie dies doch getan! Wenn Sie zum Beispiel als Steuerberater mit guten Ergebnissen dafür gesorgt haben, dass Ihre Mandanten Sie weiter empfehlen und deshalb neue Kunden Ihr Büro aufsuchen, haben Sie mit »Beziehungsmarketing« gearbeitet, ohne den Begriff zu kennen.

Dieses Buch setzt auf Ihre bisherige Strategie auf. Es fügt Ihrem Marketing-Baukasten Social Media als weiteres Werkzeug hinzu. Um beim Beispiel des Steuerberaters zu bleiben: Sie könnten Ihre bestehenden Kundenbeziehungen mit einem Social-Media-Auftritt beispielsweise bei Google+ oder Facebook pflegen. Diese Kundenpflege wird durch die sozialen Netzwerke sichtbar gemacht: Andere Personen erkennen, dass Sie sich um Ihre Mandanten kümmern und einfach für diese da sind.

Als kleiner Produzent nutzen Sie Social Media anders: Stellen Sie Ihr Produkt in den Mittelpunkt, zeigen Sie Vorteile auf oder erzählen Sie kleine Geschichten. Damit machen Sie potenzielle Kunden gezielt auf Ihr Produkt aufmerksam und akquirieren neue Kundengruppen. Die Strategie bleibt im Grunde genommen immer dieselbe: Zuerst machen Sie bestehende Kunden zu Fans Ihrer Marke oder Ihres Produkts. Wenn Sie dann interessante Geschichten oder Tipps posten, werden diese weitergetragen – geteilt oder »geliked«. Ihre bestehenden Kunden werden so zu Botschaftern für Sie und Ihr Produkt. Dadurch gewinnen Sie wiederum neue Kunden. Sie benötigen also keine expliziten Marketingkenntnisse, um Social Media für Ihre Zwecke einzusetzen.

Technische Voraussetzungen und Kenntnisse

Eine Voraussetzung für Ihren Auftritt in den sozialen Netzwerken ist natürlich ein Computer mit Internetanschluss. Es sollte sich dabei mindestens um einen Breitbandanschluss handeln. Zwar ist es gerade so möglich, die sozialen Netzwerke über ISDN oder gar ein Modem zu nutzen – aber Spaß macht das nicht. Zum einen werden immer mehr grafische Elemente übermittelt, wodurch die Datenmenge ansteigt und ein Modem fast überfordert. Zum anderen überprüfen etliche soziale Netzwerke regelmäßig den Status und setzen ein Flag, wenn etwa eine Reaktion erfolgte. Sie müssen die Seite des sozialen Netzwerkes also nicht aktualisieren; dies geschieht automatisch. So sehen Sie, ob jemand einen Kommentar geschrieben, Ihre Information mit »Gefällt mir« markiert oder eine Nachricht hinterlassen hat.

Weiterhin sollten Sie mit Ihrem Internet-Browser umgehen können. Es spielt keine Rolle, mit welchem Browser Sie das Internet nutzen. Auch benötigen Sie keine besondere Rechenkapazität, um Social-Media-Strategien umsetzen zu können – ein ganz normaler, handelsüblicher PC reicht aus.

Wenn Sie bereits bei Amazon eingekauft oder bei eBay etwas verkauft haben, haben Sie ausreichend Erfahrung, um mit diesem Buch arbeiten zu können. Der Besitz einer Digitalkamera oder eines Smartphones stellt einen zusätzlichen Nutzen dar, ist aber nicht zwingend erforderlich: Menschen sind stark visuell geprägt und eigene Fotos sind oft eine gute und vor allem günstige Alternative, um Inhalte bereitzustellen.

Sie können Social Media nicht nicht nutzen!

Wie Sie sehen, sind die Mindestvoraussetzungen für den Einstieg nicht hoch. Ein weiteres Argument ist jedoch, dass Sie Social Media nicht nicht nutzen können. Der Hintergrund ist einfach: Was vor 200 Jahren der Marktplatz war, ist heute Facebook. Leute unterhalten sich, interessieren sich für die Erfahrungen und Meinungen anderer und tauschen sich aus – im Zweifelsfall auch über Sie. Das können Sie durch Ihre Abwesenheit in den sozialen Netzwerken nicht vermeiden.

Sie können aber auf Stimmungen reagieren, Lob, aber auch Kritik aufnehmen – kurz: mit Ihren Kunden interagieren. Ihr wertvollster Besitz in diesem Zusammenhang ist Ihr Kundenstamm. Es braucht Zeit, diesen in der Social-Media-Welt abzubilden. Es ist besser, sich jetzt schon damit auseinanderzusetzen, langsam zu beginnen und somit sukzessiv Ihre Online-Reputation aufzubauen. Alles, was Sie wissen müssen, zeigt Ihnen dieses Buch!

Kapitel 1
Was bringt Social Media?

Inhalt

- Funktionsweise und Entwicklung sozialer Netzwerke
- Social Media für kleine Unternehmen und Freiberufler
- Vorbehalte gegen Social Media

Social Media sind Web-Technologien, mit denen die Nutzer Inhalte erstellen und austauschen können. Die bekanntesten Vertreter sind sicherlich Facebook, LinkedIn, Google+, Stayfriends, Twitter und XING (im Bonuskapitel auf *www.wiley-vch.de/publish/dt/books/ISBN978-3-527-76033-6* finden Sie eine ausführliche Vorstellung der wichtigsten sozialen Netzwerke) – aber auch große Shopping-Plattformen wie Amazon oder eBay kann man dazu zählen. Auf diesen Plattformen können die Nutzer eigene Profile erstellen und anschließend nicht nur Produkte bewerten, sondern auch untereinander kommunizieren. Social Media ist ein Werkzeug zur Kommunikation – wie das Telefon, das aus unserem Alltag nicht mehr wegzudenken ist.

1.1 So funktionieren soziale Netzwerke

Alle Social-Media-Dienste setzen voraus, dass Sie sich zunächst ein Profil anlegen. Dieses kann – etwa bei Twitter und Pinterest – sehr rudimentär sein. Andere Anbieter wie LinkedIn oder XING fordern eine ausführliche Beschreibung von

Arbeitsgebieten und Lebensweg. Anschließend können Sie die Funktionen der jeweiligen Plattform nutzen.

Das eigentlich Wichtige sind hierbei – je nach Plattform – Follower, Freunde oder Kontakte. Im Mittelpunkt der Nutzung steht oft eine »Timeline«, die mit Nachrichten der eigenen Kontakte gefüllt wird: Was empfehlen Ihre Kontakte, was haben sie gelesen, wo waren sie, was haben sie getan? Der Marktführer Facebook hat im Sinn, dass durch die Chronologie (die Timeline Ihrer eigenen Postings) irgendwann Ihr gesamtes Leben abgebildet wird.

»Gefällt mir« und Teilen

Die beiden wichtigsten Funktionen in den sozialen Netzwerken sind das *Liken* (der Klick auf den »Gefällt mir«-Button) und das *Teilen*. Durch diese Klicks füllen sich die Timelines der Nutzer. Beim Teilen stellen Sie Ihren Kontakten Inhalte aktiv zur Verfügung, während Sie beim Klick auf »Gefällt mir« lediglich Ihre Sympathie bekunden: Sieht ein Nutzer eine geteilte Information, kann er darunter ablesen, welche Kontakte diese ebenfalls gut fanden. Das »Teilen« stellt somit die Steigerung des »Gefällt mir« dar. Die Funktionsweise unterscheidet sich bei den verschiedenen Netzwerken ein wenig, das Grundprinzip bleibt aber meist dasselbe.

Das »Liken« von Artikeln, Fotos, Videoclips oder Nachrichten ist für Sie eine wichtige Information, weil Sie an der Anzahl der »Gefällt mir«-Angaben sehen können, was Ihre Kontakte bewegt. Und da die Anzahl der »Likes« neben dem Button angezeigt werden, wirken sie auch auf andere Menschen: Was vielen anderen Leuten gefällt, muss schließlich gut sein. In den eigentlichen sozialen Netzwerken sehen Sie nicht nur, wie viele Leute auf »Gefällt mir« geklickt haben, sondern auch, wer diese Information »geliked« hat. Haben sehr viele Nutzer auf »Gefällt mir« geklickt, sehen Sie in der Vorschau sogar vorrangig diejenigen Nutzer, mit denen Sie in Verbindung stehen.

Warnung ×

> Natürlich können Sie auch selbst Informationen »liken«, die Ihnen gefallen. Denken Sie aber daran, dass Sie dadurch etwas über sich selbst aussagen. Wer als technischer Experte wahrgenommen werden will, aber ausschließlich bei niedlichen Katzenfotos den »Gefällt mir«-Button klickt, wird schnell nicht mehr ernst genommen. Wer alles »liked«, wird bald als nervig empfunden. Gehen Sie mit »Gefällt mir« im Zweifelsfall lieber etwas sparsamer um.

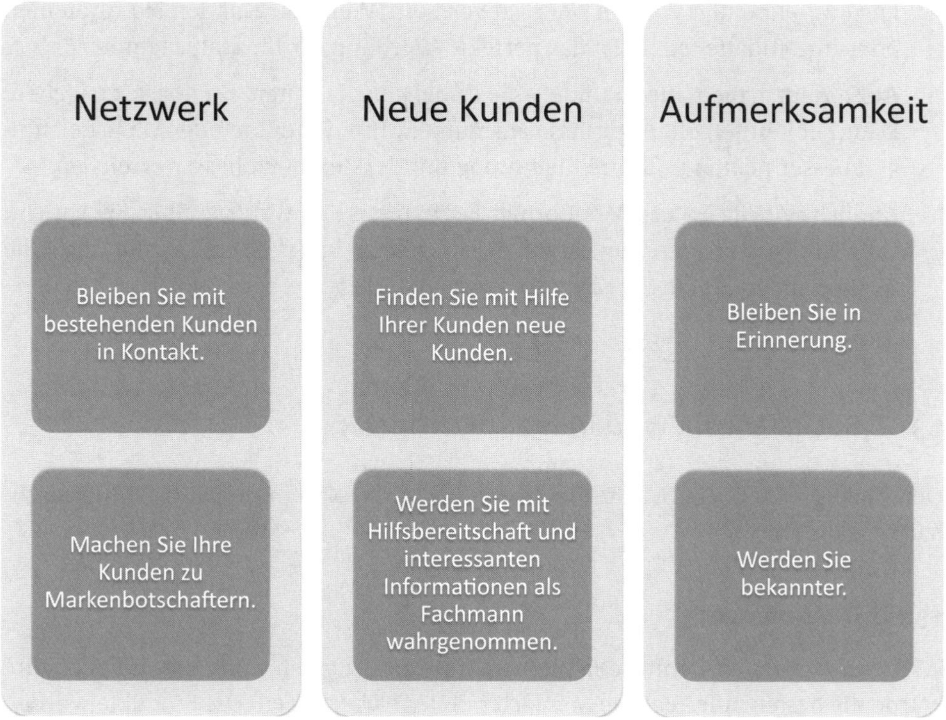

Abbildung 1.1 Was bringt Social Media?

1.2 Vielfältige Möglichkeiten für kleine Unternehmer und Freiberufler

Doch was bringt Social Media Ihnen als Freiberufler oder kleinem Unternehmer? Einer der Vorzüge der sozialen Netzwerke ist ihre Vielseitigkeit: Ein Großkonzern kann dort mit pfiffigen Ideen Millionen von Menschen erreichen; genauso gut sind sie aber auch für kleine Unternehmer und Freiberufler mit relativ wenig Geld und Zeit geeignet.

- Kommunikation und Interaktion mit Ihren Kunden schaffen Vertrauen und binden die Kunden an Sie. Zudem können Sie potenzielle neue Kunden auf sich aufmerksam machen. Aufmerksamkeit ist die wichtigste Währung im Social-Media-Umfeld. Sie werden Ihre Zielgruppen erreichen, wenn Sie interessante Inhalte teilen oder sogar erstellen. Dann werden Sie wahrgenommen und können sich mit Kunden und Interessenten austauschen. Mit der Zeit werden Ihre Kunden zu Markenbotschaftern für Ihr Produkt oder Ihre Dienstleistung – und dies werden sie sogar gern tun. Wenn die Kunden Sie empfehlen oder Ihre Inhalte teilen, ist das perfekte Werbung für Ihr Unternehmen.

- Außerdem haben Ihre Kunden die Möglichkeit, Ihnen Feedback zu geben. Dadurch können Sie Ärgernisse ausräumen, Ihre Produkte oder Dienstleistungen besser planen und Ihre Zielgruppe mit der Zeit noch besser erreichen.
- Ähnlich wichtig ist das Monitoring: Beobachten Sie, wer wie über Sie spricht. Falls nötig, reagieren Sie darauf. Nicht zuletzt bietet Social Media auch die Chance, die Produkte oder Dienstleistung der Mitbewerber im Blick zu behalten.

1.3 Social Media wird immer wichtiger

Der Einzug von Social Media im Internet hat die Kommunikationskultur nachhaltig geändert.

1.3.1 Die Anfänge

Während des ersten Booms der Internet-Unternehmungen Ende der 1990er Jahre wurde die bestehende Werbung einfach in HTML übertragen. Die Produkte wurden so präsentiert, wie man es aus den Flyern und Image-Broschüren der Hersteller kannte. Neu war lediglich, dass man schnell und bequem von zu Hause aus einkaufen konnte. Hinzu kamen Angebote, die wir auch heute noch finden, etwa die redaktionellen Inhalte von Spiegel Online oder Heise Online.

Hinweis

Der Heise-Verlag ist sozusagen ein Social-Media-Veteran: Schon sehr früh hatte er ein Forum und eine eigenständige Community, die die Inhalte nicht nur kommentierte, sondern auch durch Diskussionen weiter entwickelte.

Seit Anfang des neuen Jahrtausends werden Social-Media-Kanäle immer beliebter. Die ältesten Angebote sind in Deutschland sicherlich Stayfriends, die damaligen VZ-Netzwerke und XING (früher OpenBC).

1.3.2 Die heutige Social-Media-Landschaft

Heute ist die Landschaft der Social-Media-Angebote wesentlich vielfältiger geworden. Zudem gibt es nicht nur reine Social-Media-Plattformen, sondern auch Mischformen – Internet-Angebote, die nicht ausschließlich, aber unter anderem auch Social-Media-Komponenten beinhalten.

Die verschiedenen sozialen Netzwerke sprechen unterschiedliche Zielgruppen an. Deshalb sollten Sie sich überlegen, wo sich Ihr Engagement am meisten lohnt. Man könnte die Netzwerke in drei Hauptkategorien unterteilen: Generalisten, Spezialisten und Nischenanbieter.

- Die **Generalisten** sind die großen Spieler unter den sozialen Netzwerken. Die bekannteste reine Social-Media-Plattform ist sicherlich Facebook. Der amerikanische Riese dominiert den Markt für den privaten Austausch, aber auch viele große Unternehmen pflegen dort ihre Präsenz. Der zweitgrößte Anbieter ist Google+ mit seinen über 400 Millionen Nutzern, das es seit Juni 2011 gibt. Auch Google+ ist vorrangig privater Natur; allerdings ist der Austausch wesentlich sachlicher. Die Infrastruktur dieser Anbieter gibt jedermann die Möglichkeit, sich darzustellen und Inhalte weiterzugeben. Sie sind damit für Konzerne ebenso geeignet wie zum Beispiel für einen Arzt, einen Handwerker oder einen kleinen Produktionsbetrieb.
- Den großen Netzwerken stehen die **Spezialisten** gegenüber. Diese haben einen besonderen Fokus, der auf einem ganz bestimmten Thema oder auch Medium liegen kann. Fotos sucht man bei medialen Spezialisten wie Flickr oder Pinterest, Videos bei YouTube; und wenn man eine Internet-Recherche kommentiert haben möchte, ist man beim sozialen Netzwerk So.Cl von Microsoft richtig. Als thematische Spezialisten im B2B-Bereich und als Karrierenetzwerk hat sich LinkedIn etabliert, Freiberufler findet man auf XING. Über die Facebook-Oberfläche versucht außerdem der amerikanische Anbieter BranchOut in den Karrieremarkt zu gelangen. Dieser hat weltweit 30 Millionen Mitglieder, ist in Deutschland jedoch noch nicht so stark etabliert wie LinkedIn und XING.

Hinweis

Einen Sonderstatus hat der Anbieter Twitter, ein sogenannter »Microblogging«-Dienst, auf dem Sie kleine Textnachrichten mit maximal 140 Zeichen absetzen können.

- Die **Nischenanbieter** sind mit nur wenigen tausend Mitgliedern mitunter sehr klein. Trotzdem ist es eventuell interessanter, sich bei einem Nischenanbieter im entsprechenden Marktsegment zu engagieren, als bei Facebook, wo Sie Ihre eigentliche Zielgruppe vielleicht nicht erreichen. Zu nennen wären hier Motortalk (ein Anbieter rund ums Auto), *Brigitte.de* (für Frauenthemen) oder auch Preissuchmaschinen wie PreisTiger. Rein technisch sind sich diese Anbieter recht ähnlich und funktionieren nach demselben Prinzip: Die Benutzer erstellen die Inhalte der Webseite.

Hinweis

Außerdem sollten die **Dienstanbieter** erwähnt werden. Dies sind keine sozialen Netzwerke im eigentlichen Sinn, sondern Werkzeuge, die die Arbeit mit den sozialen Netzwerken vereinfachen. Über »Dashboards« (Armaturenbretter) wie etwa Hootsuite oder auch Tweetdeck können Sie auf verschiedene soziale Netzwerke gleichzeitig zugreifen.

Diese Dienste werden durch verschiedene Überwachungs- oder Monitoring-Werkzeuge ergänzt. Am besten bekannt dürfte mittlerweile der Anbieter Klout sein. Er überwacht die Aktivitäten von Blogs, LinkedIn, Facebook, Twitter und einigen weiteren sozialen Netzwerken und ermittelt daraus einen Score-Wert oder Punktestand. An diesem können Sie ablesen, wie bekannt Sie sind und welche Reichweite Sie in den sozialen Netzen haben. Die Aussagekraft dieses Kloutscore ist schwer zu beurteilen, weil die Vorgehensweise zur Ermittlung des Punktestands wenig transparent ist – der genaue Algorithmus wird von Klout streng gehütet. Dies ist nachvollziehbar, weil sich sonst wohl jeder in der Optimierung seines Punktestands versuchen würde. Im Zusammenhang mit dem Monitoring sollte auch die Suchmaschine Google erwähnt werden: Sie können sich einen Alarm (Google Alert) einrichten, der sich meldet, sobald Sie irgendwo erwähnt werden. Selbst diese sehr einfache Form des Monitoring kann gute Dienste leisten. Mehr über das Monitoring erfahren Sie in Kapitel 11, »Social Media Monitoring: Kann ich den Nutzen messen?«.

1.3.3 Die Bedeutung sozialer Netzwerke im Alltag

Social Media ist von einem Randphänomen zu einem alltäglichen Hilfs- und Unterhaltungsmittel geworden. Diese rasante Entwicklung hängt mit der Entwicklung der Internetverbindungen und der Computer zusammen. Waren diese vor 20 Jahren noch hochspezialisierte Rechenmaschinen für mehrere tausend DM, so sind sie heute aus dem Alltag nicht mehr wegzudenken. Für alle, die in den 1990ern oder später geboren sind, ist die Nutzung eines Computers völlig normal und fast schon intuitiv.

Ähnliches gilt für die Internetverbindungen: Ende der 1990er Jahre kamen erste Modemverbindungen auf; dann entwickelte sich die zur Verfügung stehende Bandbreite in rasantem Tempo. Zuerst wurden die Telefonnetze optimiert: ISDN machte es möglich, gleichzeitig zu telefonieren und im Internet zu surfen. Seit ungefähr 2005 setzten sich zuerst mit den DSL-Leitungen der Deutschen Telekom, dann mit anderen Anbietern wie Kabel Deutschland Breitbandverbindungen auch im privaten Bereich immer stärker durch. Durch die Verbreitung der Smartphones wird die Entwicklung und das starke Wachstum der sozialen Netzwerke weiter gefördert. Durch die Verbindung von Smartphone und sozialem Netz kann man sein Leben nahezu online dokumentieren: Wo bin ich gerade? Was tue ich? Wer ist dabei? Die eingebauten Kameras erlauben außerdem, lustige oder schöne Momente festzuhalten und in Echtzeit im Netzwerk zur Verfügung zu stellen.

Hinzu kommt, dass wir heute in der Regel mehr soziale Kontakte haben als früher. Viele Menschen wechseln ihren Arbeitgeber häufiger als noch vor 20 oder 30 Jahren, wodurch sich mehr Kontakte mit Kollegen oder Kunden ergeben. Auch nimmt die Projektarbeit in den Unternehmungen stark zu: Man arbeitet temporär mit einem festen Stamm von Projektkollegen zusammen, die nach Abschluss des Projektes auseinandergehen und sich neuen oder anderen Projekten widmen. Auch privat gehen immer mehr Beziehungen in die Brüche; sogenannte Patchworkfamilien entstehen. Sowohl berufliche als auch private Gründe führen zu mehr sozialen Kontakten, die man pflegen oder auch verwalten möchte. Da der Mensch nur eine Höchstanzahl sozialer Kontakte überschauen kann (ca. 130, die sogenannte Dunbar-Zahl), helfen soziale Netzwerke, den Überblick zu behalten.

Gerade bei der Jugend haben die sozialen Netzwerke einen hohen Stellenwert: Alles, selbst jede Nichtigkeit, wird geteilt. Aufmerksamkeit im sozialen Netz hat für die jungen Leute eine immense Bedeutung – vielen ist es peinlich, wenn das neue Profilfoto nicht augenblicklich mit »Likes« oder mit »Gefällt mir«-Klicks kommentiert wird. Der soziale Status bemisst sich an der Anzahl der Kontakte, Follower oder Freunde. Diese Entwicklung kann man gutheißen oder eher skeptisch betrachten – auf jeden Fall muss man sie hinnehmen.

Abbildung 1.2 zeigt die Entwicklung der Anzahl der weltweiten Nutzer von Facebook, Google+ und LinkedIn. Abbildung 1.3 zeigt die ungefähren Zahlen für den deutschsprachigen Raum. Auch in Deutschland, der Schweiz und Österreich ist Facebook Spitzenreiter, gefolgt von Google+. Die Generalisten sind also am weitesten verbreitet. Unter den Spezialisten sind XING und LinkedIn am stärksten vertreten. Hier ist die Verteilung nicht genau gleichläufig: In Deutschland ist XING unter den Nutzern sozialer Netzwerke stärker verbreitet, in der Schweiz führt LinkedIn.

Welches Netzwerk in zehn Jahren in welchem Umfang genutzt werden wird, ist nicht vorhersehbar. *Dass* sich die sozialen Netzwerke fest in unserem Alltag verankern, dürfte jedoch eine unumkehrbare Entwicklung sein. Gerade im Bereich der mobilen Nutzung der sozialen Netzwerke steckt noch erhebliches Potenzial. Die erste massive Nutzung von mobilen Endgeräten wurde von »Foursquare« eingeleitet, einem Dienst, mit dem Orte über die GPS-Funktion des Handys markiert und bewertet

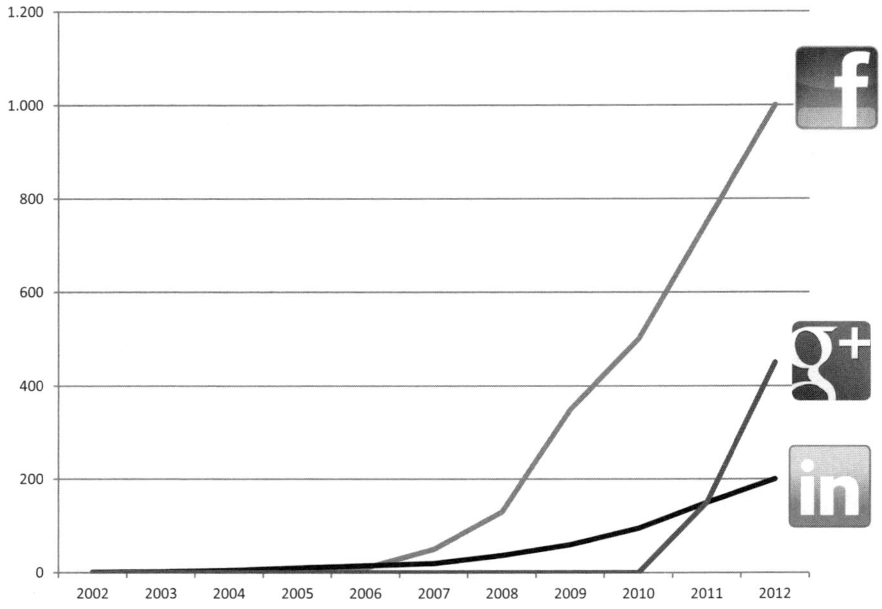

Abbildung 1.2 Nutzer der größten sozialen Netzwerke (in Millionen)

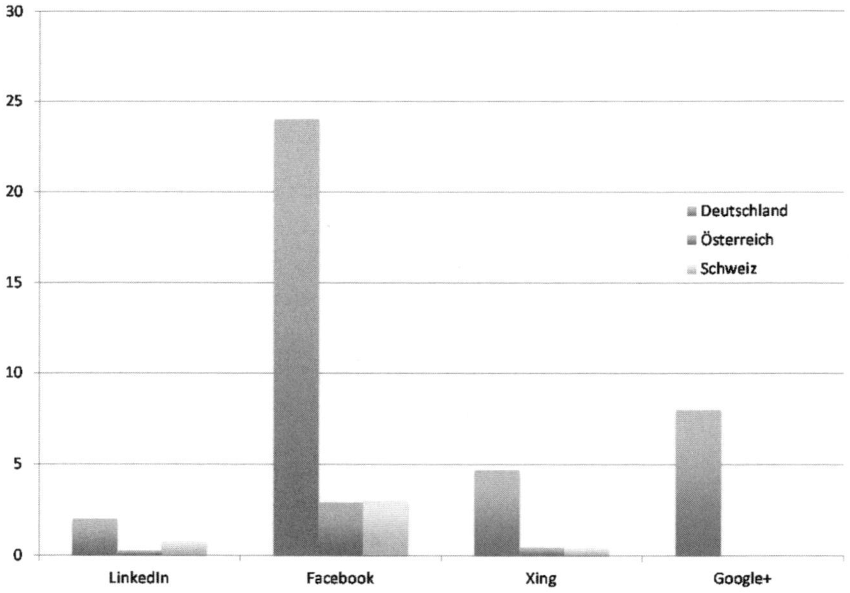

Abbildung 1.3 Anzahl der Nutzer der größten sozialen Netzwerke in Deutschland, Österreich und der Schweiz 2012

werden können. Adaptiert wurde diese Funktion von Facebook und Google+, die hierzu Alternativen bieten. Dies stellt jedoch nicht den Endpunkt der Nutzung von mobilen Endgeräten, sondern eher ihren Anfang dar. Vorstellbar sind Empfehlungsdienste, die auf Grundlage Ihres gegenwärtigen Standorts Informationen über Angebote der Geschäfte in der Umgebung senden oder die es Ihnen ermöglichen, auf die Erfahrungen Ihrer sozialen Kontakte zurückzugreifen. Empfehlungen aus dem Bekannten- und Freundeskreis stellen ein entscheidendes Kriterium bei der Kaufentscheidung dar. Sie können jedoch nicht bei jedem Betreten eines Geschäftes alle Freunde und Bekannten um Rat fragen. Wenn diese Informationen jedoch im sozialen Netzwerk vorliegen, greifen viele gern darauf zurück. Die Professionalisierung dieser neuen Art des »Empfehlungsmarketings« steht noch am Anfang und ist am ehesten in den Karrierenetzwerken zu finden.

1.4 Warum eignet sich Social Media gerade für Kleinunternehmer und Freiberufler?

Social Media bietet vielfältige Möglichkeiten – von der Nutzung des eigenen Profils über Kampagnen bis hin zu auf die eigenen Bedürfnisse zugeschnittenen Programmen, die in Facebook oder LinkedIn eingebunden werden. Das Ergebnis ist ein riesiger Werkzeugkasten, aus dem Sie sich individuell bedienen können. Für Kleinunternehmer, Freiberufler oder Selbstständige liegt der Reiz darin, dass vieles im Rahmen des Möglichen liegt. Zwar könnten Sie als einzelner Freiberufler theoretisch auch eine Anzeige in einer großen Fachzeitschrift schalten – die Kosten wären jedoch enorm und Sie könnten die Rückläufe möglicherweise auch gar nicht abarbeiten. Klassische Marketingkanäle kommen für Kleinunternehmer, Freiberufler oder Selbstständige deshalb oft gar nicht oder nur eingeschränkt in Frage. Soziale Netzwerke sind deutlich besser geeignet. Abbildung 1.4 zeigt die fünf wichtigsten Gründe, warum Sie als Kleinunternehmer, Freiberufler oder Selbstständiger Social Media als Kanal nutzen sollten.

1.4.1 Netzwerk

Das wichtigste Argument für Kleinunternehmer, Freiberufler oder Selbstständige ist das Netzwerk. Gerade diese Gruppen ziehen möglicherweise einen Großteil ihrer Aufträge direkt aus ihrem Netzwerk. Eine aktuelle Studie ergab zum Beispiel, dass 81 % der Freelancer ihre Aufträge über ihr Kontaktnetzwerk generieren, an zweiter Stelle kommen die klassischen Projektvermittler und an dritter Stelle mit immerhin 53 % die verschiedenen Online-Projektbörsen.

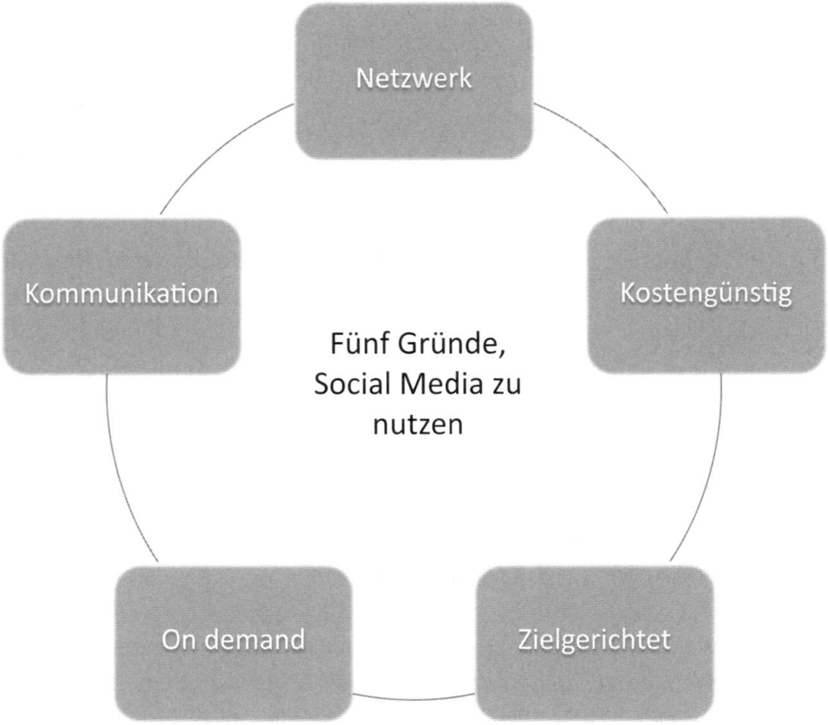

Abbildung 1.4 Warum Social Media gerade für kleine Unternehmer so wichtig ist

Das Netzwerk arbeitet aber auch indirekt für Sie: Allein die Tatsache, dass verschiedene Personen als Kunden sichtbar werden, dient schon als erste Stufe der Empfehlung. Sie werden im Netzwerk als Dienstleister sichtbar. Dabei machen Sie sich einen besonderen Effekt zunutze: Wenn Sie in verschiedenen sozialen Netzwerken mit einer Person verknüpft sind, suggeriert dies automatisch ein Kunde/Dienstleister-Verhältnis. Die meisten Betrachter interpretieren es zumindest so, unabhängig davon, ob tatsächlich eine Kundenbeziehung besteht. Besonders hilfreich ist diese Perspektive, wenn Sie im Normalfall nicht in der Lage sind, mit Ihren Kunden zu werben – beispielsweise als Steuerberater oder Arzt. Sie können dann nicht einfach eine Pinnwand mit Mandanten- oder Patientenfotos aufhängen oder diese gar in der örtlichen Zeitung veröffentlichen. Wenn sich ein Mandant oder Patient jedoch mit Ihnen verknüpft, legt er seine Beziehung zu Ihnen offen. Die meisten Betrachter erkennen darin eine Kunde-/Dienstleister-Beziehung.

Empfehlungen und soziale Suche

Das Beste, was einem Dienstleister in den sozialen Netzwerken passieren kann, sind Empfehlungen, die es in verschiedener Form gibt. In den Karrierenetzwerken kann man direkte Empfehlungen aussprechen. Diese sind für Freiberufler, die dort auch Aufträge generieren möchten, extrem wertvoll. Für einen Handwerker, Arzt oder Steuerberater führen Empfehlungen in Karrierenetzwerken eher selten zu Aufträgen, da kaum jemand dort nach solchen Dienstleistungen sucht. Hier sind die Generalisten Facebook und Google+ eher von Vorteil.

Ein besonderes Augenmerk sollte auf Google+ liegen. Hier führt die sogenannte »soziale Suche« zu erhöhter Aufmerksamkeit. Bei der sozialen Suche von Google+ werden die Suchmaschine Google und das soziale Netzwerk Google+ miteinander verknüpft. Wenn Ihre Kunden Ihnen auf Google+ folgen und beispielsweise Ihre Artikel teilen, so werden Sie bei einer entsprechenden Suchanfrage der Kontakte dieser Kunden in den Suchergebnissen bevorzugt. Ein Beispiel: Ich habe bei Google+ einen Steuerberater eingekreist (wie das Folgen auf Google+ genannt wird). Wenn nun einer meiner Kontakte bei Google nach Steuerberatern sucht, so wird der von mir eingekreiste Berater in den Suchergebnissen bevorzugt. Je mehr Menschen Ihnen also bei Google+ folgen, desto weiter oben erscheinen Sie in den Google-Suchergebnissen der Kontakte dieser Nutzer.

Mehrwert bieten

Ihr Netzwerk wird Ihnen diese Hilfe sogar gerne leisten. Dazu müssen Sie allerdings auch als hilfreich wahrgenommen werden. Pure Werbeaussagen nützen wenig. Wenn Sie also einen Mehrwert bieten, interessante Neuigkeiten liefern, wird das Netzwerk diese auch gerne weitertragen. Dazu benötigen Sie keine wissenschaftlichen Abhandlungen oder Themen, die nur am Rande interessieren, sondern einfache Inhalte, die Ihre Kontakte interessieren und die sie gerne verbreiten: Als Arzt erinnern Sie an die Grippeschutzimpfung, als Steuerberater an die ablaufende Frist für den Jahreslohnsteuerausgleich und als Handwerker bieten Sie kleine Tipps aus Ihrem Fachgebiet. Damit machen Sie Ihre Kunden zu Botschaftern, die Ihre Marke weitertragen. Das Netzwerk macht also in zweifacher Hinsicht Sinn: Zum einen behalten Ihre eigentlichen Kunden Sie im Gedächtnis. Zum anderen werden Sie mit Hilfe Ihres Netzwerkes aus Kunden auch für andere sichtbar. Wer genau Ihre Dienstleistung oder Ihr Produkt sucht, fühlt sich besser aufgehoben, wenn Sie schon Kontakte und einen Kundenstamm besitzen.

Offline-Events

Eine weitere Möglichkeit sind sogenannte »Offline-Events« – Zusammenkünfte von verschiedenen Gruppen, häufig lokaler Natur. Oft dienen diese Treffen nur dem Kennenlernen; Sie brauchen und sollen nichts verkaufen, sondern erhalten eine weitere Möglichkeit, sich bekannt zu machen. Es gibt eine Gesetzmäßigkeit, nach der viele schwache Verbindungen und Kontakte wertvoller sind als ein paar starke. Genau das können Sie sich hier zunutze machen. Eigentlich ist diese Vorgehensweise das moderne Äquivalent zu der traditionellen Vorgehensweise vieler Freiberufler, Selbstständiger und kleine Unternehmer: Sie bringen sich in Netzwerken ein. Was aber vor 30 Jahren der Schützenverein oder die freiwillige Feuerwehr war, können heute die in den sozialen Netzwerken initiierten Gruppentreffen sein. Der Hauptunterschied besteht darin, dass die Verbindungen sehr locker sind und dass man kein »Mitglied« im Sinne von Mitgliedsbeiträgen und Arbeitsstunden ist.

1.4.2 Kostengünstig

Die Nutzung von sozialen Netzwerken ist in der Grundausführung überall kostenlos, egal ob bei Google+, Facebook, XING, LinkedIn, Twitter oder Pinterest. Sie können ohne finanziellen Einsatz ein Profil einrichten, Ihr Netzwerk aufbauen und pflegen. Gerade Ihnen als Freiberufler, Selbstständigem und kleinem Unternehmer kommt dies entgegen, vor allem wenn Sie nicht über das Budget für große Kampagnen verfügen.

Es gibt allerdings auch Anbieter, die relativ bald Geld haben wollen. Hierzu gehören unter anderem Facebook und XING. Facebook zum Beispiel zeigt Neuigkeiten nicht chronologisch an, sondern sortiert sie nach der Aktivität der Nutzer. Wenn Sie Facebook also nicht täglich nutzen, werden Sie Ihre News eventuell promoten müssen, damit sie weiter oben angezeigt werden. Dies kostet um die 5 Euro. Auch bei XING müssen Sie relativ bald für das Angebot zahlen. So kostet etwa das Versenden von Nachrichten eine monatliche Abogebühr und im kostenfreien Basis-Account können Sie auch nicht sehen, wer Ihr Profil besucht hat.

Bei Google+ hingegen ist die Nutzung aller Dienste, einschließlich der Videokonferenzsysteme (»Hangouts«), kostenfrei. Genauso verhält es sich bei Twitter, Pinterest und So.Cl. Irgendwo dazwischen liegt LinkedIn, das zusätzliche Premium-Varianten anbietet. Allerdings sind diese eher für Recruiter oder Konzerne gedacht. Die meisten Funktionen, die Sie als Freiberufler, Selbstständiger und kleiner Unternehmer benötigen, kosten nichts. Auch der Betrieb eines Blogs ist in der kleinsten Version kostenfrei und gerade für Fachspezialisten völlig ausreichend.

Zielgerichtete Werbemöglichkeiten

Zusätzlich bieten Facebook und LinkedIn auch zielgerichtete Werbemöglichkeiten (die Werbung wird zum Beispiel nur in Hannover oder nur einem bestimmten Personenkreis angezeigt). Wegen ihrer günstigen Preise sind diese Werbemöglichkeiten gut für Freiberufler, Selbstständige und kleine Unternehmern geeignet, um Sichtbarkeit zu generieren. Es gibt kein Mindestbudget; sie können bereits für einen Tageseinsatz von 10 US-Dollar gebucht werden.

Mitarbeiter rekrutieren

Auch wenn Sie Mitarbeiter suchen, müssen Sie etwas Geld einkalkulieren. Job-Postings (Stellenanzeigen) kosten bei fast allen Anbietern etwas, stellen aber eine gute Alternative zur lokalen Stellenbörse oder gar zu traditionellen Online-Anbietern wie Monsters dar. Am günstigsten ist der Facebook-Anbieter BranchOut mit 49 US-Dollar, gefolgt von LinkedIn mit 139 Euro. Mit 470 Euro am teuersten ist der deutsche Anbieter XING (Die Europreise verstehen sich inklusive Mehrwertsteuer und per Herbst 2012). Alle Anbieter sind jedoch günstiger als die »traditionellen« Online-Stellenbörsen wie etwa Monsters. Hier muss man bereits 1.000 Euro einkalkulieren. Auch eine Anzeige in der örtlichen Zeitung kostet in den meisten Fällen deutlich mehr.

Ob Sie eine 0-Euro-Strategie fahren können, hängt davon ab, wo und wie Sie Ihre Zielgruppe erreichen. Wenn Sie Ihr Netzwerk nach einer konsequenten Strategie pflegen und es durch gute Inhalte animieren, können Sie in allen Netzwerken auch ohne Einsatz von Geld viel erreichen.

1.4.3 Zielgerichtet

Einer der Hauptvorteile beim Einsatz von Social Media als Marketinginstrument ist die Zielgenauigkeit. Mit einer ganzseitigen Anzeige in der BILD oder der ADAC Motorwelt erreichen Sie zwar Hunderttausende von Lesern – aber eben auch sehr viele, die Ihre Dienstleistung oder Ihr Produkt nicht interessiert. Das ist quasi die Schrotflinte des Marketings, wenn Sie mir das martialische Bild verzeihen. Social Media entspricht hingegen einem Präzisionsgewehr: Sie können damit genau Ihren potenziellen Kundenkreis ansprechen. Dabei ist es egal, ob Sie durch Ihren Betrieb, Ihre Kanzlei oder Praxis regional gebunden sind oder bundesweit eine ganz bestimmte, spezialisierte Dienstleistung anbieten. Wenn Sie Ihr Netzwerk richtig einsetzen, werden die Streuverluste sehr gering sein. Allerdings sollten Sie sich vorher im Klaren darüber sein, wen Sie überhaupt erreichen wollen. Wenn Sie dies eingegrenzt haben, können Sie von Ihnen erstellte oder auch einfach nur geteilte Mitteilungen und Informationen zielgerichtet einsetzen.

Sind Sie fachlich orientiert, etwa ein Unternehmensberater mit einem bestimmten Spezialgebiet, sollten Sie Ihre fachliche Expertise in den Mittelpunkt stellen. Schließen Sie sich beispielsweise entsprechenden Gruppen an, beantworten Sie Fragen oder sehen Sie sich in dem »Fragen und Antworten«-Bereich der verschiedenen Anbieter um. In manchen Plattformen (zum Beispiel LinkedIn) ist ein solcher Bereich integriert. Es gibt jedoch auch Anbieter, bei denen es ausschließlich um Fragen und Antworten geht. Für den deutschsprachigen Raum sind dies etwa *Gutefrage.net* oder *Wer-weiss-was.de*. International ist der Anbieter *Quora.com* führend. Achten Sie darauf, sich vor allem in Ihrem Fachgebiet zu bewegen. Auf Dauer steigen die Chancen, dass eine Suche nach den Stichwörtern Ihres Spezialgebiets tatsächlich zu Ihnen führt – ob nun über die sozialen Netzwerke oder über die Internet-Suchmaschinen wie Google.

Für Fachexperten bietet sich unterstützend der Betrieb eines eigenen Blogs an, der bei den größten Anbietern WordPress und Google (Blogger) kostenfrei angelegt werden kann. Hierzu bedarf es keiner fortgeschrittenen EDV- oder Internet-Kenntnisse. Ein Blog kann die Reichweite erhöhen und Ihre Sichtbarkeit gerade bei »Nichtkunden« verbessern.

1.4.4 On demand

Der Begriff »On Demand« ist aus dem Englischen adaptiert und bedeutet »auf Wunsch«, »auf Abruf«: Der Kunde kann ein Angebot dann nutzen, wenn er es benötigt. Dies trifft auch auf Social Media zu: Ihr Angebot wird genau dann für den potenziellen Kunden sichtbar, wenn er danach sucht. Das ist einer der großen Vorteile von Social Media gegenüber klassischen Marketing-Formen: Angebote in Werbeblättchen, Fernsehspots oder auch Anzeigen im Online-Format kommen oft zu einem Zeitpunkt, zu dem man nicht gewillt ist, sich damit auseinanderzusetzen. Google hat sich dieser Problematik angenommen: Der Suchmaschinennutzer sieht über und neben der Suchergebnisliste Werbeanzeigen, die zu den Schlüsselwörtern (»Keywords«) seiner Suchabfrage passen. Soziale Netzwerke funktionieren ähnlich: Wenn Informationen zu einem Produkt oder einer Dienstleistung gesucht werden, müssen Sie mit Ihrem Auftritt zur Stelle sein. So wird aus einfacher Werbung eine Sachinformationen, die der potenzielle Kunde zu schätzen weiß.

Hinweis

Achten Sie darauf, dass Sie in den sozialen Netzwerken einerseits nicht als aufdringlich empfunden, andererseits als kompetenter Ansprechpartner wahrgenommen werden. Mit regelmäßigen kleinen Informationen können Sie dieses Ziel gut erreichen: Sie sind da, wenn jemand Hilfe benötigt. Wenn Ihre Kontakte Ihnen Fragen stellen, ist das fast gleichbedeutend mit einer Empfehlung: Sie werden als Fachmann in Ihrem Bereich wahrgenommen. Somit sind Hilfestellungen kein altruistischer Akt, sondern einfach Werbung in eigener Sache. Wenn zu einem späteren Zeitpunkt ein anderer Nutzer zu derselben Fragestellung Hilfe sucht, wird er Ihre Beiträge finden.

1.4.5 Kommunikation

In den letzten Abschnitten ging es immer wieder um Kommunikation. Diese stellt die Grundlage für Reichweite und Wahrnehmung in sozialen Netzwerken dar. Machen Sie sich klar, dass Kommunikation zweiseitig ist. Suchen Sie den Kontakt zu Ihrem Netzwerk und somit zu Ihren Kunden. Hierbei muss und soll Ihr Angebot nicht immer im Mittelpunkt stehen. Zu groß ist die Gefahr, dass Sie in der Achtung Ihres Netzwerkes sinken – niemand möchte reine Werbeinformationen. Machen Sie stattdessen Ihren Kunden zum Helden, lassen Sie ihn Fragen stellen, unterstützen Sie ihn.

Halten Sie auch nach Alternativen Ausschau. Als regionaler Anbieter (auch als Arzt oder Steuerberater), können Sie sich auf Ihre Region beziehen. Haben Sie Angestellte, können Sie hin und wieder Ihre Praxis oder Ihr Büro in den Mittelpunkt stellen. Machen Sie einen Betriebsausflug? Perfekt! Berichten Sie darüber. Haben Sie im Rahmen Ihrer gewerblichen Tätigkeit Geld gespendet? Tun Sie Gutes und reden Sie darüber! Berichten Sie beispielsweise, dass Sie dem Förderverein der örtlichen Grundschule etwas gespendet haben und was mit dem Geld geschehen wird.

Virale Prozesse

Das Gespräch mit dem Kunden wirkt wie Werbung: Das Netzwerk des Kunden wird dies wahrnehmen und so werden Sie auf Dauer mehr Kontakte, Follower oder Verknüpfungen bekommen. Man spricht von einem »viralen« Prozess: Ihre Dienstleistung oder Ihr Produkt überträgt sich wie ein Virus von einem auf den anderen Menschen. Diese Interaktionen sind selbst dann wertvoll, wenn sie Kritik beinhalten. Der Umgang mit Kritik macht Ihren Auftritt nämlich authentischer, glaubhafter. Untersuchungen haben gezeigt, dass Dienstleister, die ausschließlich »Jubelkommentare« auf ihren Seiten stehen lassen, als nicht authentisch, die Kommentare als »gekauft« wahrgenommen werden.

Warnung

Kaufen Sie keine Fans oder Kommentare. Dies könnte zwar verlockend sein, da Sie bereits für ein paar hundert Dollar an die tausend Fans (Facebook) oder Circles (Google+) bekommen können. Die Authentizität geht aber schnell verloren und glaubhaft sind diese Zahlen oft auch nicht. Die erkauften Fans werden überdies niemals ein Produkt kaufen oder Ihre Dienstleistung in Anspruch nehmen. Möglicherweise sind unter den gekauften Fans auch Personen aus Mumbai – und warum sollte jemand aus Mumbai Kunde bei Ihnen sein? Oft sind es auch Fakes, also keine echten Menschen. Die Nutzer werden Ihnen mit der Zeit folgen, weil Sie interessante Inhalte bereitstellen – nicht weil Sie bereits 2.000 Follower haben.

Reagieren Sie auf Anfragen

Die sozialen Netzwerke leben von der Kommunikation. Bei einer Auswertung von Recruiting-Seiten wurde jedoch festgestellt, dass fast die Hälfte der Unternehmen nicht auf Anfragen reagiert (Stand Herbst 2012). Das ist kontraproduktiv und führt den Sinn der sozialen Netzwerke *ad absurdum*. Wenn jemand eine Anfrage stellt, muss er auch eine Antwort erhalten (und wenn Sie ihm nur mitteilen, dass er sich noch einmal telefonisch melden soll).

Tipp

Alle Netzwerke bieten »Notifications«: Sie erhalten eine E-Mail, wenn Sie einen neuen Follower/Kontakt erhalten oder wenn ein Kontakt auf Ihre Informationen reagiert. Nutzen Sie diese Möglichkeit. Es ist hilfreich, wenn Sie für die Netzwerke eigene Mail-Accounts unterhalten (zum Beispiel *LinkedIn@domain.com*). Leiten Sie diese Benachrichtigungen in einen eigenen Ordner um und beantworten Sie sie in bestimmten Intervallen.

Vorteil gegenüber der Konkurrenz

Im Moment können Sie Ihren Mitbewerbern mit gut gepflegten Auftritten einen Schritt voraus sein. Dieser Vorteil wird sich mit der Zeit verringern und irgendwann ganz verschwinden, da das Marketing über Social Media immer selbstverständlicher werden wird. Viele Kunden haben noch nicht viel Erfahrung mit den sozialen Netzwerken und folgen Ihrem Auftritt gerne. Ob das auch in einigen Jahren noch so sein wird, lässt sich nicht vorhersagen. Wenn Sie noch keinen Auftritt haben, sollten Sie jetzt beginnen, Ihr Netzwerk aufzubauen, denn dies wird eine ganze Zeit dauern.

Verzichten Sie auf die brutale Holzhammerakquise von Fans und Followern. Wenn Sie, wie in den vorigen Abschnitten erläutert, ins Gespräch kommen, Hilfe anbieten und Lösungen offerieren, wird sich Ihr Netzwerk von alleine ausbilden. Orientieren Sie sich dabei zuerst an Ihrem realen Netzwerk. Dieses bildet den Grundstock für Ihr Social-Media-Netzwerk. Nutzen Sie auch Ihre Mitbewerber, folgen Sie ihnen oder erwähnen Sie sie lobend.

1.5 Keine Angst vor Social Media!

Printmedien und TV skizzieren nicht immer ein gutes Bild von den sozialen Netzen. Facebook kommt besonders schlecht weg. Die Berichterstattung wird von Sorgen über den Datenschutz, von Shitstorms und Facebook-Partys dominiert. Die Darstellung ist nicht immer sachlich und schürt unnötige Ängste. Dies möchte ich etwas relativieren.

1.5.1 Ein gesunder Shitstorm hat noch keinem Unternehmen geschadet

In den Medien wird in unregelmäßigen Abständen von sogenannten *Shitstorms* gesprochen. Tatsächlich hat es dieser Begriff Anfang 2012 zum »Anglizismus des Jahres« geschafft. Bei einem Shitstorm handelt es sich um die gesammelte Entrüstung vieler Individuen im Kommunikationsmedium Internet, und zwar nicht nur in den sozialen Netzen, sondern gegebenenfalls auch in Blogs oder auf der Website des Unternehmens. Die sozialen Netzwerke werden jedoch am häufigsten für Shitstorms genutzt, da hier einerseits schnell viele Einzelnutzer zusammenkommen, andererseits die besten Mitteilungsmöglichkeiten bestehen. Manchmal hat ein Shitstorm handfeste Gründe, in anderen Fällen aber auch einen banalen Anlass. Bekannt geworden sind die Shitstorms, die Vodafone, Adidas und Jack Wolfskin widerfahren sind. Hier haben sich Tausende von Nutzern auf einmal beschwert oder Solidarität bekundet und damit öffentlichen Druck auf die Unternehmen ausgeübt.

Was man aber wissen sollte: Es gibt kein einziges Beispiel, in dem ein solcher Shitstorm einem Unternehmen betriebswirtschaftlich nachhaltig geschadet hätte. In keinem Fall konnte man einen Umsatz- oder Gewinneinbruch feststellen. Das hat vor allem zwei Gründe: Zum einen dauert ein Shitstorm meistens nur wenige Stunden oder Tage – ein überschaubarer Zeitraum. Zum anderen wird der Shitstorm nur von Teilen der Gesellschaft wahrgenommen. Es gibt sogar Gegenbeispiele: Die ING-DiBa hatte einen Spot geschaltet, in dem der Basketballstar Dirk Nowitzki eine Scheibe Wurst isst, »damit er groß und stark« wird. Dies brachte

Veganer auf den Plan, die die Direktbank boykottieren wollten. Tatsächlich solidarisierten sich viele ING-DiBa Kunden und der Shitstorm, der eigentlich ausgelöst werden sollte, brachte der der ING-DiBa mehr Fans, als sie vor der Veröffentlichung des Spots hatte.

Was für den Kleinunternehmer, Freiberufler oder Selbstständigen jedoch viel wichtiger ist: Shitstorms betrafen bisher ausschließlich bekannte Unternehmen. Es wie in der Geschichte von David und Goliath. Bisher ist kein Fall bekannt, in dem ein Shitstorm einen kleinen Unternehmer getroffen hätte. Der Grund ist einfach: An kleinen Unternehmen besteht weniger öffentliches Interesse. Wenn hier jemand Kritik äußert (und Kritik ist noch lange kein Shitstorm), dann finden sich unter Umständen ein paar Unterstützer, aber nicht Tausende, die sich gleichzeitig solidarisieren.

Hinweis

Shitstorms kommen fast ausschließlich auf Facebook und Twitter vor, auf LinkedIn, Google+ und XING gab es dieses Phänomen bisher noch nicht.

1.5.2 Datenschutz

Ein weiteres Thema, das vielen Sorgen bereitet, ist der Datenschutz. Zunächst einmal: Keines der großen sozialen Netzwerke verkauft Ihre Daten. Sie können bei Facebook, Google+, LinkedIn oder XING keine Daten, E-Mail- oder Postadressen erwerben.

Trotzdem sollten Sie in den sozialen Netzwerken generell sensibel mit Ihren Daten umgehen, denn diese werden gespeichert, zusammengefasst und ausgewertet. Dadurch können die Netzwerke Ihre Daten für eine zielgerichtete Ansprache (das Targeting) nutzen, wodurch sie sich letztendlich finanzieren. Das heißt, dass der Nutzer aufgrund seiner persönlichen Daten passende Werbung eingeblendet bekommt. Nehmen wir beispielsweise an, dass Sie nur regional im Umfeld von Hannover tätig sind. Dann können Sie bei Facebook Anzeigen schalten, die ausschließlich Personen in Hannover zu sehen bekommen. Sie erfahren aber nicht, welchen Personen genau die Werbung angezeigt wird.

Hinweis

Ausführliche Informationen über das Thema Datenschutz finden Sie in Kapitel 12, »Rechtliche Rahmenbedingungen«.

1.5.3 Facebook-Partys

In der Vergangenheit wurde in den Medien immer wieder über sogenannte »Facebook Partys« berichtet. Oft sind es Schüler, die eine geplante Party bekannt machen und dabei vergessen, die Einladung so einzustellen, dass die Party nur auf einen kleinen Personenkreis begrenzt ist. Virale Effekte sorgen dann dafür, dass die Nachricht über die Party weiterverteilt wird. Im Endeffekt kommen wesentlich mehr Gäste als geplant. Facebook hat reagiert – in der Grundeinstellung sind Events nun nicht mehr öffentlich. Den Status »Öffentlich« müssen Sie nun extra anklicken.

Abbildung 1.5 Event über Facebook einstellen

Eine Event-Funktion gibt es nicht nur bei Facebook, sondern auch in den meisten anderen Netzwerken wie Google+, XING oder LinkedIn. Prüfen Sie die Event-Einstellungen dieser Netzwerke, bevor Sie eine Einladung schreiben.

1.5.4 Abmahnungen

Eine weitere Sorge betrifft Abmahnungen. Mit diesem juristischen Hilfsmittel können Unternehmer Mitbewerber davon abhalten, in ihrem Geschäftsfeld unlauter zu werben. Leider werden Abmahnungen oft missbraucht; Banalitäten werden abgemahnt. Ist der Grund für eine Abmahnung juristisch korrekt, werden mit Hilfe überzogener Streitwerte schnell 1.000 Euro als Anwaltsgebühr vom Abgemahnten eingefordert.

Abmahnungen betreffen aber nicht ausschließlich soziale Netzwerke. Ein Abmahnrisiko besteht immer, wenn Sie gewerblich in die Öffentlichkeit gehen, etwa einen Werbeträger publizieren oder in einer Tageszeitung inserieren. Sie können das Risiko einer Abmahnung jedoch erheblich eingrenzen. Viele Abmahnungen betreffen »Standardfallen«, zum Beispiel ein fehlendes oder unvollständiges Impressum in Ihrem Auftritt in den sozialen Netzwerken. In Kapitel 12, »Rechtliche Rahmenbedingungen«, erfahren Sie, wo sich typische Fallen verbergen.

1.5.5 Keine Angst vor Ihren Kunden

In den letzten Abschnitten ging es um Standardproblemfälle, die viele Freiberufler und kleine Unternehmer von einem Auftritt im Social-Media-Umfeld abhalten. Oft lassen sich die Befürchtungen jedoch auf eine Formel reduzieren: Die Angst vor Social Media ist auch die Angst, mit Ihren Kunden zu kommunizieren. Über die verschiedenen Social-Media-Kanäle wird die Kommunikation mit Ihren Kunden öffentlich. Diese Kommunikation ist der zentrale Punkt der Social-Media-Nutzung.

Kommunikation mit Kunden kann Ihrem Geschäft nicht schaden. Nicht nur Lob, sondern auch sachgerechte Kritik kann Ihrer Reputation nutzen. Die Kommunikationsmöglichkeiten in den sozialen Netzwerken bieten Ihnen die Chance, von potenziellen Kunden gefunden und als Dienstleister wahrgenommen zu werden. Dabei ist es unvermeidlich, dass in den sozialen Medien auch über Sie gesprochen wird – verschließen Sie nicht aus Angst vor der Kommunikation mit Ihren Kunden die Augen. Besser ist es, dabei zu sein und die Diskussion im Blick zu halten bzw. sich daran zu beteiligen. Also: Keine Angst vor Social Media – oder haben Sie Angst vor Ihren Kunden?

Kapitel 2
Was ist Ihre Strategie?

Inhalt

- Wen und was Sie erreichen können
- Zeitlicher und finanzieller Aufwand
- Beispielstrategien

Wenn Sie Ihre Kunden im Social-Media-Umfeld erfolgreich akquirieren und erreichen möchten, bleibt Ihnen ein wenig Recherche nicht erspart. Es wäre schön, wenn es einfache Rezepte gäbe – Sie nehmen ein bestimmtes Werkzeug und erreichen genau die gewünschte Zielgruppe. Leider ist es nicht so einfach. Die verschiedenen Social-Media-Kanäle sind zu vielfältig; die Geschäftsmodelle von Kleinunternehmern, Selbstständigen oder Freiberuflern ganz unterschiedlich. In diesem Kapitel lernen Sie jedoch Hilfsmittel kennen, mit denen Sie eine Strategie entwickeln können.

In Kapitel 1, »Was bringt Social Media?«, haben Sie erfahren, dass es viele verschiedene Plattformen gibt – zum einen die großen Anbieter, auf die sich dieses Buch immer wieder bezieht, zum anderen verschiedene Nischenanbieter, die ebenfalls von Interesse sein können, wenn sie zu Ihrer Zielgruppe passen.

Ebenfalls im vorigen Kapitel wurde angesprochen, dass Sie die Social-Media-Kanäle auf unterschiedliche Weise bedienen können: Sie können ganz passiv nur Kontaktanfragen annehmen (sozusagen eine Minimalstrategie fahren), auf verschiedenen Plattformen vertreten sein oder sich sogar mit einem eigenen Blog präsentieren. Beide Extreme werden meist nicht die Idealstrategie darstellen. Diese liegt in den meisten Fällen irgendwo dazwischen. Auf die Wahl der Strategie haben verschiedene Parameter Einfluss:

- Was und vor allem wen möchte ich erreichen?
- Wie viel Zeit kann ich regelmäßig aufbringen
- Will ich überhaupt Geld für meinen Social-Media-Auftritt ausgeben?
- Wenn ja, wie viel Geld steht mir zur Verfügung?

Diese Fragen sollen in den nächsten Abschnitten geklärt werden. Nachdem die ersten Schritte getan sind, empfiehlt es sich außerdem, langsam zu starten. Ein Social-Media-Auftritt gewinnt seine Bedeutung eher durch Kontinuität als durch einen starken Start.

Die Frage nach der Zielgruppe hat eine zentrale Bedeutung. Wenn Sie Make-up für Damen herstellen, wäre eine Printanzeige in einem Männermagazin weniger gut platziert als in einer Frauenzeitschrift. Genauso verhält es sich in den sozialen Netzen. Viele Unternehmen präsentieren gern die erreichte Anzahl von Folgern oder Followern. Die reine Reichweite ist jedoch uninteressant – was zählt, ist die relevante Reichweite, also die Reichweite innerhalb Ihrer Zielgruppe. Auch Preisausschreiben oder Gewinnspiele machen eigentlich nur Sinn, wenn es auf die reine Reichweite ankommt, und das trifft im Regelfall nur auf die Konsumgüterhersteller zu. Wie in Kapitel 1, »Was bringt Social Media?«, bereits angesprochen, ist das Kaufen von Followern besonders fragwürdig, auch wenn Sie diese für wenig Geld angeboten bekommen. In den wenigsten Fällen sind sie selbst dieses wenige Geld wert. Oft bestehen die gekauften Follower entweder aus sogenannten gefälschten (»Fake«-)Profilen oder aus Personen, die kaum zu Ihrer Zielgruppe gehören.

Strategisch richtig ist es hingegen, bestehende Kunden zu identifizieren, die bereits ein Profil in den sozialen Netzwerken haben. Verlassen Sie sich dabei nicht ausschließlich auf Ihr Bauchgefühl. Ein berühmtes Beispiel, dass man auch eine Zielgruppe übersehen kann, ist hierbei der Kamerahersteller Nikon. Dieser hat stets drei Zielgruppen segmentiert: Amateure, Semiprofis und Vollprofis. Allerdings hat Nikon eine wichtige Zielgruppe nicht beachtet: Ein großer Anteil der Kameras wurde an wohlhabende Amateure abgesetzt, die sich aus Statusgründen eine Profikamera leisten. Dies ist durch Analysen in den sozialen Netzwerken aufgefallen.

Wie Sie sehen, macht es durchaus Sinn, wenn Sie Ihre Zielgruppe genau prüfen. Anhand dessen entscheiden Sie zunächst, welches Netzwerk für Sie geeignet ist. Anschließend überlegen Sie, wie Sie mit dem gewählten Netzwerk umgehen sollten. Auch hierzu gibt es verschiedene Strategien, von der reinen, passiven

Präsenz bis hin zur massiven Kaltakquise. Fragen Sie sich nicht nur, wen, sondern auch, was Sie erreichen möchten. Wichtig ist außerdem, welches Zeit- und Geld-Budget Ihnen für Ihren Social-Media-Auftritt zur Verfügung steht.

2.1 Wen möchten Sie erreichen?

Dies ist die zentrale Frage, wenn Sie sich erfolgreich im Social-Media-Umfeld positionieren wollen. Um Ihnen den Einstieg zu erleichtern, finden Sie am Ende des Kapitels eine Checkliste, welche Berufsgruppen welche Zielgruppe wo erreichen können. Sie stellt aber nur eine Empfehlung dar, die die grobe Richtung vorgibt.

Generell gilt jedoch: Sind Sie z. B. Spezialist im B2B-Bereich, ist die bloße Reichweite weniger interessant. Sind Ihre Kunden vorrangig Projektleiter, Einkäufer oder eine andere Zielgruppe, sollten Sie diese eingrenzen. Dadurch finden Sie leichter das passende Netzwerk. Auch ein Blick auf die Auftritte Ihrer Mitbewerber kann eine Hilfestellung zur Eingrenzung Ihrer Zielgruppe sein. Naturgemäß sind diese häufiger in der Nähe Ihrer Zielgruppe zu finden. Es lohnt sich also zu analysieren, wen Ihre Mitbewerber mit ihrem Engagement in den sozialen Netzwerken erreichen.

Wenn Sie Ihr Produkt oder Ihre Dienstleistung hingegen einem breiten Publikum und/oder regional anbieten, sind die Generalisten unter den sozialen Netzwerken besser geeignet als die Spezialisten. Eine Ausnahme sind eigene Netzwerke für Nischen. Diese sollten Sie durchaus in Betracht ziehen. Überlegen Sie jedoch, ob es Sinn macht, aktiv teilzunehmen. Es gibt zum Beispiel sehr gute Foren für Handwerker, in denen Sie sich etwa als Tischler positionieren könnten. Allerdings stellt sich die Frage, wen Sie damit erreichen. Ihre Zielgruppe sind in diesem Fall nicht nur Handwerker (allgemein), sondern Handwerker in Berlin oder einer anderen Region. Arbeiten Sie überregional als Tischler, sind solche Nischenanbieter perfekt. Decken Sie aber eine bestimmte Region oder Stadt ab, sollten Sie das in Ihre Überlegungen mit einbeziehen. Ein Engagement ist nur dann sinnvoll, wenn Sie auf dieser Plattform in ausreichendem Maß Kunden finden.

Nach Anzahl der Mitglieder sind die Generalisten Facebook und Google+ führend. Bei Facebook, dem am weitesten verbreiteten sozialen Netzwerk, findet man Inhalte jeglicher Art – auch sehr viel *Cat Content*, also niedliche Tier- und Babyfotos. Genauso häufig findet man dort lustige Videoclips, aber auch viele, die die niedrigeren Triebe befriedigen, etwa von Verkehrsunfällen. Möchte man eine Parallele zur Welt der Printmedien ziehen, könnte man Facebook als die Bild-

Zeitung des Social-Media-Umfelds bezeichnen. Sie können dort hohe Reichweiten erzielen. Für regional tätige Selbstständige oder Freiberufler noch wichtiger: Sie können Reichweite in einer bestimmten Stadt oder Region erzielen. Google+ ist wesentlich differenzierter. Diese Plattform hat gegenüber Facebook zwei Vorteile: Zum einen ist es durchweg kostenfrei, zum anderen hat es eine Wirkung auf die Suchmaschine Google. Werden Sie häufig über Google gesucht und gefunden, ist Google+ gegenüber Facebook im Vorteil. Sind Sie unsicher, ob Facebook oder Google+ besser für Ihre Zwecke geeignet ist, nutzen Sie am besten zuerst einmal beide Plattformen. Wenn Sie Kontakte knüpfen und Ihr Netzwerk aufbauen, werden Sie sehr bald merken, welches der beiden für Sie sinnvoller ist.

Wenn Sie sich in den bisherigen Ausführungen nicht wiederfinden oder unsicher sind, sollten Sie eine Liste Ihrer (wichtigsten) Kunden erstellen. Unterteilen Sie diese am besten in Firmen- und Privatkunden. Wenn für Sie nur eine der beiden Zielgruppen wichtig ist, werden Ihre Recherchen einfacher. Bei Unternehmen können Sie am besten über die Website erfahren, ob sie bereits einen Auftritt in einem sozialen Netzwerk haben. Dieser wird oft schon auf der Startseite promoted. Achten Sie auf die kleinen Icons, die die Netzwerke symbolisieren, zum Beispiel das »f« für Facebook oder das »g+« für Google+. Prüfen Sie auch, ob Ihre Ansprechpartner und die Meinungsführer Ihrer Branche dort vertreten sind.

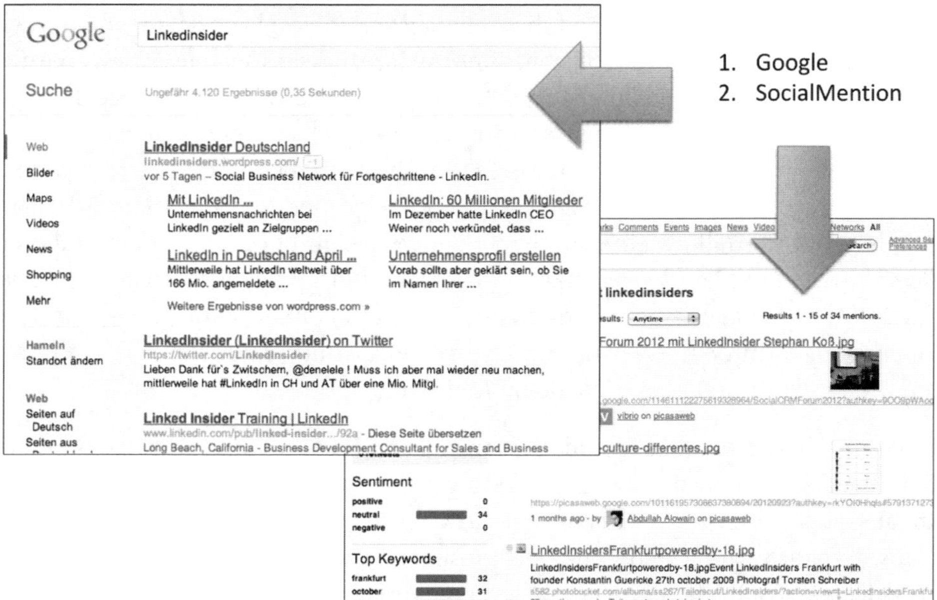

Abbildung 2.1 Wo werde ich genannt?

Tipp

Bei der Suche nach Privatpersonen kann nicht nur die klassische Google-Suchmaschine gute Dienste leisten. Sie können vielmehr auch »Personensuchmaschinen« zur Hilfe nehmen. Die bekannteste und effektivste ist sicherlich *http://www.yasni.de*.

Um einen weiteren Eindruck zu gewinnen, ob Sie bereits in den sozialen Netzwerken im Gespräch sind, können Sie zwei Werkzeuge nutzen, um nach Ihrem Namen oder Fachbegriff zu suchen – die Suchmaschine Google und SocialMentions. Mit diesen Tools können Sie recherchieren, ob Sie bereits Gegenstand der Unterhaltung sind.

2.2 Was möchten Sie erreichen?

Die Antwort liegt eigentlich auf der Hand: Sie möchten Ihr Produkt, Ihre Dienstleistung verkaufen. Es ist schwierig, Social Media als direkten Vertriebskanal zu nutzen. Zwar gibt es mittlerweile den Begriff »Social Shopping«, also den direkten Verkauf etwa über Facebook. Diese Vorhaben funktionieren allerdings selten, sofern sie technisch überhaupt möglich sind. Der Vertrieb über Social Media funktioniert eher über das Netzwerk, das Sie in verschiedenen Stufen nutzen können. Möchten Sie neue Kunden akquirieren, benötigen Sie viel mehr Zeit und eventuell wesentlich mehr Geld als für die minimalistische Nutzung eines sozialen Netzwerks als sich selbst aktualisierendes Adressbuch. Daher können Sie Ihre Zielsetzung in vier Bereiche einteilen:

- Ein sich selbst aktualisierendes Adressbuch führen
- Den Markt beobachten
- Das Interesse bestehender Kunden wecken
- Neue Kunden finden und gefunden werden

Ihre Strategie wird sicherlich nicht exakt einem dieser Punkte entsprechen, sondern irgendwo dazwischen liegen. Ihr Engagement hängt vor allem davon ab, wie viel Zeit Sie haben. Je intensiver Sie sich mit Ihrem Netzwerk beschäftigen, desto wahrscheinlicher ist es, dass Sie von neuen Kunden gefunden werden.

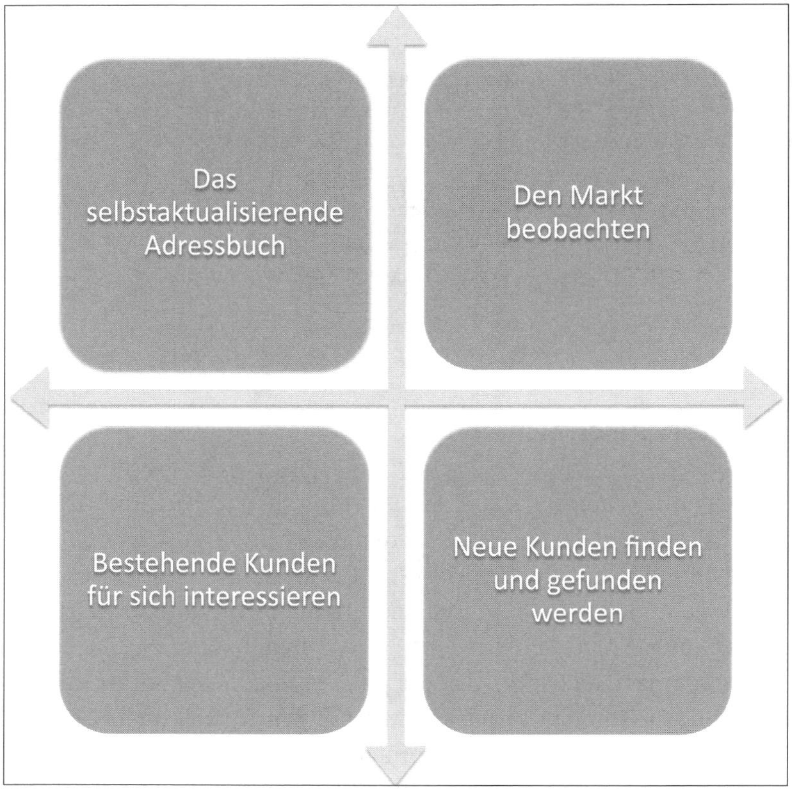

Abbildung 2.2 Was möchten Sie erreichen?

2.2.1 Das sich selbst aktualisierende Adressbuch

Als absolute Minimalstrategie verwenden Sie Social Media als sich selbst aktualisierendes Adressbuch. Wenn dies Ihr einziges Ziel wäre, würden Sie jedoch dieses Buch wahrscheinlich nicht lesen. Trotzdem kann eine Strategie mit diesem Minimalziel durchaus von Interesse sein. Wenn Sie nicht sicher sind, wo Sie Ihre Kunden finden oder Social Media erst zu einem späteren Zeitpunkt richtig nutzen möchten, können Sie die Zwischenzeit schon sinnvoll nutzen, denn Sie brauchen Zeit, um Ihr Netzwerk aufzubauen.

Mit einem sich selbst aktualisierenden Adressbuch werden Sie zwar gefunden, aber ausschließlich von Nutzern, die aktiv nach Ihrer Person oder Ihrer Dienstleistung suchen. Die Aussichten, dass sich die sozialen Netzwerke als »Turbo« für Ihren Umsatz erweisen, sind damit eher gering. Diese Strategie ist deshalb eher für ein Zweit- oder Drittnetzwerk zu empfehlen, um den aktiv Suchenden einen Kontaktpunkt zu bieten.

Trotzdem kann die reine Präsenz schon von Vorteil sein – einfach, um einen Kanal anzubieten: Der Kunde kann sich vernetzen, Ihnen Fragen stellen oder auch nur seine Adressdaten austauschen. Sie nutzen damit einen weiteren Netzwerkeffekt: Alte Kontakte verlieren nicht unbedingt an Wert. Viele Ihrer alten Kontakte entwickeln sich weiter und mit Hilfe des sich selbst aktualisierenden Adressbuchs verlieren Sie sie nicht aus den Augen. Diese Kontakte können Ihnen in ihrem weiteren beruflichen Verlauf durchaus von Nutzen sein. Das Hauptaugenmerk liegt bei dieser Strategie darauf, dass Sie Ihre Kontakte suchen und auf sie zugehen müssen.

2.2.2 Den Markt beobachten

Die nächste Strategie ist die Marktbeobachtung. Für diese Zielsetzung ist schon etwas mehr Engagement von Ihrer Seite nötig. Hinsichtlich des Zeit- und Geldaufwands ist sie jedoch noch sehr überschaubar. Marktbeobachtung bedeutet, dass Sie zwei Gruppen genauer betrachten: die Mitbewerber und die Kunden. Sie müssen dabei noch nicht selbst aktiv in Erscheinung treten. Von der Beobachtung der Auftritte und des Engagements der Mitbewerber können Sie oft einiges lernen, sowohl im positiven als auch im negativen Sinn.

Sie sollten sich aber nicht ausschließlich auf die Mitbewerber konzentrieren, sondern auf den Markt an sich. Wenn Sie in einem bestimmten Segment tätig sind, sind möglicherweise bestimmte Themen von Interesse – für einen Arzt beispielsweise die kommenden Grippeschutzimpfungen, für einen Handwerker, die neu entbrannte Diskussion um Harthölzer, für einen IT-Sicherheitsberater, dass wieder einmal eine Plattform kompromittiert wurde. Es gibt viele Anlässe, auf die Sie sich dann entsprechend vorbereiten können. Hierbei ist es hilfreich, wenn Sie nicht nur die Informationen an sich, sondern auch die Stimmung der Kunden mit aufnehmen.

Genauso hilfreich kann es sein, wenn Sie sich Ihre Kunden ansehen, um besser auf diese reagieren und sich vorbereiten zu können. Zum Beispiel hatte der Betreiber des Hotels *The Venice* in Las Vegas in den sozialen Netzwerken erkannt, dass das Auschecken zu lange dauerte. Er konnte reagieren und seinen Service verbessern. Dieser Umstand wurde ausschließlich anhand der Stimmung der Kunden in den sozialen Netzwerken erkannt.

2.2.3 Das Interesse bestehender Kunden wecken

Die nächste Stufe ist die Aktivierung des bestehenden Kundenkreises. Dies bedeutet vor allem, dass Sie Informationen teilen. Diese müssen nicht zwingend selbst erstellt sein; Sie können auch regelmäßig Artikel (oder Fotos bzw. Videos – Ihrer Phantasie sind hier kaum Grenzen gesetzt) teilen und als interessant markieren. Hierzu bieten die sozialen Netzwerke verschiedene Möglichkeiten, bis hin zur Videokonferenzen: Sowohl Google+ als auch Facebook bieten mit HangOuts (wie die Videokonferenzen bei Google+ genannt werden) die Möglichkeit, sich mit Kunden zu treffen und auszutauschen. Über Facebook sind zudem Videoanrufe möglich. Sie könnten beispielsweise eine »Fragestunde« einrichten. Solche Videokonferenzen können zumindest bei Google+ sogar öffentlich stattfinden. Videokonferenzen sind ein gutes Mittel, um Kunden an sich zu binden.

Der klassische Weg ist allerdings weniger zeitintensiv – es geht nur um das Teilen oder Erstellen von Informationen. Dazu können Sie ein persönliches oder auch ein Unternehmensprofil verwenden. Wenn Sie interessante Neuigkeiten oder Beiträge teilen, erhöhen Sie Ihre Reichweite: Interessante Artikel werden von Ihren Kontakten weitergetragen, wenn sie ihnen nützlich erscheinen. Damit ist auch schon der Weg zu neuen Kunden bereitet, da die Kontakte Ihrer Kontakte Sie wahrnehmen und Sie im Idealfall zu ihren eigenen Kontakten hinzufügen, Ihnen folgen bzw. Sie einkreisen.

Auch die Art der Nachrichten trägt dazu bei, von wem Sie wahrgenommen werden. Bieten Sie Ihre Dienstleistung oder Ihr Produkt eher lokal an, sollten Sie den regionalen Bezug nicht vergessen, damit Sie regional interessanter werden. Sind Sie eher Spezialist auf einem bestimmten Gebiet, teilen Sie Informationen zu diesem Fachgebiet. Ihre Informationen verteilen sich dann eher bei den Nutzern, die sich ebenfalls für das Fachgebiet interessieren.

2.2.4 Neue Kunden finden und gefunden werden

Die bisher aufgeführten Strategien bauen vorrangig auf Ihrem bestehenden Netzwerk und öffentlich zugänglichen Informationen auf. Das Teilen und Erstellen von Informationen verwischt jedoch die Grenze zur Neukundenakquisition, da Sie nicht nur Ihr Netzwerk versorgen und damit in Erinnerung bleiben, sondern auch neue Kunden auf sich aufmerksam machen.

Der wichtigste Weg zur Gewinnung neuer Kunden führt in den sozialen Netzwerken über die bestehenden Kunden. Wie in Kapitel 1, »Was bringt Social Media«, erwähnt, sollten Sie gute Geschichten über Ihre Profession erzählen, sich als Ansprechpartner etablieren und Fragen beantworten. Die sozialen Netzwerke danken es mit ihrer eigenen Währung: Aufmerksamkeit. So werden Sie als Fachmann wahrgenommen und gewinnen mit der Zeit neue Kunden. Auch die Empfehlungen sind eine Betrachtung wert. Viele soziale Netzwerke bieten hierzu direkte Funktionen.

Neben diesen Grundprinzipien von Social Media gibt es aber zusätzliche Möglichkeiten, neue Kunden auf sich aufmerksam zu machen. Die wichtigsten sind Aktivitäten in Gruppen, sogenannte »Fragen und Antworten«-Bereiche oder auch Werbemöglichkeiten. Welchen Weg Sie nutzen, ist abhängig von der bereits bekannten Frage: Wo finde ich meine Kunden?

Gruppen

Gruppen bieten fast allen Freiberuflern, Kleinunternehmern und Selbstständigen die richtige Basis. Sie sind auf jeden Fall ein guter Einstieg in die sozialen Netzwerke. Gerade wenn Sie keinen eigenen Blog aufsetzen wollen oder dies zeitlich nicht schaffen, ist die Arbeit in den Gruppen sinnvoll. Regionale Gruppen finden Sie vor allem auf Facebook und XING, Fachgruppen auf LinkedIn und XING. Google+ bietet neuerdings mit den Communities ebenfalls eine Gruppenfunktion.

Tipp ×

Eine sympathische Vorstellung in einer Gruppe ist immer ein guter Anknüpfungspunkt. Hier werden Sie auch schnell die Erfahrung machen, dass Social Media anders funktioniert als klassische Werbung in Magazinen oder Tageszeitungen. Eine Vorstellung, die sich wie eine reine Werbebroschüre liest, wird im besten Fall ignoriert, kann aber auch schnell gelöscht werden oder zum Ziel von Kritik werden.

Der eigene Blog

Vor allem für Fachspezialisten ist ein eigener Blog eine nützliche Ergänzung. Für allgemeine Themen halte ich einen Blog für weniger sinnvoll. Wenn Sie allerdings ein bestimmtes Thema besonders gut beherrschen, können Sie mit Hilfe eines Blogs Reichweite bei neuen Kunden erzielen. Für Unternehmensberater und Freelancer im IT-Bereich sind beispielsweise folgende Themen interessant:

- Projektmanagement
- IT-Sicherheit
- Logistik
- Webseitenaufbau
- Suchmaschinenoptimierung

Für regional tätige Freiberufler, Kleinunternehmer oder Selbstständige ist die Reichweite eines Blogs meist zu groß. Wenn Sie sich etwa als Handwerker auf das Verlegen von Parkett spezialisiert haben, haben Sie gute Chancen, mit einem kontinuierlich gepflegten Blog zu diesem Thema viele Menschen zu erreichen. Was bringt Ihnen diese Reichweite jedoch, wenn 95 % der Leser kein Interesse an Ihrer Dienstleistung haben, da sie nicht in Ihrem Einzugsgebiet wohnen? In diesem Fall ist eine Präsenz bei Facebook und/oder Google+ eher zu empfehlen, da Sie regional steuernd eingreifen können (entweder durch kostenpflichtige Werbeeinblendungen oder indem Sie auch lokale Themen außerhalb Ihres Geschäftsfelds mit aufgreifen und sich so als lokaler Dienstleister etablieren.

Egal, was Sie erreichen wollen: Sie sollten auf jeden Fall davon ausgehen, dass es einige Zeit in Anspruch nehmen wird, Ihren »Online-Namen« zu etablieren. Daher sollten Sie lieber jetzt beginnen und sich kleinere Ziele stecken. Dies ist sinnvoller, als sich mit viel anfänglichem Enthusiasmus in die sozialen Netzwerke zu stürzen und festzustellen, dass auch dort das Geld nicht gedruckt wird.

Hinweis

Wenn Sie noch unsicher sind, was Sie erreichen wollen, stecken Sie Ihre Ziele nicht zu hoch. Lassen Sie Ihre Online-Präsenz wirken, suchen Sie sich Kontakte und bauen Sie Ihr Netzwerk auf.

2.3 Wie viel Zeit können Sie aufbringen?

Ebenso wichtig für einen erfolgreichen Einstieg ist die Zeit, die Sie in Ihren Social-Media-Auftritt investieren können oder wollen. Die zuvor gesteckten Ziele stehen im direktem Zusammenhang mit der notwendigen Zeit: Es kann schnell zeitaufwändig werden in Gruppen Diskussionen zu verfolgen oder aktiv an ihnen teilzunehmen. Wenn Sie diesen Weg wählen, sollten Sie dafür ein regelmäßiges Zeitbudget einplanen und dieses auch einhalten.

Verteilen Sie das vorhandene Zeitbudget so, dass Sie Ihre Reichweite effektiv erhöhen. Das gelingt am besten, wenn Sie sich nicht nur auf eine Plattform beschränken. Die benötigte Zeit steigt pro Netzwerk, in dem Sie sich präsentieren. Wenn Sie Ihre Auftritte in den sozialen Netzwerken gut planen und sich Grenzen setzen, können Sie den Aufwand auf ein beherrschbares Maß begrenzen und Ihre Ziele im Verhältnis zur eingesetzten Zeit besser erreichen.

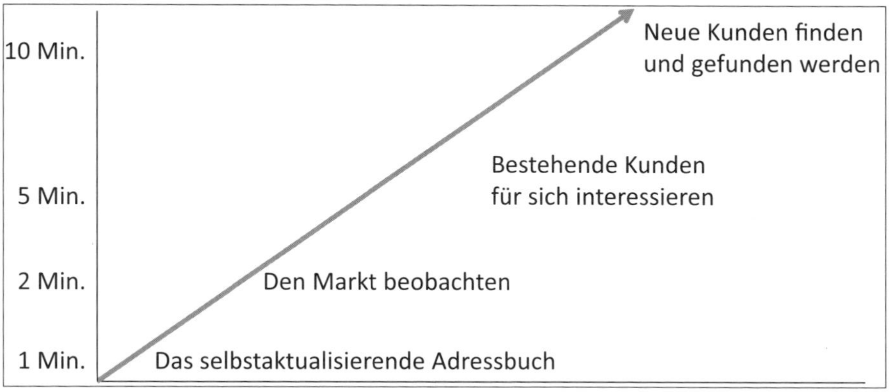

Abbildung 2.3 Wie viel Zeit müssen Sie investieren (Mindestumfang je Netzwerk in Minuten am Tag)?

Die Empfehlung, mehrere Netzwerke zu bedienen, ist nicht nur der Risikominimierung geschuldet. Ein Betriebswirt würde vom abnehmenden Grenznutzen sprechen: Nehmen wir an, Sie nutzen Facebook bereits intensiv (etwa eine Stunde am Tag). Mit zusätzlichen zehn Minuten können Sie in Gruppen diskutieren oder weitere Beiträge erstellen bzw. kommentieren. Wenn Sie allerdings noch keinen Auftritt bei Google+ haben, investieren Sie diese zehn Minuten besser, wenn Sie auch dort ein Profil pflegen. Auch wenn die Nutzer Profile bei verschiedenen Netzwerken haben, konzentrieren sie sich meistens auf nur ein Netzwerk, das sie regelmäßig besuchen.

2.3.1 Das sich selbstaktualisierende Adressbuch: Zeitaufwand

Für die Minimalstrategie des sich selbst aktualisierenden Adressbuches benötigen Sie nur wenig Zeit. Wenn Sie darauf achten, dass Sie eine Benachrichtigung erhalten, sobald sich ein Kontakt mit Ihnen verknüpfen möchte, einen Kommentar geschrieben oder Ihnen eine Anfrage geschickt hat, reicht es aus, das Netzwerk sporadisch zu besuchen. Wenige Minuten pro Monat genügen.

Die hier investierte Zeit sollten Sie nutzen, um regelmäßig nach Kontakten Ausschau zu halten. Gerade wenn Sie nicht besonders aktiv in den sozialen Netzwerken unterwegs sind, wird Ihre Sichtbarkeit eingeschränkt sein. Es macht Sinn, die bestehenden Kontakte oder Follower in regelmäßigen Abständen – aber höchstens einmal im Monat – durchzusehen oder nach Stichworten zu suchen, um zu prüfen, ob sich alte Bekannte neu angemeldet haben. Solche Aktualisierungen sind notwendig, da die Nutzerzahl in den sozialen Netzwerken in nahezu atemberaubendem Tempo anwächst. Kollegen und Kunden, die vor einem Jahr noch nicht dabei waren, könnten mittlerweile hinzukommen sein.

Hinweis

Wenn Sie nur einen kleinen Kundenstamm haben, kann es auch durchaus genügen, wenn Sie diese Aufgabe einmal im halben Jahr erledigen. Dies sollten Sie aber fest einplanen und im Kalender notieren.

2.3.2 Den Markt beobachten: Zeitaufwand

Möchten Sie das soziale Netzwerk zur Marktbeobachtung nutzen, sollten Sie etwas mehr Zeit einplanen. Analysieren Sie, was Ihre Kunden und Ihre Zielgruppe im Moment umtreibt: Welche Themen sind gerade von Interesse? Worauf werden Antworten gesucht? Worüber tauscht sich Ihre Zielgruppe aus? Die sozialen Netzwerke sind ein Spiegelbild der realen Welt.

Eine weitere Betrachtung sollte Ihren Mitbewerbern gelten. Schauen Sie bei den wichtigsten regelmäßig vorbei: Was tun sie gerade? Worauf legen sie Wert und haben sie damit hohen Rücklauf? Hohe Interaktionsraten mit Kunden sorgen für eine höhere Reichweite, Sie werden bekannter. Es geht dabei nicht ausschließlich um die direkten Mitbewerber – in vielen Branchen gibt es vielmehr Meinungsführer. Als Arzt sollten Sie regelmäßig prüfen, was die bekannte Apotheken-Umschau gerade rät; wenn Sie mit Autos oder deren Reparatur zu tun haben, ist die ADAC-Motorwelt Pflichtlektüre. Diese beiden exemplarisch genannten Publikationen haben einen Facebook-Auftritt mit starker Reichweite. Wenn sie ein Thema aufgreifen, beschäftigt das Millionen.

Warnung

Unterscheiden Sie jedoch: Meinungsführer im fachlichen Sinne haben keine starke Verbreitung bei Ihren Kunden. Für Sie als Steuerberater gibt es beispielsweise Publikationen, die Sie lesen müssen und die für Sie als Experte interessant sind, für Ihre Mandanten hingegen nicht. Solche Publikationen sind nicht als Meinungsführer zu verstehen, ihr Studium ist Weiterbildung.

Es kostet auf Dauer nicht viel Zeit, den Markt zu beobachten. Auch ist eine nahezu tägliche Beobachtung nicht notwendig. Sinnvoll ist es, sich dieser Aufgabe in regelmäßigen Zeitintervallen zu widmen, zum Beispiel jeden Freitagmorgen eine Viertelstunde. Bei Themen, die weniger diskutiert werden, genügt sicherlich auch einmal im Monat.

2.3.3 Das Interesse bestehender Kunden wecken: Zeitaufwand

Die nächste Strategie, die regelmäßige Beteiligung in den sozialen Netzwerken, geht nahtlos in den Punkt »Neue Kunden finden und gefunden werden« über: Die Interaktion mit bestehenden Kunden und Bekannten kann und soll auch zu neuen Kontakten führen. Trotzdem sollten Sie in Ihrem Auftritt in den sozialen Netzwerken unterscheiden, ob Sie vorrangig bestehende Kunden pflegen möchten oder ob im Fokus Ihres Engagements neue Kunden liegen. Die Herangehensweise ist recht ähnlich, doch benötigen Sie andere Informationen. Was Sie generell leisten können, ist Ihren bestehenden Kunden bekannt. Bei der Pflege der bestehenden Kundenbeziehungen geht es deshalb vorrangig darum, Ihre Kunden mit Informationen zu versorgen. Dies können selbst erstellte Informationen sein; aber auch das Teilen relevanter Informationen ist recht nützlich. Je nachdem, welche Zielgruppe Sie bedienen, sind Visualisierungen immer hilfreich. Wenn Sie regelmäßig Produktfotos erstellen lassen, so können Sie diese in den sozialen Netzwerken wiederverwerten.

Warnung ×

Achten Sie allerdings auf die Bildrechte; stellen Sie sicher, dass Sie die Fotos auch verwerten dürfen. Mehr darüber erfahren Sie in Kapitel 12, »Rechtliche Rahmenbedingungen«.

Die von Ihnen geteilten Informationen sollten dabei auf Ihre Kunden abgestimmt sein. Für einen Steuerberater macht es keinen Sinn, das neuste Rundschreiben der Oberlandesdirektion zu veröffentlichen; einem Arzt bringt die Veröffentlichung einer Fachstudie zur Verbreitung einer Krankheit wenig. Damit zeigen Sie Ihrem Netzwerk zwar, dass Sie an Weiterbildung und Fachinformationen interessiert sind; wirklich interessieren wird dies Ihre Kunden kaum. Hier ist es besser, kleine »Geschichten« oder einfache Neuigkeiten rund um Ihre Dienstleistung zu posten. Gern werden auch kleine Tipps und Tricks aus Ihrem Berufsfeld beachtet. Vor allem einfache, praktische Hilfen, am besten mit einem dokumentarischen Foto, wird Ihr Netzwerk lieben.

Anders sieht es bei überregionalen Spezialisten aus – etwa Unternehmensberater oder Projektmanager. Diese werden gerade wegen ihres Spezialwissens in Anspruch genommen. Sie sollten ihre Expertise durch das Teilen guter Artikel zu ihrem Spezialgebiet unter Beweis stellen. Dadurch zeigen Sie Ihrem Netzwerk, dass Sie sich auf dem Laufenden halten, und bringen sich bei Ihren Kunden immer wieder auf dezente Weise in Erinnerung.

Soziale Netzwerke haben gegenüber klassischen digitalen Medien wie E-Mail oder Newsletter den Vorteil, dass der Kunde bei Zeitmangel die Meldung in der Timeline seines Netzwerkes nur am Rande wahrnehmen, jedoch nicht als störend empfinden wird. Wecken Sie jedoch das Interesse Ihres Kunden, wird er den Artikel mit »Gefällt mir« markieren oder ihn sogar teilen. Somit hat es fast immer eine positive Wirkung, wenn Sie in der Timeline Ihrer Kunden erscheinen. Vielleicht haben Sie einfach nur Ihre Marke, Ihren Namen wieder ins Gedächtnis gebracht; im besten Fall wird der Kunde Ihre Nachrichten und Informationen jedoch sinnvoll finden, sie teilen und dadurch Ihren Namen in seinem Bekanntenkreis weitertragen.

Tipp

Die Informationen müssen Ihren Kunden einen Mehrwert bieten. Reines Bewerben Ihres Produktes oder Ihrer Dienstleistung hingegen wird mit der bittersten Strafe der sozialen Netzwerke geahndet: Sie werden ausgeblendet oder gar aus den Kontakten entfernt. Fragen Sie sich deshalb bei jedem Status-Update oder jeder geteilten Information: Was haben meine Kunden davon?

Ab dieser Stufe sollten Sie darüber nachdenken, sich mit Hilfe eines Unternehmensprofils darzustellen. Unterscheiden Sie in den sozialen Netzwerken zwischen rein persönlichen und Unternehmensprofilen. Die Unternehmensprofile bei XING und LinkedIn, die Unternehmensseiten bei Google+ und die Fanseiten bei Facebook stellen Ihr Unternehmen dar, auch bei Freiberuflern oder Selbstständigen. Nur bei den wenigsten Anbietern fallen für das Unternehmensprofil zusätzliche Gebühren an. Diese Vorgehensweise hilft einerseits, Privat- und berufliche Sphäre auseinanderzuhalten, andererseits wirkt der Auftritt wesentlich professioneller als ein privates Profil.

Hinweis

Ausführliche Informationen über Unternehmensprofile erhalten Sie in Kapitel 4, »Das Unternehmensprofil«.

Der Zeitaufwand lässt sich nicht genau beziffern. Sie müssen differenzieren zwischen dem initialen Aufwand und dem regelmäßigen Aufwand, den Sie investieren. Wenn Sie ein Unternehmensprofil (oder eine Fanseite, je nach Zielgruppe) einrichten, benötigt die Erstellung mindestens eine Stunde Aufwand, kann aber je nach Inhalt und Komplexität auch mehr Zeit in Anspruch nehmen. Wenn Sie sich dafür entscheiden, sollten Sie auch einige Minuten pro Woche einplanen, um aktuelle

Informationen zu veröffentlichen. Auch müssen Sie etwas Zeit aufbringen, um auf Einträge zu reagieren: Eine verwaiste Seite ist immer ein schlechtes Aushängeschild für Ihre Unternehmung.

2.3.4 Neue Kunden finden und gefunden werden: Zeitaufwand

Bei der letzten und aufwändigsten Strategie geht es darum, neue Kunden zu finden. Dies passiert teilweise von ganz alleine, wenn Sie sich, wie im vorigen Abschnitt beschrieben, einen Namen machen und Ihre Kunden als Markenbotschafter für sich nutzen. Diese Strategie ist sehr langfristig angelegt und wird sich nicht sofort auf Ihr Geschäft, Ihr Produkt oder Ihre Dienstleistung auswirken. Durch das Teilen von Informationen werden Sie auch in den Timelines Ihrer Kunden bekannt und als Dienstleister wahrgenommen. Je nachdem, wie viel Zeit Sie haben, gibt es verschiedene Wege, um neue Kunden anzusprechen.

Tipp ×

Vermeiden Sie den Weg der klassischen Kaltansprache. Diese wird in den sozialen Netzwerken schnell als Spam betrachtet und hat somit einen eher kontraproduktiven Effekt. Haben Sie einen möglichen Neukunden entdeckt, mit dem Sie gerne Kontakt aufnehmen würden, lassen Sie sich am besten avisieren oder empfehlen. Diese Möglichkeit besteht eigentlich in allen Netzwerken, weil Sie erkennen, wen Sie als gemeinsamen Kontakt haben. Über eine Empfehlung wird ein Kontakt wesentlich besser gelingen.

Teilnahme an Diskussionen und Gruppen

Möchten Sie als Produzent oder Dienstleister wahrgenommen werden, müssen Sie aktiv an den sozialen Netzwerken teilnehmen. Der direkte Weg ist die Suche nach aktuellen Diskussionen, an denen Sie sich beteiligen können. Als Spezialist suchen Sie nach Ihrem Fachthema; wenn Ihre Zielgruppe in Ihrem Thema weniger bewandert ist, suchen Sie beispielsweise nach Ihren Ort. Über solche Suchabfragen finden Sie interessante Personen. Damit ist der Grundstein für eine aktive Beteiligung gelegt. Die Diskussionen führen oft zu Kontaktanbahnungen, die Ihr Netzwerk vergrößern und damit Ihre Reichweite und Sichtbarkeit in den sozialen Netzwerken erhöhen.

Außerdem können Sie am Gruppengeschehen teilnehmen. Bei Facebook, LinkedIn und XING gibt es sowohl Themen- als auch regionale Gruppen. Sie eignen sich hervorragend, um mit Neukunden ins Gespräch zu kommen. Auch Google+ bietet mittlerweile mit den Communities eine Gruppenfunktion. Suchen Sie sich Foren, in denen Sie sich einbringen können. Meist erfordern diese eine Mitgliedschaft. Sobald Sie der Gruppe beigetreten sind, sollten Sie sich in dieser vorstellen. Erzählen Sie von sich und bieten Sie Anknüpfungspunkte. Die Vorstellung kann auch gerne private Details enthalten. Bei Fachforen können und sollten Sie von Ihrer Expertise berichten, bei regionalen Gruppen wiederum sollten Sie nicht zu sehr ins Detail gehen. Als lokal tätiger Dienstleister sollten Sie über die Teilnahme an Veranstaltungen der lokalen Gruppen nachdenken. Hier bieten sich oft Anknüpfungspunkte für neue Kontakte.

Hinweis

Auf solchen Veranstaltungen sollten Sie jedoch nicht versuchen, Ihr Produkte oder Dienstleistung zu verkaufen. Erweitern Sie vielmehr Ihr Netzwerk.

Auch hier gilt: Sie können die zu investierende Zeit endlos skalieren. Um aktiv teilzunehmen, sollten Sie mindestens einmal pro Woche in die Gruppen hineinschauen und die Artikel zumindest überfliegen. Bei eigenen Diskussionsbeiträgen sollten Sie schneller reagieren und prüfen, ob eine wirkliche Diskussion angestoßen wurde.

Für Fachspezialisten: Eigene Gruppen und Blogs, Fragen und Antworten

Können Sie etwas mehr Zeit investieren, empfiehlt sich möglicherweise der Betrieb einer eigenen Gruppe, in der Sie sich als Fachmann für ein bestimmtes Thema darstellen. Auch hier sollte Ihre Dienstleistung oder Ihr Produkt nicht im Mittelpunkt stehen, damit Sie die potenziellen Kunden nicht abschrecken.

Weiterhin bietet sich auch die Einrichtung eines eigenen Blogs an, den Sie regelmäßig mit Fachartikeln zu Ihrem Thema befüllen. Ein solcher Blog kann Sie bei Google sehr gut auf die vorderen Ränge bringen. Die Kombination mit Google bietet sich auch deswegen an, weil Sie im Blog auf Ihr Google+-Profil verlinken können. Die Google-Suchergebnisse weisen dann in Form eines kleinen Icons unter dem Blogbeitrag auf Ihr Google+-Profil hin.

Hinweis

Sie benötigen nur wenig Know-how, um einen Blog einzurichten – keine HTML- oder Webdesign-Kenntnisse sind erforderlich. Weitere Informationen erhalten Sie in Kapitel 9, »Ihr eigener Blog: Mit wenig Aufwand langfristig Interessenten binden«.

Suchen Sie nach Fragestellungen zu Ihrem Thema. Die Plattform ist dabei sekundär; aber oft können »Fragen und Antworten«-Dienstleister gute Hilfe leisten. An diesen Plattformen ist besonders interessant, dass Sie einen Agenten für Ihr Fachthema einrichten können. Er benachrichtigt Sie, wenn eine neue Frage dazu gestellt wird.

Empfehlungen

Bei der Suche nach neuen Kunden sollten Sie Empfehlungen nutzen, entweder direkt über XING oder LinkedIn oder indirekt, indem die Kunden Ihre Seite via Google oder Google+ mit einen Klick auf »+1« empfehlen oder sie in Facebook »liken«. Zumindest zu Beginn sollten Sie Empfehlungen aktiv akquirieren. Sprechen Sie Ihre Kunden am besten im direkten Gespräch oder per E-Mail bzw. in Ihrem Newsletter auf die Möglichkeit einer Empfehlung an.

2.4 Wie viel Geld können und wollen Sie investieren?

Für viele Freiberufler, Selbstständige und kleine Unternehmer spielt der finanzielle Aspekt bei der Nutzung sozialer Netzwerke eine entscheidende Rolle. Größere Kampagnen im Social-Media-Umfeld sind unter 25.000 Euro kaum zu haben. Für die meisten Freiberufler, Selbstständigen oder kleinen Unternehmer ist dies zu viel. Der Aufbau und die Nutzung Ihres Netzwerks sollten deshalb bei Ihnen im Mittelpunkt stehen – und dies ist bei allen Social-Media-Diensten mehr oder weniger kostenfrei. Der limitierende Faktor ist bei dieser Vorgehensweise normalerweise nicht das eingesetzte Kapital, sondern die Zeit.

Außerdem können Sie sich eine gewisse Reichweite »erkaufen«, indem Sie Anzeigen für Ihr Unternehmensprofil schalten oder bei Facebook Nachrichten »promoten«. Die Kosten bleiben dabei überschaubar. Die Anzeigenpreise können hier leider nur ungefähr genannt werden, da sowohl Facebook als auch LinkedIn diese im Bieterverfahren ermitteln: Für eine bestimmte Zielgruppe gibt es mehrere Interessenten, die Werbung schalten möchten. Sie geben Gebote auf die Werbefläche ab und wer am meisten geboten hat, erhält den Zuschlag. Je stärker Sie deshalb die Zielgruppe eingrenzen, desto mehr Chancen haben Sie, für wenig Geld eine Anzeige zu schalten.

Hinweis ×

> Bei LinkedIn sind die Kosten per Klick höher; dafür können Sie die Zielgruppe sehr exakt eingrenzen – bis hin zu dem Arbeitgeber des Nutzers, der die Anzeige zu sehen bekommt.

Wie erwähnt, können Sie gerade zu Beginn auch über Preisausschreiben an neue Fans kommen. Bekannt sind die Gewinnspiele, bei denen die Teilnehmer iPads gewinnen können – Apple-Produkte sind stets eine Garantie für viele Besucher, Fans oder Follower. Davon ist jedoch eher abzuraten, denn willkürlich eingesammelte Fans bringen Sie kaum weiter. Interessanter ist es, einen Gutschein für Ihre Dienstleistung oder Ihr Produkt anzubieten.

Etwas anders sieht es aus, wenn Sie Mitarbeiter rekrutieren möchten. Generell ist das über »Mund-zu-Mund«-Propaganda möglich: Stellen Sie sich in Ihrem Netzwerk als Arbeitgeber vor. Haben Sie bereits Mitarbeiter, lassen Sie diese für sich sprechen. Ein solches Recruiting ist kostenfrei bzw. – etwa bei Facebook – auch mit kleinem Budget möglich. Zusätzlich können Sie Stellenanzeigen (in sozialen Netzwerken »Job-Postings« genannt) schalten. Diese sind zwar kostenpflichtig, aber auch ein Freiberufler, Selbstständiger oder kleiner Unternehmer kann sie sich leisten. Sie können auch eine gemischte Strategie für Ihre Mitarbeitergewinnung fahren: Schalten Sie in den sozialen Netzwerken eine Stellenanzeige und lassen Sie diese von Freunden, Bekannten oder Followern empfehlen. Eine solche Kombinationsstrategie ist in den sozialen Netzwerken besonders effektiv.

Konkret können folgende Kosten anfallen:

Facebook

Funktionen	Kosten
Einrichtung eines persönlichen Profils	Kostenfrei
Einrichtung einer Fanseite	Kostenfrei
Promotion einer Unternehmensnachricht	zurzeit 4,89 Euro
Werbung für die Fanseite	Ab 2 US-Dollar am Tag (allerdings wird diese auch nur von durchschnittlich etwa 2,5 Personen angeklickt)
Job-Postings via BranchOut (Facebook selbst bietet im Moment keine Jobbörse an)	49 US-Dollar brutto

LinkedIn

Funktionen	Kosten
Einrichtung eines persönlichen Profils	Kostenfrei
Einrichtung eines Unternehmensprofils	Kostenfrei

Funktionen	Kosten
Direktansprache eines möglichen Kunden (Kaltakquise)	10 US-Dollar per Nachricht
Werbeanzeige	mindestens 10 US-Dollar am Tag
Job-Posting	139 Euro (brutto)

XING

Funktionen	Kosten
Einrichtung eines persönlichen Profils	Kostenfrei (aber Premium für 4,95 Euro empfohlen)
Einrichtung eines Unternehmensprofils	Kostenfrei
Job-Posting	470 Euro brutto

Google+

Funktionen	Kosten
Einrichtung eines persönlichen Profils	Kostenfrei
Einrichtung einer Unternehmensseite	Kostenfrei

Twitter

Funktionen	Kosten
Einrichtung eines persönlichen Profils	Kostenfrei
Einrichtung eines Unternehmenskanals	Kostenfrei

Pinterest / So.Cl

Funktionen	Kosten
Einrichtung eines persönlichen Profils	Kostenfrei

2.5 Beispielstrategien

Im Folgenden finden Sie ein paar Szenarien bzw. Ideensammlungen, wie Sie Social Media einsetzen können. Die Zeitangaben verstehen sich als Minimum. Außerdem wurde berücksichtigt, dass es sinnvoller ist, auf zwei Plattformen zu agieren.

Tipp

Wie bereits erwähnt, sollten Sie sich Kontingente setzen. Nehmen Sie sich beispielsweise vor, mittwochs und freitags die sozialen Netzwerke zu besuchen. Einmal geplant, sollten Sie dies konsequent einhalten.

Ausgangslage: Steuerberater mit einer bereits gut laufen Kanzlei

Strategie: Persönliche und Unternehmensseite bei Google+, Beschränkung auf das bereits vorhandene Netzwerk

Kosten: 0 Euro

Zeitbedarf: 10 Minuten pro Woche

Ausgangslage: Rechtsanwalt mit Kanzlei

Strategie: Persönliche und Unternehmensseite bei Google+, persönliche und Fanseite bei Facebook, Teilnahme an Gruppen

Kosten: 0 Euro

Zeitbedarf: 30 Minuten pro Woche

Ausgangslage: Handwerker, gute Auftragslage

Strategie: Persönliche und Unternehmensseite bei Google+, persönliches Profil auf Facebook, Beschränkung auf das bereits vorhandene Netzwerk

Kosten: 0 Euro

Zeitbedarf: 30 Minuten pro Woche

Ausgangslage: Handwerker, neu eröffnetes Geschäft

Strategie: Persönliche und Unternehmensseite bei Google+, persönliche und Fanseite bei Facebook, Teilnahme an Gruppen

Kosten: 0 Euro bis 10 Euro pro Woche für promotete Posts bei Facebook, 30 Euro im Monat für regionale Werbeanzeigen auf Facebook

Zeitbedarf: 2 Stunden pro Woche

Ausgangslage: Junger Arzt mit neuer Praxis

Strategie: Persönliche und Unternehmensseite bei Google+, persönliche und Fanseite bei Facebook

Kosten: 0 Euro bis 10 Euro pro Woche für promotete Posts bei Facebook

Zeitbedarf: 1 Stunde pro Woche

Ausgangslage: Unternehmensberater – Generalist

Strategie: Persönliche und Unternehmensseite bei LinkedIn, persönliches Profil auf XING

Kosten: 4,95 Euro pro Monat für einen XING-Premium-Account

Zeitbedarf: 1 Stunde pro Woche für die Teilnahme an Gruppen

Ausgangslage: Unternehmensberater – Spezialist

Strategie: Persönliche und Unternehmensseite bei LinkedIn, persönliches Profil auf XING, Einrichtung eines eigenen Blogs zu Ihrem Thema

Kosten: 4,95 Euro pro Monat für einen XING-Premium-Account

Zeitbedarf: 2 Stunden pro Woche für die Teilnahme an Gruppen und Erstellung eines wöchentlichen Fachartikels im Blog

Ausgangslage: Kleiner Kosmetikproduzent

Strategie: Persönliche und Unternehmensseite bei Google+, persönliche und Fanseite bei Facebook, Teilnahme an Gruppen, Aktivitäten in weiteren Gruppen oder Netzwerken (etwa *Brigitte.de*)

Kosten: 0 Euro bis 10 Euro pro Woche für promotete Posts bei Facebook, 50 Euro im Monat für zielgruppengerechte Facebook-Werbeanzeigen, Fachblog über Unternehmen und Artikel

Zeitbedarf: 1 Stunde pro Woche, 1 Stunde für den Blog

Ausgangslage: Junger Freiberufler – Auftragslage (noch) schlecht, Zeit steht zur Verfügung

Strategie: Persönliche und Unternehmensseite bei Google+, persönliches Profil und Fanseite bei Facebook, persönliches Profil bei XING

Kosten: 0 Euro (Kein Premium-Account bei XING, keine promoteten Posts auf Facebook)

Zeitbedarf: 7 Stunden pro Woche für die Teilnahme an Gruppen, Erstellen von eigenen Postings auf Google+ und Facebook, Auf- und Ausbau des Netzwerkes

2.6 Zielgruppen-Checkliste

Frage	Antwort
Besteht meine Zielgruppe eher aus Generalisten oder Spezialisten? (Generalisten: Zahnarzt, Steuerberater, Rechtsanwalt Spezialisten: Unternehmensberater, Projektmanager)	
Ist meine Zielgruppe lokal, national oder international?	
Wird über mein Thema schon gesprochen?	
Habe ich eher wenige oder viele Kunden? (Sind es viele Kunden: generelle Netzwerke. Sind es wenige: In welchen sozialen Netzwerken sind sie unterwegs?)	
Haben meine Mitbewerber einen Auftritt in den sozialen Netzwerken?	

Kapitel 3
Social-Media-Basisstrategie

Inhalt

- Kurzvorstellung der Social-Media-Plattformen
- Profile erstellen
- Netzwerk aufbauen und nutzen

Die Basisstrategie besteht darin, dass Sie zunächst Ihr Netzwerk realer Personen in den sozialen Medien finden und an sich binden. Dafür benötigen Sie nur wenige Minuten pro Monat, können daraus aber bereits Nutzen für sich und Ihr Unternehmen ziehen. Im Kern geht es darum, dass Sie in den sozialen Netzwerken vertreten sind, ihr reales Netzwerk an sich binden und mit ihm in Kontakt bleiben.

3.1 Welche Social-Media-Plattformen gibt es?

Im Folgenden erhalten Sie zunächst einen kurzen Überblick über die wichtigsten Social-Media-Plattformen. Sie erfahren, wofür Sie diese am besten nutzen können.

Hinweis

Da ich davon ausgehe, dass Sie von den meisten Plattformen schon einmal gehört haben oder sie sogar schon selbst nutzen, konzentriere ich mich in diesem Abschnitt auf deren Vor- und Nachteile. Falls Sie mehr Informationen über einzelne Plattformen benötigen, finden Sie diese im Bonuskapitel »Die Netzwerke«, das Sie sich von *www.sybex.de/zusatzmaterial* herunterladen können.

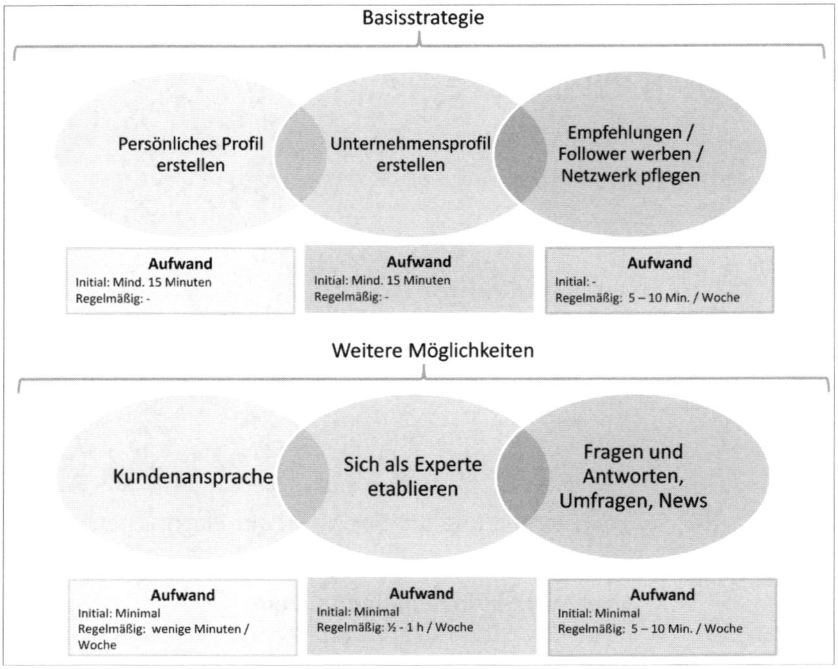

Abbildung 3.1 Basisstrategie als Grundlage für die Nutzung von Social Media

3.1.1 Facebook

Facebook ist die am meisten genutzte Social-Media-Plattform. Das macht sie für fast jeden interessant. Vor allem regionale Anbieter sollten ihr Augenmerk darauf richten: Durch die schiere Masse der Anwender findet auch ein Handwerker in einer Kleinstadt auf Facebook seine Kunden und kann sich mit ihnen vernetzen. Allerdings ist die massive Verbreitung Segen und Fluch zugleich. Weil sich so viele Anbieter auf Facebook finden, müssen Sie Ihren Auftritt permanent pflegen, um sich von der Masse abzuheben. Dies kann einen erheblichen Zeitaufwand bedeuten. Facebook ist auf Deutsch verfügbar, zu erreichen ist es unter *www.facebook.com*.

Vorbildlich ist bei Facebook die Option, Ihre Kontakte in Listen aufzuteilen. Auf diese Weise können Sie Ihr Facebook-Profil sowohl privat als auch beruflich nutzen. Neben Ihrer persönlichen Präsenz können Sie auf Facebook Fanseiten einrichten. Diese eignen sich gut für geschäftliche Themen.

Genau wie die beiden großen Mitbewerber Google+ und LinkedIn bietet Facebook die Möglichkeit, sogenanntes »Micro Advertising« zu schalten: Dies sind kleine Werbeanzeigen, die Sie schon für 10 US-Dollar am Tag buchen können. Micro

Advertising ist eine gute Möglichkeit, Ihren Bekanntheitsgrad mit einem überschaubaren Budget zu erhöhen.

Größter Nachteil von Facebook ist die Geschlossenheit: Konzentrieren Sie sich auf Facebook, sind Sie auf diese Plattform angewiesen. Die Außenwirkung und Auffindbarkeit über Suchmaschinen ist eher zu vernachlässigen.

3.1.2 Google+

Google+ ist ein noch eher junges soziales Netzwerk. Sein Hauptnutzen ist die Wirkung auf die Suchmaschine Google. Zwar sind (laut Google) mittlerweile über 150 Millionen Nutzer bei Google+ vertreten, die Plattform wird aber eher von technikaffinen Nutzern besucht. Google+ besitzt eine deutschsprachige Oberfläche und ist direkt unter *www.google.com* zu erreichen.

Ein Google+-Profil ist schnell und einfach eingerichtet und lässt sich gut administrieren. Sie können es recht gut sowohl privat als auch beruflich nutzen. Wenn Sie eine eigene Website haben, ist Google+ fast das wichtigste soziale Netzwerk: Mit dem Google+-Button können Sie die Nutzung Ihrer Website fördern und außerdem über die Google-Tools direkt messen. Ihre persönliche Google+-Präsenz lässt sich durch eine Unternehmensseite ergänzen. Google+ bietet die Möglichkeit, günstige Werbeanzeigen in den Zielgruppen zu schalten und somit klassische Neukundenakquise zu betreiben.

3.1.3 LinkedIn

Das amerikanische Karrierenetzwerk bietet vor allem für Experten und Spezialisten eine gute Grundlage, sich selbst darzustellen und ein Netzwerk zu erstellen. Die Führungskräfte der DAX-Konzerne nutzen vorwiegend LinkedIn. Gerade bei dieser Zielgruppe ist die Trennung zwischen Beruflichem und Privatem sehr ausgeprägt. LinkedIn verfügt über eine deutschsprachige Oberfläche und ist unter *www.linkedin.com* zu erreichen.

LinkedIn bietet die umfangreichsten Möglichkeiten für Ihre Unternehmenspräsenz und (neben Google) die besten Mittel, die Reichweite Ihrer Aktivitäten zu messen. Bei LinkedIn gibt es auch Premium-Varianten, die Sie aber, gerade zu Beginn, nicht in Anspruch nehmen müssen. Genau wie bei Facebook und Google+ genügt eine kostenfreie Basisvariante.

Die Fülle der LinkedIn-Funktionen hat ihren Preis: Für die Einrichtung Ihres LinkedIn Profils sollten Sie etwas Zeit mitbringen. Auf Dauer gesehen bringt LinkedIn jedoch eher eine Zeitersparnis: Es enthält E-Mail-Agenten, die Sie getrennt administrieren können. Damit sind nicht nur Benachrichtigungen bei Kontaktanfragen oder Reaktionen gemeint, vielmehr können Sie auch Zusammenfassungen für Gruppen etc. konfigurieren.

3.1.4 XING

Im deutschsprachigen Raum gibt es neben LinkedIn noch das Business-Netzwerk XING. Dieses hat den Vorteil, dass es auf den deutschen Markt fokussiert ist. XING ist unter *www.xing.com* zu erreichen.

Ein Nachteil von XING ist, dass für eine sinnvolle Nutzung möglicherweise ein kostenpflichtiger Premium-Account notwendig ist. Auch ein Unternehmensprofil kann erstellt werden. Dieses ist in der Grundausstattung jedoch sehr rudimentär. Damit Sie Statistiken erhalten, müssen Sie pro Jahr fast 5.000 Euro brutto ausgeben. Die Statistiken sind jedoch nicht so detailliert wie bei LinkedIn, Google+ oder Facebook, so dass sich diese Ausgabe wohl nur für große Unternehmen oder Konzerne rentiert. Trotzdem ist XING vor allem für überregional agierende, aber auf den deutschen Markt beschränkte Freiberufler und Freelancer eine wichtige Plattform. Vor allem die Freelancer-Projektbörse ist eine interessante Alternative zu klassischen Börsen wie Gulp oder Projektwerk.

3.1.5 Twitter

Twitter ist rein auf Kurznachrichten ausgelegt. Ihr Profil erstellen Sie in wenigen Sekunden – Reichweite erzielen Sie jedoch nur über Inhalte (sogenannte Tweets). Twitter bietet eine deutschsprachige Oberfläche und ist unter *www.twitter.com* zu erreichen.

Twitter ist nur als Ergänzung zu anderen Social-Media-Kanälen geeignet, um etwa Neuigkeiten zu platzieren oder ein Thema zu besetzen. Haben Sie eine Spezialität? Scrum? Holzschrauben mit Klarlack? Sind Sie der einzige Berater mit einem bestimmten Zertifikat? Dann eröffnen Sie einen Kanal auf Twitter – die Chancen stehen gut, dass Sie damit Ihre Zielgruppe erreichen.

3.1.6 So.Cl

Beziehen Sie auch So.Cl (wie das englische »Social« ausgesprochen), das junge Suchnetzwerk von Microsoft, in Ihre Überlegungen ein. Die Oberfläche von So.Cl ist zurzeit nur auf Englisch verfügbar. Zu erreichen ist So.Cl unter der Webadresse *www.so.cl*.

Dieser Dienst bietet eine kollaborative Suche: Ihre Suchabfragen können von allen anderen Nutzern angezeigt werden. Die Suchergebnisse werden verschlagwortet (getaggt) und können von anderen Mitgliedern kommentiert oder verbessert werden. Das klingt etwas eigentümlich, macht aber zumindest mir Spaß. Der eigentliche Nutzen liegt jedoch darin, dass die Teilnahme an So.CL offensichtlich eine Wirkung auf die Microsoft-Suchmaschine bing hat.

Hinweis

Leider gibt es hierzu keine Publikationen, so dass sich die Aussage auf die Erfahrungen mit meinem eigenen Blog stützt.

Zwar wird in Deutschland Google zehnmal so häufig genutzt wie bing. Auf der anderen Seite wird für bing im Vergleich zu Google kaum SEO (Search Engine Optimization) betrieben; die meisten Seiten sind für Google optimiert. Dies hat jedoch den Vorteil, dass Sie auch mit wenig Aktivität gut gerankt werden können. Es ist auf bing leichter, bestimmte Schlüsselwörter zu besetzen. Während es schwierig ist, bei Google auf der ersten Seite der Suchergebnisse zu erscheinen, lässt sich dies bei bing durchaus verwirklichen.

Wenn Sie einen eigenen Blog oder eine Webpräsenz besitzen oder planen, ist So.Cl zumindest als Ergänzung eine Alternative, über die Sie durchaus nachdenken sollten.

Hinweis

Seit März 2012 ist So.Cl nicht nur über Einladungen erreichbar, sondern Sie können sich über Ihren Facebook- oder Windows-Live-Account direkt anmelden.

3.1.7 Pinterest

Genau wie So.Cl ist Pinterest noch jung, die Zugriffszahlen steigen aber enorm an. Pinterest ist zurzeit nur auf Englisch und unter der Webadresse *www.pinterest.com* zu erreichen.

»Pinterest« ist ein Kunstwort aus »Interest« und »pinnen« – denken Sie an die Metapher eines Kühlschranks, an den mit Magneten Fotos geheftet sind. Und genau darum geht es bei Pinterest: Sie laden eigene Bilder hoch oder pinnen sie von Ihrer Webpräsenz aus an. Pinterest hat eine gute Wirkung auf die Suchmaschinen; allerdings wirken nur bildliche Inhalte.

Das Profil ist schnell erstellt. Sind Sie im kreativen oder Modebereich tätig, ist Pinterest unbedingt zu empfehlen. Für alle anderen gilt: Haben Sie einen Fundus guter Fotos, Bilder, Zeichnungen, Skizzen? Dann können Sie Pinterest gut zur Zweitverwertung verwenden. Es lohnt sich jedoch nicht unbedingt, extra Material dafür zu erstellen.

3.1.8 Vor- und Nachteile der Plattformen

Hier eine Übersicht mit den Vor- und Nachteile der aufgelisteten Plattformen:

Plattform	Vorteile	Nachteile
Facebook	■ sehr hohe Reichweite ■ regionale Nutzung ■ günstige Werbung (10 US-Dollar am Tag)	■ bereits viele Fanpages ■ schwierig: B2B, Spezialthemen ■ großer Pflegeaufwand
Google+	■ Wirkung auf Google ■ schnell eingerichtet ■ wenig Pflegeaufwand ■ günstige Werbung (10 US-Dollar am Tag)	■ direkte Wirkung auf eher kleineren Kreis
LinkedIn	■ vielfältige Funktionen ■ international/multilingual ■ Monitoring-Unterstützung ■ viele Fach- und Führungskräfte ■ günstige Werbung (10 US-Dollar am Tag)	■ geringere Verbreitung (in Deutschland und Österreich) ■ längere Einarbeitungszeit
XING	■ deutsches Unternehmen (Datenschutz) ■ weite Verbreitung unter Freiberuflern	■ hohe Kosten (Premium-Profile) ■ keine internationale Relevanz ■ kaum bis gar keine Monitoring-Unterstützung
Twitter	■ schnell eingerichtet ■ direkte Kommunikation mit Kunden ■ schnellste Kommunikation	■ nur Kurznachrichten ■ permanente Pflege
So.Cl	■ Wirkung auf bing (Microsoft-Suchmaschine)	■ nur geringe Reichweite
Pinterest	■ gute Visualisierungsmöglichkeiten ■ Wirkung auf Google	■ kaum eigene Präsentation, Informationen nur über Bilder

Tabelle 3.1 Vor- und Nachteile der bekanntesten Social-Media-Plattformen

3.2 Welche Plattformen sind für mich geeignet?

Damit Sie sich diese Frage beantworten können, sind auf jeden Fall Recherchen erforderlich. Zentral ist dabei die Frage, wo sich Ihre Zielgruppe befindet – also Ihre Kunden, *nicht die Mitbewerber, Konkurrenten oder Freunde*. Sie könnten Ihre wichtigsten Kunden fragen, wenn Sie in direktem Kontakt stehen, oder die Namen Ihrer Kunden im Internet recherchieren. Prinzipiell ist die Suche über die klassischen Internet-Suchmaschinen wie Google besonders sinnvoll. Nutzen Sie jedoch auch alternative Suchmaschinen wie bing; hier kommen Sie manchmal zu anderen Ergebnissen.

Tipp

Zusätzlich können Sie Personensuchmaschinen wie *Yasni.de* und *123people.com* verwenden.

Alternativ schränken Sie die Suche nach dem Namen des Kunden auf bestimmte Seiten ein. Dabei ist Google eine gute Hilfe: Geben Sie nach dem gesuchten Namen zum Beispiel *site:www.linkedin.com* ein – dann sucht Google nur auf dieser Seite. Diese Recherche ist viel wert.

Auch der Blick auf die Mitbewerber kann interessant sein, da sich auch diese vor allem an ihren Kunden und erst in zweiter Linie an ihren Mitbewerbern oder Konkurrenten orientieren. Wenn Sie nur wenig Zeit für die eigene Recherche haben, können Ihnen die Vorschläge in Tabelle 3.2 nützlich sein.

Dies sind lediglich Ideen und Empfehlungen. Je deutlicher Sie spezialisiert sind, desto eher müssen Sie sich mit dem Gedanken vertraut machen, selbst zu recherchieren. Außerdem beschränkt sich die Tabelle auf die größten und bekanntesten Anbieter. Darüber hinaus gibt es jedoch eine große Vielzahl weiterer Plattformen: Haben Sie zum Beispiel Videoanleitungen oder sonstiges Videomaterial? Dann ist YouTube eine geeignete Plattform. Sind Ihre Kunden vorrangig weiblich? Die älteren Nutzer der sozialen Netzwerke (ab 30 Jahre) sind überwiegend männlich. Deshalb sollten Sie sich überlegen, ob etwa *Brigitte.de* eine sinnvolle Alternative wäre.

Tipp

Übrigens hat auch der Bilderanbieter *www.pinterest.com* vorwiegend weibliche Nutzer. Wenn Ihre Zielgruppe nicht auf Facebook anzutreffen und überwiegend weiblich ist, stellt diese Plattform eine interessante Alternative dar.

Beruf	Empfohlene Plattformen
Allgemeinärzte, Zahnärzte, Rechtsanwälte, Steuerberater	1. Facebook 2. Google+
Spezialisierte Ärzte mit Publikationen, eigener Website oder eigenem Blog	1. Google+ 2. LinkedIn
Kleinstunternehmer oder Handwerker, regional begrenzt tätig	1. Facebook 2. Google+
Andere Freiberufler, national tätig, kleine Kunden	1. XING 2. LinkedIn
Andere Freiberufler, national tätig, große Kunden (DAX-Unternehmen, Konzerne)	1. LinkedIn 2. Google+
Andere Freiberufler, international tätig	1. LinkedIn 2. Facebook
Kleine Unternehmer im B2C-Bereich	1. Facebook 2. Google+ 3. Twitter
Kleine Unternehmer im B2B-Bereich, national tätig	1. XING/LinkedIn 2. Google+
Kleine Unternehmer im B2B-Bereich, international tätig	1. LinkedIn 2. Google+
Gaststätten, Restaurants, Kneipen, Discotheken, Ladengeschäfte	1. Facebook 2. Google+ 3. Twitter
Ergänzungen	
Unterstützung eigener Website, eigener Blog	1. Google+ 2. Facebook 3. So.Cl 4. Twitter
Viel gute Fotos vorhanden	1. Pinterest 2. Google+ 3. Facebook
Viele kleine Updates und Hinweise	1. Twitter 2. LinkedIn 3. So.Cl

Tabelle 3.2 Welche Social-Media-Plattform für welche Anwendungszweck?

3.3 Persönliche und Unternehmensprofile

Die Mindestvoraussetzung für die in diesem Kapitel erläuterte Basisstrategie ist ein Profil. Es stellt den Ausgangspunkt Ihrer Aktivitäten dar. Das Profil dient der Selbstdarstellung in den sozialen Netzwerken und somit quasi als »digitale Visitenkarte«. Über das Profil können Sie kommunizieren, gefunden werden oder Ihre Dienstleistung/Ihr Produkt verkaufen. In vielen sozialen Netzwerken können Sie sowohl ein persönliches als auch ein Unternehmensprofil anlegen.

3.3.1 Was ist ein persönliches Profil?

Egal, ob Sie die sozialen Medien nur geschäftlich oder gemischt nutzen wollen: Das persönliche Profil ist Ihre Visitenkarte, die bei Ihrem Besucher für den ersten Eindruck sorgt. Auf den meisten Plattformen können Sie nur mit Ihrem persönlichen Profil, nicht aber mit einem Unternehmensprofil an Gruppen teilnehmen, da die Gruppen sonst zu sehr mit Werbebotschaften geflutet würden – und gerade die Gruppen leben vom Austausch der einzelnen Mitglieder, den echten Menschen.

Hinweis

Bevor wir uns den Unternehmensprofilen widmen, sollten Sie sich darüber Klarheit verschaffen, wie Sie Ihre Profile nutzen wollen: nur privat, nur geschäftlich oder gemischt? Möchten Sie Ihre Profile gemischt oder privat nutzen, sollten Sie von Unternehmensprofilen Abstand nehmen.

	Eigenschaften
Gemischte Nutzung	▪ Geringerer administrativer Aufwand ▪ Bessere Identifikation, wenn Sie Ihren eigenen Namen vermarkten (Freiberufler) ▪ Mehr Akquiseansätze
Getrennte Nutzung	▪ Schutz der Privatsphäre ▪ Bessere Eingriffsmöglichkeiten (zum Beispiel bei Diskussionen auf Ihrem Profil) ▪ Bessere Möglichkeiten, den rechtlichen Rahmenbedingungen gerecht zu werden (Impressumspflicht) ▪ Schutz des eigenen privaten Umfeldes vor zu viel Eigenwerbung

Tabelle 3.3 Gemischte vs. getrennte Nutzung von privaten und beruflich genutzen Profilen

3.3.2 Was ist ein Unternehmensprofil?

Das Unternehmensprofil ist das Gegenstück zu einem persönlichen Profil. Die drei großen amerikanischen Anbieter Facebook, Google+ und LinkedIn bieten kostenfreie Lösungen an. In diesem Buch lesen Sie stets den Begriff »Unternehmensprofil«, auch wenn Sie beispielsweise bei Facebook eine Fanseite oder bei Google+ eine Unternehmensseite anlegen. Gemeint ist immer dasselbe: die Darstellung Ihres Unternehmens (oder, wenn Sie Freiberufler sind, die Darstellung Ihrer beruflichen Tätigkeit).

Tipp

Die Grundlage Ihres Unternehmensprofils ist bei den wichtigsten sozialen Netzwerken Facebook, Google+, LinkedIn und XING Ihr persönliches Profil. Ohne einen persönlichen Account können Sie kein Unternehmensprofil erstellen!

Die folgenden Gründe sprechen für den Aufbau eines Unternehmensprofils bzw. mehrerer Unternehmensprofile:

- Trennung Ihrer geschäftlichen Aktivitäten
- Mehr Rechtssicherheit (Impressum besser einbindbar)
- Bessere Visualisierungsmöglichkeiten (Logo)
- Direkter Bezugspunkt für Ihre Kunden/Interaktionsmöglichkeiten
- Bessere Auffindbarkeit über die Suchmaschinen
- Für Kleinunternehmer: Günstige Integration von Recruiting-Tools
- Empfehlungsnetzwerk

Tipp

Als Arzt, Anwalt oder Steuerberater müssen Sie das Standesrecht beachten. Das Einrichten einer Fanpage an sich ist seit der Liberalisierung des Standesrechtes vor 20 Jahren akzeptabel. Es wäre jedoch grenzwertig, dort beratend tätig zu werden. Im Zweifelsfall erkundigen Sie sich bei Ihrer Kammer, was Sie dürfen und was nicht erlaubt ist.

Wenn Sie noch kein Unternehmensprofil besitzen, sollten Sie sich zu Beginn auf die vier größten Plattformen (Google+, Facebook, LinkedIn und XING) mit den höchsten Reichweiten konzentrieren. Es spricht nichts dagegen, in allen vier Netzwerken ein Unternehmensprofil einzurichten. Wenn Sie befürchten, dass Sie zu viele negative Beiträge erhalten, bietet beispielsweise Facebook die Möglichkeit, das Diskussionsboard abzuschalten. Bei anderen Anbietern besteht diese Möglichkeit der Interaktion mit dem Nutzer weniger.

Die Unternehmensprofile leben zum Teil auch von den Inhalten. Überlegen Sie, ob Sie regelmäßig Informationen, Nachrichten oder auch Tipps publizieren können. Damit steigen die Chancen, dass Sie Follower und mehr Aufmerksamkeit bekommen. Allerdings ist dies mit Pflegeaufwand verbunden und nicht zwingend notwendig. Gefunden werden die Profile erst, wenn sie eingerichtet sind; Aktivität erhöht die Besucherzahl.

3.3.3 Wann brauche ich ein Unternehmensprofil; wann genügt ein persönliches Profil?

Die Abgrenzung von Privatem und Geschäftlichem fälle Ihnen mit einem Unternehmensprofil wesentlich leichter. Darüber hinaus bieten Unternehmensprofile weitere Möglichkeiten:

	Vorteile	Nachteile
Nur persönliches Profil	■ Zusätzliches Akquisepotenzial durch privates Umfeld ■ Starke Identifikation von Ihnen mit Ihrer Dienstleistung (sofern diese unter Ihrem persönlichen Namen erbracht wird)	■ Persönliches Umfeld könnte geschäftliche Angelegenheiten als störend empfinden
Unternehmensprofil	■ Integration von Recruiting-Elementen ■ Günstige Werbung (10 US-Dollar am Tag, Micro Ads) ■ Bessere Möglichkeiten für rechtliche Rahmenbedingungen (Impressum, Standesrecht) ■ Besserer Einstiegspunkt für Kunden ■ Gute Darstellung des Unternehmensnamens, wenn dieser nicht identisch mit dem persönlichen Namen ist (GmbH, Restaurant, GbR ...)	■ Zusätzlicher administrativer Aufwand ■ Eventuell hohe Zusatzkosten (XING) ■ Überwachung wichtiger (»Shitstorm«)

3.3.4 Wie viel Zeit muss ich für meine Profile aufwenden?

Je nachdem, wie viele Profile Sie haben und wie stark Sie sich engagieren möchten, kann der Zeitaufwand für Ihre Social-Media-Aktivitäten stark variieren. In diesem

Kapitel geht es vorrangig um die Basisstrategie – Sie sind in einem Netzwerk (oder auch mehreren Netzwerken) vertreten und pflegen Ihren Auftritt.

Die folgende Tabelle führt die Mindestzeiten für die Netzwerkpflege und Aktualisierung des Profils auf. Nicht berücksichtigt wird das Erstellen von Inhalten und die aktive Beteiligung an Gruppen.

Plattform	Initial (Erstellung, Minimum)	Regelmäßig (Netzwerkpflege, Minimum)
Facebook	Persönliches Profil: 5 bis 10 Minuten Fanseite: 15 bis 60 Minuten Initiales Netzwerk: 1 bis 2 Stunden	Bei persönlichem Profil: Lässt sich gegebenenfalls außer Acht lassen (wenn Sie nur auf Kontaktanfragen usw. reagieren). Eine Fanseite mit aktiviertem Diskussionsboard sollten Sie wenigstens einmal täglich prüfen. Haben Sie das Diskussionsboard deaktiviert, genügt ein wöchentliches Intervall.
Google+	Persönliches Profil: 5 Minuten Unternehmensseite: 15 bis 60 Minuten Initiales Netzwerk: 1 Stunde	Bei persönlichem Profil: Lässt sich gegebenenfalls außer Acht lassen (wenn Sie nur auf Kontaktanfragen usw. reagieren). Ähnliches gilt für die Unternehmensseite.
LinkedIn	Persönliches Profil: 15 Minuten Unternehmensprofil: 15 bis 60 Minuten Initiales Netzwerk: 2 Stunden	Bei persönlichem Profil: Lässt sich gegebenenfalls außer Acht lassen (wenn Sie nur auf Kontaktanfragen usw. reagieren). Ähnliches gilt für die Unternehmensseite.
XING	Persönliches Profil: 15 Minuten Unternehmensprofil: 15 bis 60 Minuten Initiales Netzwerk: 1 bis 2 Stunden	Bei persönlichem Profil: Lässt sich gegebenenfalls außer Acht lassen (wenn Sie nur auf Kontaktanfragen usw. reagieren). Ähnliches gilt für die Unternehmensseite. Eine Unternehmensseite sollten Sie einmal wöchentlich pflegen.
Twitter	Je Profil 5 Minuten Initiales Netzwerk: 30 Minuten	Täglich mindestens 5 Minuten
So.Cl	ungefähr 1 Minute Initiales Netzwerk: 30 Minuten	Täglich mindestens 5 Minuten
Pinterest	Je Profil 5 Minuten Initiales Netzwerk: 1 bis 2 Stunden	Täglich mindestens 5 Minuten

Tipp

Beachten Sie, dass Sie die genannten Mindestzeiten jederzeit ausweiten können. Sicherlich sollten Sie gerade am Anfang mehr Zeit investieren, um von vornherein professionell aufzutreten.

3.4 Profile aufbauen

Abbildung 3.2 visualisiert, welche Elemente Ihr Profil mindestens enthalten sollte. Zwar ermöglichen viele Netzwerke auch sehr rudimentäre Profile – diese wirken jedoch unprofessionell und möglicherweise eher abschreckend auf die Interessenten. Auch Ihre Auffindbarkeit wird beeinträchtigt: Wenn Sie beispielsweise nur Ihren Namen angeben, können Sie auch nur über diesen gefunden werden. Denken Sie daran, dass das eigene Profil Ihnen als eine Art digitale Visitenkarte dient.

Bauen Sie Ihr Profil am besten in Anlehnung an den Abschnitt »Was möchten Sie erreichen« in Kapitel 2, »Was ist Ihre Strategie?« auf. Möchten Sie nur Ihr Netzwerk und alte Kontakte pflegen, sind weniger ausführliche Informationen möglicherweise ausreichend. Haben Sie jedoch den Anspruch, sich als Experte, Fachmann oder einfach als guten Dienstleister darzustellen, sollten Sie mit Angaben nicht geizen.

Tipp

Was immer Sie angeben: Bleiben Sie bei der Wahrheit! Es ist durchaus legitim, sich in einem guten Licht zu präsentieren. Maßlose Übertreibungen können sich hingegen negativ auswirken; die Wahrscheinlichkeit ist hoch, dass nicht plausible Angaben auffallen.

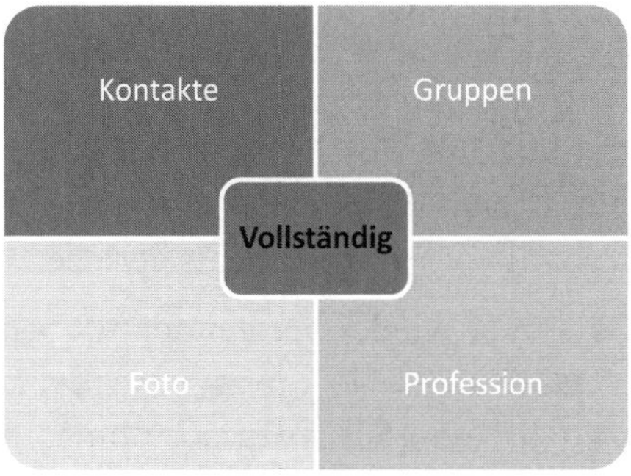

Abbildung 3.2 Wichtigste Bestandteile eines Profils

3.4.1 Das persönliche Profil aufbauen

Das eigene Profil ist der Ausgangspunkt für Ihre Aktivitäten im Social-Media-Umfeld. Wie bereits erwähnt, können Sie entscheiden, ob Sie sich auf ein Profil konzentrieren oder ob Sie sich bei mehreren Anbietern anmelden.

Tipp

Ein wichtiges Detail am Rande: Viele Anbieter lassen Ihnen die Wahl zwischen einer öffentlichen und einer geschlossenen Darstellung. Gemeint ist hiermit, ob Ihr Profil auch über Suchmaschinen (vor allem Google, aber auch alternative Suchmaschinen wie Yahoo oder bing) auffindbar sein soll oder ob Sie nur im jeweiligen Netzwerk selbst agieren möchten. Bei einigen sozialen Netzwerken müssen Sie die öffentliche Auffindbarkeit erst aktivieren, im Regelfall über die Einstellungen. Normalerweise sollte die Sichtbarkeit aktiviert sein, denn schließlich möchten Sie über Ihr Profil ja gefunden werden.

Nachfolgend einige Tipps für einen guten Einstieg in die Erstellung eines persönlichen Profils:

- **Nehmen Sie sich Zeit, um Ihr Profil zu erstellen.** Gehen Sie alle relevanten Punkte des Anbieters durch. Natürlich können (und sollen!) Sie Ihr Profil in Zukunft pflegen und ergänzen; aber gerade zu Beginn füllen viele neue Nutzer ihr Profil nur rudimentär aus und finden später keine Zeit, dies nachzuholen.
- **Nennen Sie Ihren echten Namen.** Im geschäftlichen Bereich sollten Sie zu sich und Ihrer Dienstleistung stehen. Mit einem Pseudonym erwecken Sie möglicherweise den Eindruck, dass Sie sich abschotten möchten. Dies widerspricht der Logik eines sozialen Netzwerks.

Alle weiteren Tipps sind vor allem dann wichtig, wenn Sie das Netzwerk nicht nur für die Pflege bestehender Kontakte nutzen, sondern von neuen Kunden gefunden werden möchten. Wenn Sie wahrgenommen werden möchten, sollte Ihr Profil auffallen. Beachten Sie dabei Folgendes:

- **Wählen Sie ein gutes Foto.** Sie sollten darauf authentisch wirken. Sind Sie Handwerker? Dann sollten Sie keinen Anzug tragen. Wählen Sie besser Berufskleidung. Partyfotos haben in geschäftlich genutzten Profilen nichts verloren.
- **Denken Sie sich einen Slogan aus, den Sie immer wieder verwenden.** Haben Sie bestimmte Fähigkeiten, die selten sind? Haben Sie etwas Besonderes geleistet, worauf Sie stolz sind? Das sind Möglichkeiten, sich zu positionieren und einen passenden Slogan zu texten.

- **Hinterlassen Sie einen positiven Eindruck.** Vermeiden Sie eine negative Ausdrucksweise. Wenn Sie über gewisse Zeitspannen arbeitslos waren, können Sie auch von »privat im Offside« sprechen.
- **Machen Sie nur die gewünschten Angaben.** Je vollständiger Ihr Profil ist, desto besser stehen die Chancen, dass Sie gefunden werden. Geben Sie möglichst Ihre ganze Vita an. Wenn Sie etwas jedoch nicht preisgeben möchten, dann lassen Sie es sein. Diese Freiheit dürfen und sollten Sie sich durchaus nehmen.

> **Tipp**
>
> Sollten Sie Ihre Vita in den sozialen Netzwerken nach amerikanischem Brauch in der dritten Person oder, wie hierzulande üblich, eher in der Ich-Form verfassen? Ich empfehle die Ich-Form, da die dritte Person in unserem Kulturkreis noch recht gewöhnungsbedürftig ist.

- **Verknüpfen Sie sich mit früheren Arbeitgebern.** In Business-Netzwerken wie LinkedIn können Sie Ihre bisherigen Arbeitgeber angeben. Auch dies ist eine gute Möglichkeit, Ihre Sichtbarkeit zu erhöhen. Wenn Sie auf LinkedIn mit der Eingabe beginnen, erhalten Sie automatisch eine Vorschlagsliste mit Unternehmungen. Nutzen Sie diese Ausfüllhilfe unbedingt. Bei XING recherchieren Sie in den Unternehmensprofilen nach den Unternehmungen, so dass Sie die richtige auswählen können. Oftmals gibt es diese hier mehrfach – wählen Sie diejenige, bei der die meisten Mitarbeiter registriert sind.
- **Legen Sie mehrsprachige Profile an.** Beherrschen Sie mehrere Sprachen? Legen Sie mehrsprachige Profile an, sofern diese angeboten werden. Dann können Sie auch mehr »Suchwörter« in Ihren Texten hinterlassen.
- **Achten Sie auf Ihre Privatsphäre.** Fangen Sie vorsichtig an. Zu Beginn müssen Sie nicht über alle Kanäle ansprechbar sein. Wenn Sie sich sicherer im sozialen Netzwerk bewegen, können Sie die Einstellungen ändern.
- **Nutzen Sie für Ihren Auftritt eine eigene Mail-Adresse.** So können Sie die Nachrichten gut nachverfolgen. Achten Sie aber darauf, dass sie nicht wie eine Spam-Adresse wirkt. Lautet Ihre normale E-Mail-Adresse *Max.Mustermann@Freiberufler.de*, können Sie für Ihren Auftritt im sozialen Netzwerk *M.Mustermann@Freiberufler.de* anlegen lassen. Oder Sie wählen einfach den Plattformnamen, zum Beispiel *LinkedIn@Freiberufler.de* oder *XING@Freiberufler.de*.
- **Verwenden Sie Schlagwörter.** Bei einigen Anbietern können Sie Schlagwörter nutzen, also zentrale Begriffe, die Ihre Kompetenzen beschreiben. Auch bei

Freitextfeldern sollten Sie darauf achten, dass Sie die Begriffe so verwenden, wie der Nutzer sie auch in der Suche angeben würde.

  - **Falsch:** »Ich arbeite seit 12 Jahren in der zahnärztlichen Prophylaxe.«
  - **Richtig:** »Ich arbeite seit 12 Jahren als Prophylaxe-Assistent bei einem Zahnarzt.«

- **Konzentrieren Sie sich auf Ihre Kernkompetenz; versuchen Sie, einzelne Themen zu besetzen.** Gerade für kleine Unternehmer und Freiberufler ist es leichter, ein bestimmtes Thema zu besetzen, statt sich als Alleskönner darzustellen. Auch wenn Sie viel mehr können – ein Multitalent lässt sich schlecht positionieren.

Hinweis

Wenn Sie noch nie ein Profil für die geschäftliche Nutzung angelegt haben, hilft Ihnen die Checkliste »Was benötige ich für ein persönliches Profil?« am Ende dieses Kapitels.

Was sollten Sie bei der Erstellung Ihres Profils vermeiden?

Was Sie beim Erstellen Ihres Profils vermeiden sollten, ist schnell notiert:

- Verwenden Sie keine Phrasen und/oder Zitate.
- Achten Sie darauf, dass Ihr Profil keine großen Lücken oder unerklärlichen Brüche aufweist.
- Übertreiben Sie nicht.
- Stellen Sie sich nicht als »eierlegende Wollmilchsau« dar.

Warnung

Wenn Sie etwas nicht angeben möchten, sollten Sie international bekannte Abkürzungen wie »n/a« (not available, nicht vorhanden) verwenden, da es sonst zu Missverständnissen kommen kann. Eine gutaussehende Bekannte hatte z. B. zahlreiche Kontaktanfragen von männlichen Nutzern der sozialen Netzwerke erhalten. Sie wollte das vermindern und hatte ihr Profil gekürzt. Bei »Position« gab sie »XXX« an. Der Erfolg: Sie wurde mit zwei- bzw. eindeutigen Angeboten überschüttet. Was war passiert? Im angloamerikanischen Raum steht das Triple-X für Pornografie ...

Das persönliche Foto

Sie haben bereits erfahren, dass ein gutes Foto sehr wichtig ist. Das Profilfoto erscheint unter anderem in der Vorschau der Suchergebnisse.

- Spaßfotos sind für professionelle Profile nicht geeignet.
- Das Bild sollte »positiv« wirken – testen Sie das auch in Ihrem Bekanntenkreis.
- Das Foto sollte einen Bezug zu Ihrer geschäftlichen Tätigkeit herstellen.
- Verwenden Sie keine veralteten Bilder.
- Achten Sie darauf, dass Sie die Nutzungsrechte an dem Foto besitzen.

Die folgende Abbildung zeigt Ihnen drei Beispielfotos. Das erste ist völlig ungeeignet. Das zweite ist ein Bewerbungsfoto aus dem Jahr 1999 – es ist zu alt. Für das dritte Bild habe ich einen professionellen Fotografen beauftragt: Es stellt mich mit meinem »Werkzeug«, dem Laptop, dar. Ich habe bewusst nicht mein Macbook verwendet, damit das Foto nicht eitel oder gar arrogant wirkt. Im Hintergrund sehen Sie ein Gantt-Diagramm. Wer einen Projektleiter sucht, bemerkt dieses Detail relativ schnell.

Ein gutes Foto wird Sie mindestens 200 bis 300 Euro kosten. Diese Investition empfiehlt sich dennoch. Möchten Sie in den Suchergebnissen besser wahrgenommen werden, kann sich das schnell auszahlen – wenn jemand nach einem Stichwort sucht und möglicherweise mehrere hundert Ergebnisse erhält, ist es nützlich,

Abbildung 3.3 Beispiele für Profilfotos – von schlecht (links oben) bis brauchbar (rechts)

wenn Sie mit einem guten Foto positiv auffallen. Ihr Foto sollte zu Ihrer geschäftlichen Tätigkeit passen. Als Maler beispielsweise müssen und sollten Sie keinen Anzug tragen. Sie könnten sich vielmehr mit etwas Kreativität positiv abheben: Vielleicht erwerben Sie einen weißen Malerkittel und beklecksen diesen mit bunter Farbe, so dass Ihr Foto angenehm farbig wirkt.

Vergewissern Sie sich, dass Sie das Foto auch nutzen dürfen. Weil das Urheberrecht an Ihrem Bild auf jeden Fall beim Fotografen verbleibt, sollten Sie zuvor vertraglich festlegen, dass sich das Nutzungsrecht auf die Veröffentlichung Ihres Fotos in Ihren Profilen erstreckt.

Vermeiden Sie Buzzwords und Worthülsen

Es gibt zentrale Begriffe, die immer wieder verwendet werden. Diese Begriffe sind an sich nicht verkehrt, werden jedoch häufig im falschen Kontext verwendet. Im Jahr 2012 hat LinkedIn eine Studie über die am meisten genutzten Wörter in deutschen Profilen erstellt. Das häufigste Wort war »kreativ«. Für einige Berufsgruppen – etwa Texter, Grafiker, Illustratoren oder Künstler – steht Kreativität im Mittelpunkt ihres Schaffens. Bei diesen Berufsgruppen macht der Begriff sicherlich Sinn. Sind Sie beispielsweise als Bilanzbuchhalter tätig, steht der Begriff »kreativ« nicht in direktem Zusammenhang mit Ihrer geschäftlichen Tätigkeit – dann sollten Sie ihn vermeiden. Setzen Sie Buzzwords nur vereinzelt ein und auch nur, wenn sie einen klaren Bezug zu Ihrer Tätigkeit haben. *Buzzword* ist der englische Begriff für »Schlagwort«. Buzzwords sind Wörter, mit denen um die Aufmerksamkeit der Empfänger regelrecht gebuhlt werden soll.

Die folgende Aufzählung nennt die zehn in Deutschland am häufigsten verwendeten Buzzwords (Studie von LinkedIn): kreativ, innovativ, erfolgsorientiert, motiviert, effektiv, spezialisiert, Auslandserfahrung, kommunikative Fähigkeiten, multinational, große Erfahrung.

Immer wieder findet man Profile, deren Besitzer sich als »Problemlöser« bezeichnen, ohne genau zu skizzieren, welche Probleme sie lösen können. Würden Sie einer derartig pauschalen Aussage trauen? Schreiben Sie lieber konkret, welche Probleme Sie lösen können. Führen Sie auch Versionen und Varianten auf. So werden Sie bei der Suche nach konkreten Stichwörtern gefunden. Als Datenbankentwickler könnten Sie beispielsweise »zertifiziert in DB2 Version 9.7« schreiben, als Fotograf »Spezialist für Portrait- und Makrofotografie«.

Treten Sie Gruppen bei

Die Überschrift passt auf den ersten Blick nicht zur Basisstrategie. Treten Sie dennoch bereits zu Beginn einzelnen Gruppen bei, die genau Ihrem Profil entsprechen: Sie erhöhen so dessen Sichtbarkeit und werden schneller gefunden, da die Gruppen vielen Nutzern als Ausgangspunkt für ihre Suche dienen. Sowohl auf Facebook und LinkedIn als auch auf XING gibt es Gruppen, Google+ hat die sogenannten Communities, wie die Gruppen hier genannt werden, eingeführt. Tabelle 3.4 zeigt einige Beispiele.

Berufsfeld	Gruppen
Allgemeinarzt, Zahnarzt, Rechtsanwalt, Steuerberater	Regionale Gruppe Fachgruppe Alumni
Facharzt mit Publikationen, eigener Website oder eigenem Blog	Fachgruppe Alumni
Kleinstunternehmer oder Handwerker, regional begrenzt tätig	Regionale Gruppe Fachgruppe
Andere Freiberufler, national tätig, kleine Kunden	Fachgruppe
Andere Freiberufler, national tätig, große Kunden (DAX-Unternehmen, Konzerne)	Fachgruppe Alumni der Konzerne Branchengruppe
Andere Freiberufler, international tätig	Fachgruppe Alumni der Konzerne Branchengruppe
Kleiner Unternehmer, im B2C-Bereich tätig	Von der Zielgruppe frequentierte Gruppe
Kleiner Unternehmer, im B2B-Bereich tätig, national tätig	Von der Zielgruppe frequentierte Gruppe Branchengruppe Fachgruppe
Kleiner Unternehmer, im B2B-Bereich und international tätig	Von der Zielgruppe frequentierte Gruppe Branchengruppe Fachgruppe
Gaststätten, Restaurants, Kneipen, Discotheken, Ladengeschäfte	Von der Zielgruppe frequentierte Gruppe Regionale Gruppe Spezialitätengruppe

Tabelle 3.4 Welche Gruppe ist für wen relevant?

Sie können und müssen nicht unbedingt aktiv am Gruppengeschehen teilnehmen. Im Zusammenhang mit der Basisstrategie geht es bei der Gruppenmitgliedschaft nur darum, überhaupt in der Mitgliederliste vertreten zu sein, so dass in Ihrem Profil anhand kleiner Icons die Zugehörigkeit zu einer bestimmten Gruppe symbolisiert wird.

Tipp

Wenn Sie Gruppen beitreten, aber selbst nicht aktiv daran teilnehmen möchten, können Sie bei fast allen Anbietern die Benachrichtigungen und Newsletter deaktivieren.

3.4.2 Unternehmensprofil erstellen

Sind Sie Freiberufler, Kleinunternehmer oder Handwerker, der unter seinem eigenem Namen auftritt, können Sie mit einem persönlichen Profil bereits viel erreichen. Firmieren Sie jedoch unter anderem Namen oder vertreten Sie eine juristische Person (GmbH, oHG, KG, AG), sollten Sie auf jeden Fall ein Unternehmensprofil anlegen. Dann steht nicht Ihre Person im Mittelpunkt, sondern Ihre Dienstleistung bzw. Ihr Produkt.

Kommen Sie erneut auf die Ausgangslage zurück: Wen wollen Sie erreichen? Was möchten Sie erreichen? Denken Sie dabei an Ihre Kernkompetenz. Konzentrieren Sie sich auf Ihre Stärken – wer sich auf seine Schwächen konzentriert, wird bestenfalls Mittelmaß!

Machen Sie sich ganz klare Vorgaben. Zu Anfang können Sie sich durchaus zum Ziel setzen, einfach Erfahrungen zu sammeln, ohne gleich eine bestimmte Anzahl von Neukunden zu werben. Allerdings sollten Sie dann auch entsprechend niedrige Erwartungen an die Ergebnisse stellen. Die sozialen Netzwerke sind ein neues Werkzeug mit neuen Charakterzügen, weil die Interaktion mit Interessenten und Kunden bei klassischen Kanälen entweder weniger hoch (herkömmliche Werbung) oder extrem hoch (etwa bei der Kommunikation über das Telefon) war. Die sozialen Netzwerke liegen irgendwo dazwischen. Die Interessenten können einfach und unkompliziert mit Ihnen in Verbindung treten und sich über Sie informieren. Tabelle 3.5 zeigt Ihnen, in welchen Netzwerken Sie Ihr Unternehmensprofil direkt anlegen können und in welchen Sie zuvor ein persönliches Profil benötigen.

Bevor Sie Ihr Unternehmensprofil erstellen, sollten Sie einige Informationen bereithalten. Besonders wichtig: Das Telemediengesetz verpflichtet jeden Betreiber einer geschäftlich genutzten Seite zu einem Impressum. Wenn Sie bereits eine Website besitzen, genügt ein direkter Link zum Impressum. Haben Sie noch keine eigene Website, müssen Sie zwingend ein Impressum mit anbieten. Hierbei hilft es Ihnen auch nicht, dass die Betreiber von LinkedIn und Facebook in Kalifornien sitzen. Ausführliche Informationen zum Impressum und zur Impressumspflicht erhalten Sie in Kapitel 12, »Rechtliche Rahmenbedingungen«.

Netzwerk	Persönliches Profil Bedingung?
Facebook	Ja
Google+	Ja
LinkedIn	Ja
XING	Ja
Twitter	Nein
Pinterest	Nein
So.Cl	Ja (Facebook- oder Windows-Live-Profil)

Tabelle 3.5 Wo wird ein persönliches Profil beim Erstellen eines Unternehmensprofils vorausgesetzt?

Am Ende des Kapitels finden Sie Checklisten mit den wichtigsten Informationen und Materialien, die Sie vor dem Anlegen eines Unternehmensprofils recherchiert bzw. parat haben sollten. Außerdem ist Kapitel 4, »Das Unternehmensprofil« ganz dem Anlegen und Nutzen Ihres Unternehmensprofils gewidmet.

3.5 Das Netzwerk auf- und ausbauen

Ein umfangreiches Netzwerk ist sinnvoll: Es kann immer sein, dass Verbindungen existieren, die Sie nicht kennen, die Ihnen aber irgendwann nützlich sein könnten. Aus diesem Grund kann auch eine eher passive Strategie durchaus sinnvoll sein: Sie wissen normalerweise nicht, wo Sie in drei, fünf oder zehn Jahren stehen werden. Vielleicht werden Sie Ihre Kontakte zu einem späteren Zeitpunkt einmal brauchen. Ihr Profil lässt sich relativ schnell verschönern. Ihr Netzwerk können Sie hingegen nicht in einer Nachtschicht ausbauen – es wächst mit der Zeit.

3.5.1 Wie finde ich meine Kollegen und Bekannten in den sozialen Netzwerken?

Beginnen Sie am besten mit einer Suche nach Kollegen und Bekannten. Dazu gibt es zahlreiche Möglichkeiten.

Warnung

Auch wenn ein großes Netzwerk sinnvoll ist, sollten Sie von Tools wie »Freunde-Finder«, dem automatischen Adressbuchabgleich usw. schon aus rechtlichen Gründen Abstand nehmen. Auch ohne diese Hilfsmittel können Sie Ihr Netzwerk in der realen Welt in Ihr virtuelles Netzwerk einladen, indem Sie sie beispielsweise per E-Mail kontaktieren – laden Sie Bekannte nur nach persönlichem Avis in Ihr virtuelles Netzwerk ein.

- **Direktsuche über den Namen.** Am einfachsten ist es sicherlich, die Namen von guten Arbeitskollegen und Kunden direkt in die Suchfelder der sozialen Netzwerke einzugeben. Das funktioniert auf allen Plattformen. Haben Sie den gewünschten Kontakt gefunden, sehen Sie sich sein Profil an und stellen Sie eine »Kontaktanfrage« (Facebook, LinkedIn, XING) oder folgen Sie ihm (Google+, Twitter, Pinterest, So.Cl). Die Kontaktanfrage sollte immer personalisiert sein.
- **Suche über Ihre Alumni.** Viele Netzwerke bieten auch Alumni – sowohl für Unternehmen als auch für Universitäten und Fachhochschulen, teilweise sogar für Schulen oder Berufsakademien. Suchen Sie diese gezielt und stöbern Sie darin. Sie werden häufig ehemalige Lehrer, Professoren oder auch Mitschüler bzw. Kommilitonen wiederfinden. Vernetzen Sie sich mit ihnen; oft sind dies in den sozialen Netzwerken die wirklich wertvollen Kontakte.
- **Kontakte der Kontakte.** Als weitere Möglichkeit zur Erweiterung des Netzwerks können Sie in der Kontaktliste Ihrer Kontakte stöbern. Viele Nutzer haben bei LinkedIn, XING oder Facebook eine öffentliche Kontaktliste: Sie können sehen, mit wem diese Person vernetzt ist. Gerade bei alten Kontakten finden Sie in der Kontaktliste oft auch Personen, die Sie kennen. Scheuen Sie sich nicht, die Kontaktlisten zu nutzen. Wer diese öffentlich geschaltet hat, hat auch nichts gegen die Nutzung. Kontaktieren Sie über diesen Weg jedoch keine Unbekannten (»Sie sind auch Kontakt von XY und ich würde mich freuen, wenn wir uns ebenfalls vernetzen würden«): Das wäre nicht nur Kaltakquise (mehr über Kaltkontakte erfahren Sie in Abschnitt 3.5.4), sondern auch unhöflich dem vernetzten Bekannten gegenüber. Betrachten Sie das Durchstöbern der Kontaktlisten Ihrer Bekannten eher als Ideensammlung. Oft

fällt Ihnen dabei auf, dass Sie jemanden von einem alten Projekt oder Arbeitgeber her kennen.

- **Vorschlagslisten.** Facebook, LinkedIn, Google+, XING und Twitter schlagen Ihnen auch Kontakte vor. Haben Sie bereits erste Kontakte gesammelt, wird die Suchmaschine immer intelligenter, so dass schließlich auch etliche Treffer dabei sind.
- **Gruppen.** Stöbern Sie auch in den Gruppen der sozialen Netzwerke und treten Sie nach Ihren Interessen beziehungsweise Kernkompetenzen einigen Gruppen bei. Dort finden sich ebenfalls immer wieder Personen, mit denen Sie schon einmal zu tun hatten. Je stärker Ihre Spezialisierung ist, desto wertvoller sind die Gruppen, um Kontakte wiederzufinden.
- **Frühere Arbeitgeber.** Eine weitere Quelle sind Ihre früheren Arbeitgeber. Hier gibt es zwei Ansätze: Zum einen können Sie beispielsweise bei LinkedIn oder bei XING (wenn Sie Premium-Mitglied sind) direkt nach Arbeitgebern suchen. Bei kleineren Unternehmen kann das gut funktionieren. Bei großen früheren Arbeitgebern wie etwa Siemens ist diese Technik weniger sinnvoll (allein bei LinkedIn gibt es über 100.000 aktuelle Siemens-Mitarbeiter). Nutzen Sie in diesem Fall zusätzliche Techniken: in den Unternehmensprofilen finden sich Mitarbeiterlisten, die Sie bei XING linear durchsuchen können. Bei LinkedIn können Sie die Mitarbeiterliste öffnen und nach weiteren Kriterien durchforsten. Bei Google+ oder Facebook können Sie die alten Arbeitgeber einfach in die Suchfelder eingeben, um ihre Fan- und Unternehmensseiten zu finden. Anschließend suchen Sie in den Follower-Listen nach bekannten Namen oder Gesichtern.
- **Stichwortsuche.** Überlegen Sie sich zentrale Stichwörter aus Ihrem Arbeitsumfeld. Diese sollten mit Ihrer Kernkompetenz zu tun haben. Bei mir wären das beispielsweise »Bank«, »Kredit«, »Projektmanagement«, »Rating«). Suchen Sie zuerst einzeln nach diesen Begriffen und prüfen Sie die gefundenen Personen.

Diese Stichwortsuche nach dem »Schrotflintenprinzip« können Sie verfeinern, indem Sie die Stichwörter verknüpfen: Bei den deutschsprachigen Plattformen Facebook, LinkedIn, XING, Twitter und Google+ verwenden Sie den Verknüpfungsoperator »Und«, bei den englischsprachigen Oberflächen wie So.Cl und Pinterest »And«. Auf diese finden Sie schnell Personen, die Sie eventuell schon kennen. Gibt es weiter spezialisierte Begriffe, mit denen Sie die Auswahl an Personen noch weiter eingrenzen können? Diese sind für eine Stichwortsuche am besten geeignet. Denken Sie an eine bestimmte Software (nicht gerade Excel oder

Word), ein bestimmtes Verfahren, eine Methode oder einzelne Fachbegriffe, die in Ihrer Tätigkeit immer wieder vorkommen.

Tipp

Sie wissen nicht mehr, wie Ihre Kunden vor 10 Jahren hießen? Haben Sie noch Zugriff auf alte E-Mail-Ordner? Sie werden eventuell erstaunt sein, wie viele sympathische Menschen Sie im Lauf der Jahre aus den Augen verloren haben.

3.5.2 Die Kontakte der Kontakte: Wie nutze ich mein Netzwerk effektiv?

Neben den direkten Kontakten ersten Grades gibt es noch eine weitere, nur selten genutzte Kontaktkategorie: die Kontakte zweiten Grades. Dies sind die Kontakte Ihrer Kontakte. Sie sind mit ihnen nicht direkt verbunden. Kontakte dritten Grades sind die Kontakte der Kontakte Ihrer Kontakte usw.

Zwar kennen Sie möglicherweise den einen oder anderen Kontakt Ihrer Kontakte, aber sicherlich nicht alle. Die sozialen Netzwerke bieten den Vorteil, dass solche indirekten Kontakte visualisiert werden und erreichbar sind oder dass Sie über einen Kontakt eine vereinfachte und mehr versprechende Kontaktaufnahme herbeiführen können, als es über einen kalten Versuch möglich wäre.

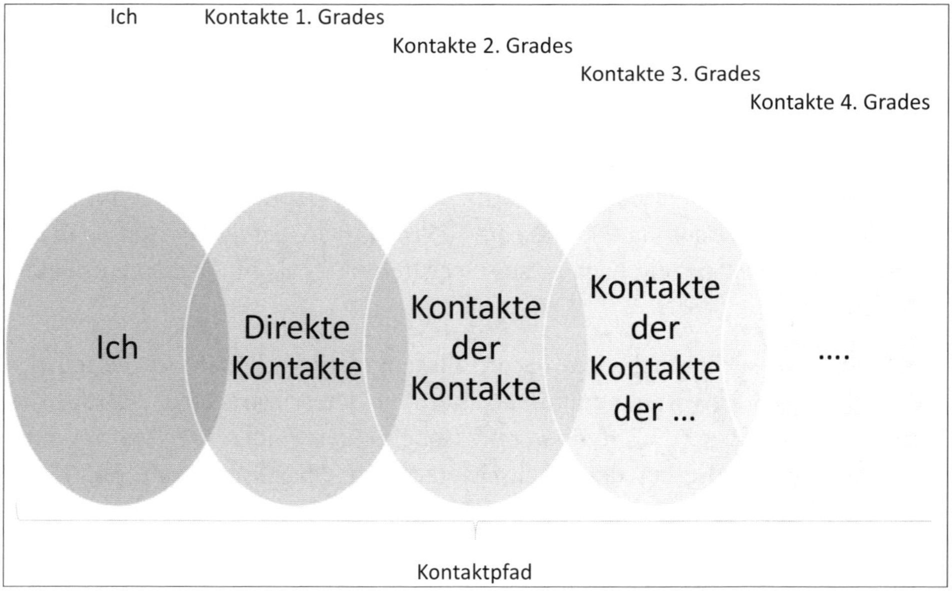

Abbildung 3.4 Darstellung eines Kontaktpfades

Transparenz

In den sozialen Netzwerken erkennen Sie Sie sehr schnell, auf welche Weise Sie mit einem bestimmten Nutzer verbunden sind. Gerade wenn Sie ein bestimmtes Fachgebiet haben oder in einer bestimmten Region tätig sind, haben Sie oft gemeinsame Kontakte mit bereits vorhandenen Nutzern in Ihrem Netzwerk.

Unterscheiden Sie zwischen den synchronen Netzwerken, die eine gegenseitige Beziehung voraussetzen, und den asynchronen Netzwerken, in denen Sie anderen Nutzern einseitig folgen können.

- Google+, Twitter, Pinterest und So.Cl sind asynchrone Netzwerke. Wenn Sie einem Nutzer folgen, erhält dieser eine entsprechende Benachrichtigung, kann aber selbst entscheiden, ob er Ihnen ebenfalls folgen möchte.
- Facebook, LinkedIn und XING sind synchrone Netzwerke. Eine Vernetzung ist stets beiderseitig: Sie stellen eine Anfrage und der kontaktierte Nutzer nimmt den Kontakt gegebenenfalls an – oder eben nicht.

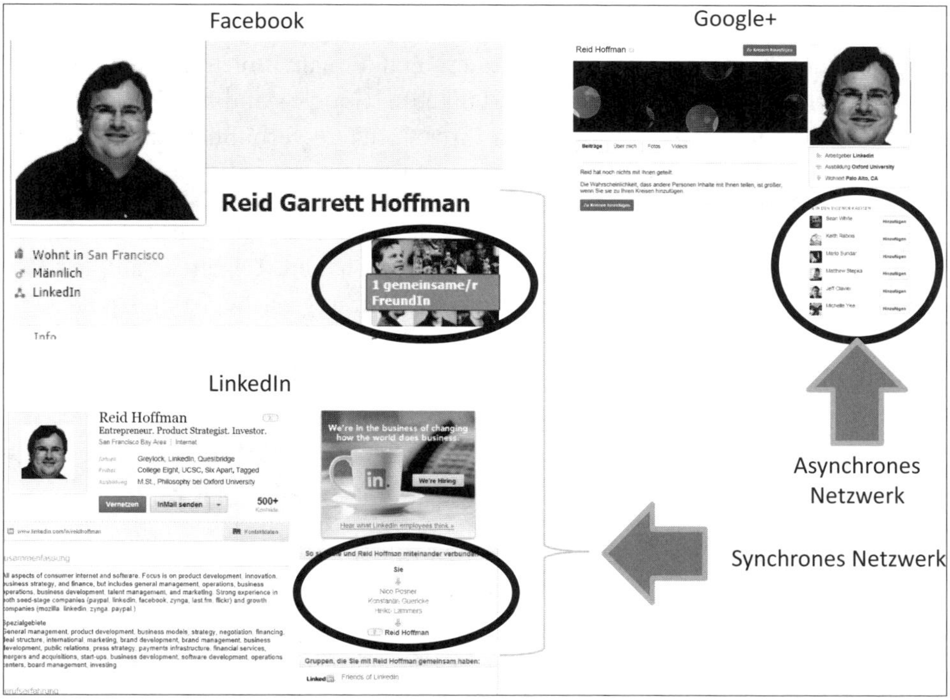

Abbildung 3.5 Erkennen, wie Sie mit einer Person verbunden sind

Die asynchronen Netzwerke sind daher für diese Art der Recherche nicht besonders gut geeignet. Wenn hingegen in einem synchronen Netzwerk ein Kontakt zwischen Ihnen und einem anderen Nutzer liegt, können Sie im Profil des Kontakts erkennen, auf welche Weise Sie verbunden sind.

Plattform	Verbindung
Facebook	Gemeinsame Freunde.
Google+	Gemeinsame Kontakte
LinkedIn	So sind Sie verbunden. Nur Ihr Kontakt mit Name, weitere Person im Kontaktpfad anonymisiert
XING	Ihre Verbindung zu ...

Tabelle 3.6 Wie sind Sie mit Kontakten von Kontakten verbunden?

Avis/Vorstellung

Interessant sind vor allem die Kontakte zweiten Grades: Nehmen wir an, ein Nutzer postet einen Job, bietet etwas an oder sucht etwas für Sie Interessantes. Wenn Sie den Kontaktpfad betrachten (diese Funktionalität bieten fast alle zentralen Netzwerke, zum Beispiel Facebook, LinkedIn, Google+ und XING), können Sie erkennen, ob dieser Nutzer mit einem Ihrer Kontakte verbunden ist. Ist das der Fall, können Sie Ihren Kontakt bitten, Sie vorzustellen.

Eine Vorstellung sollte jedoch immer sachbezogen sein und einen Grund, im besten Fall einen Mehrwert für den Kontaktierten, haben. Zeigen Sie auf, dass Sie konkrete Probleme lösen können. Ist Ihre Begründung nachvollziehbar, so wird Ihr Kontakt Sie sicherlich vorstellen. Respektieren Sie jedoch auch, wenn er es nicht tut: Die Vorstellungen haben sich im deutschsprachigen Raum noch nicht fest etabliert und mancher mag sie aus Prinzip nicht.

3.5.3 Professionalisierung der Netzwerk-Erweiterung durch Tools

Irgendwann werden Sie immer weniger Zeit finden, noch weiter und tiefer nach alten Kontakten zu graben. In diesem Moment können Sie auf professionelle Unterstützung zurückgreifen. Ein schönes Werkzeug bietet LinkedIn mit der InMaps-Visualisierung, mit dem Sie Ihr bestehendes Netzwerk untersuchen und visualisieren. Dabei werden durchaus trennscharfe Cluster gebildet. Die Grafik ist interaktiv; Sie können in ihr navigieren. Knotenpunkte werden etwas stärker dargestellt. Bei den meisten Knoten weiß man bereits intuitiv, dass es sich dabei um wichtige Punkte im eigenen Netzwerk handelt – aber eben nicht unbedingt bei allen. Zudem können Sie durch genaueres Studieren der Grafik auch herausfinden, wo Suchpotenzial besteht. Ansonsten analysieren Sie zunächst die »Knotenpunkte«: Sind dies Kontakte, die Ihre Kontaktliste geöffnet haben? Gerade hier werden Sie schnell Menschen wiederfinden, die Sie tatsächlich kennen.

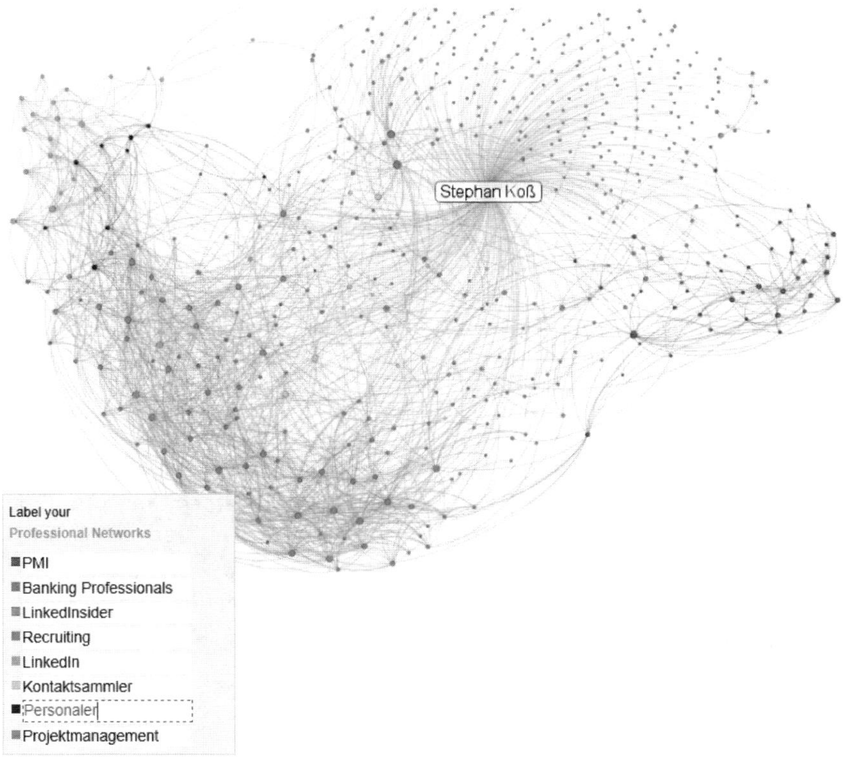

Abbildung 3.6 Tools zur Netzwerkanalyse. Die einzelnen Cluster werden durch unterschiedliche Farben dargestellt, die hier im Schwarzweißdruck leider nicht zu sehen sind.

3.5.4 Kaltkontakte

Eine weitere Möglichkeit, um Ihr Netzwerk durch neue Kontakte sinnvoll zu erweitern, sind Kaltkontakte. *Kaltkontakten* nennt man die direkte Ansprache oder die direkte Verbindung zu einer anderen Person ohne deren Aufforderung oder Einwilligung.

Wenn Sie jemanden nicht kennen, können Sie ihn mit verschiedenen Techniken direkt ansprechen oder sogar vernetzen. In den asynchronen Netzwerken ist es völlig in Ordnung, einem anderen Nutzer zu folgen. Anders sieht es in den Netzwerken aus, in denen Kontakte auf Gegenseitigkeit beruhen. Hier sollten Sie bei Kaltkontakten auf jeden Fall einen klaren und nachvollziehbaren Grund angeben. Begründungen wie ...

- »Wir sind in der gleichen Gruppe ...«
- »Kontakte schaden nur dem, der sie nicht hat ...«
- »Ich fand Ihr Profil interessant ...«
- »Wir haben einen gemeinsamen Bekannten ...«
- »Vielleicht ergeben sich Synergien ...«

... scheiden aus – Sie können davon ausgehen, dass Sie sehr viele Ablehnungen erhalten werden. Außerdem laufen Sie mit dieser Vorgehensweise sogar Gefahr, gegen das Gesetz gegen den unlauteren Wettbewerb zu verstoßen, zumindest, wenn Sie Endverbraucher kontaktieren. Auf jeden Fall müssen Sie viele Leute anschreiben, um eine gewisse Anzahl von Kontakten zu generieren. Und ob diese Kontakte Ihnen dann wirklich weiterhelfen, ist fraglich.

Warnung ×

Nutzen Sie auf keinen Fall automatische Tools. Die Ergebnisse sind qualitativ schlecht. Außerdem verhält es sich mit diesen Tools wie mit den Radarwarnern im Auto: Der Erwerb ist erlaubt, der Einsatz jedoch nicht – Sie verstoßen damit gegen die Geschäftsbedingungen fast aller Social-Media-Plattformen und gefährden Ihr Profil. In einem Profil steckt auf Dauer viel Zeit und Arbeit, so dass Sie auf keinen Fall eine Löschung durch den Betreiber riskieren sollten.

Exkurs: Ist »Kontaktjagen« sinnvoll?

Auch in Deutschland sind die sogenannten »Kontaktjäger«, »Kontakt-Spammer« oder »Kontaktsammler« mittlerweile in den sozialen Netzwerken anzutreffen. Ich selbst bekomme seit ein paar Monaten verstärkt Anfragen von dieser Nutzergattung. Eine eindeutige Definition scheint es noch nicht zu geben; zumindest hat der Begriff es noch nicht in die Wikipedia-Enzyklopädie geschafft. Mehrere tausend Kontakte sind für Kontaktjäger keine Seltenheit. Manche von ihnen treffen sich in eigenen Gruppen, die nur diesem Zweck dienen. Die Kontaktjäger lassen sich in drei Gruppen einteilen: Narzissten, Power-User und Geschäftsleute.

Die zuerst Genannten sind eher harmlos, sie möchten einfach viele Kontakte der Kontakte wegen. Die zweite Gruppe ist schon aufdringlicher. Im besten Fall will sie sich über Statusmeldungen in Erinnerung rufen. Aufdringlichere Zeitgenossen nutzen die Kontaktdaten, um nicht angeforderte Newsletter zu verwenden.

Ob dies legal ist, möchte ich nicht beurteilen, empfehlenswert ist es auf jeden Fall nicht. Die dritte Kategorie ist sicherlich in der Minderheit, bringt diese Gruppe aber in Verruf: Sie handelt mit Adressdaten oder bietet deren Verteilung ganz offen im Internet gegen Gebühr an. Sie selbst sollten darauf verzichten, wahllos Kontakte zu sammeln.

Soll ich jeden Kontakt annehmen?

Sollten Sie jede Kontaktanfrage beantworten oder annehmen? Das müssen Sie für sich selbst entscheiden. Allerdings können Sie schon eine vernünftige Begründung für eine Kontaktanfrage erwarten. Wer seine Kontaktanfrage nicht genau begründen kann und dabei nicht individuell auf Sie und Ihr Profil eingeht, weiß wahrscheinlich ohnehin nicht, was er mit Ihnen anfangen soll.

Tipp

Übrigens können Sie Kontakte auch wieder entfernen oder löschen. Bei manchen Kontakten aus alten Tagen überwiegen die positiven Gedanken zwar; sie haben sich aber nicht zu Ihrem Vorteil entwickelt. Bevor Sie diesen Schritt gehen, überlegen Sie, ob es vielleicht ausreicht, die Kontakte »auszublenden«. Fast alle Netzwerke bieten die Möglichkeit, die Meldungen von einer bestimmten Person nicht mehr anzuzeigen. Stören diese Kontakte also lediglich in Ihrer Timeline, kann dies der sinnvollere Weg sein. Wenn Sie jedoch merken, dass Sie mit dieser Person keinen Kontakt mehr wünschen, dann löschen Sie den Kontakt. Daran ist nichts Verwerfliches.

3.6 Empfehlungen

Unter Ihren bestehenden Kontakten werden Sie frühere Vorgesetzte, Kollegen oder Kunden finden, mit denen Sie besonders gute Erfahrungen gemacht haben. Vielleicht haben Sie ein besonders komplexes Problem gelöst. Vielleicht schreiben Sie diese Kontakte aktiv an und fragen nach Empfehlungen oder Referenzen?

Denken Sie an die Buchempfehlungen bei Amazon: Sie haben zwei Bücher zu einem bestimmten Thema gefunden haben –das eine hat keine, das andere zehn Fünf-Sterne-Bewertungen erhalten. Für welches Buch würden Sie sich wohl entscheiden? Es gibt sogar Netzwerke, die die Empfehlungen in das Ranking mit einfließen lassen: Können Sie Empfehlungen vorweisen, werden Sie also in den Suchergebnissen weiter oben gelistet als Mitbewerber ohne Empfehlungen. Übertreiben Sie jedoch nicht – fragen Sie nur Kontakte, die Sie gut kennen. Eine Empfehlung sollte immer authentisch sein. In Kapitel 5, »Kundenbindung«, gehe ich noch ausführlicher auf Empfehlungen von Kunden ein.

3.7 Checklisten

3.7.1 Was benötige ich für ein persönliches Profil?

Aktivität	
Was möchten Sie mit Ihrem Profil erreichen?	
Wen möchten Sie erreichen?	
Wissen Sie, wo sich Ihre Zielgruppe am ehesten aufhält?	
Haben Sie ein geeignetes Profilfoto?	( ) ja ( ) nein
Haben Sie genügend Informationen über Ihren Lebenslauf?	( ) ja ( ) nein
Wie viel Zeit können Sie regelmäßig aufbringen?	_____ Minuten (am Tag/im Monat)
Haben Sie sich für eine Strategie entschieden?	( ) vollständig passiv ( ) passiv ( ) aktiv
Möchten Sie Privates und Geschäftliches trennen?	
Wie viele Profile können Sie unterhalten?	
Wissen Sie, wo Sie ein Profil erstellen sollten?	

3.7.2 Was benötige ich für ein Unternehmensprofil?

Aktivität	
Was möchten Sie mit Ihrem Profil erreichen?	
Wen möchten Sie im Social-Media-Bereich erreichen?	
Haben Sie ein Logo und dürfen Sie es frei verwenden?	( ) nein ( ) ja
Haben Sie alle Daten für ein Impressum oder einen Link, der direkt auf ein Impressum führt?	( ) nein ( ) ja, Link ( ) ja, Daten Name Anschrift Mail Telefonnummer evtl. USt-ID

Aktivität	
	evtl. Handelsregister evtl. Zuständige Kammer evtl. Standesrechtliche Hinweise
Haben Sie sich für eine oder mehrere Plattformen entschieden?	( ) nein ( ) ja
Möchten Sie eine bestimmte Ware oder Dienstleistung in den Mittelpunkt stellen? Haben Sie dafür Fotos, die Sie verwenden dürfen?	( ) nein ( ) ja

3.7.3 Wie finde ich meine Kontakte?

Frage	Antwort
Welche Personen waren und sind beruflich wichtig?	
Welche Arbeit-/Auftraggeber hatten Sie? (bei großen Unternehmern Angabe mit Jahr und Ort)	
Welche Hochschulen haben Sie besucht und wann?	
Nennen Sie drei Oberbegriffe aus Ihrem Tätigkeitsumfeld.	
Gibt es in Ihrem Fachgebiet Spezialbegriffe?	
Haben Sie bestimmte Abschlüsse und Zertifikate?	
Sind Sie in Organisationen tätig (IHK, PMI, Kammer)?	
Haben Sie bereits Kontakte? Sind deren Kontaktlisten einsehbar?	( ) nein ( ) ja, Liste einsehbar von ____________________
Vorschlagslisten betrachten	Diese gibt es auf ( ) LinkedIn ( ) XING ( ) Facebook ( ) Google+ ( ) Twitter ( ) Pinterest
Gibt es Gruppen, die für Sie beruflich interessant sind?	( ) nein ( ) ja, auf ( ) LinkedIn ( ) XING ( ) Facebook ( ) Google+

Kapitel 3

Kapitel 4
Das Unternehmensprofil

Inhalt

- Vorteile eines Unternehmensprofils
- Notwendige Materialien vorbereiten
- Unternehmensprofil auf verschiedenen Plattformen einrichten

In diesem Kapitel möchte ich Ihnen nicht nur die Vorzüge eines Unternehmensprofils näherbringen, sondern konkret beschreiben, wie Sie Ihr Unternehmensprofil aufsetzen. Hierbei handelt es sich nicht um einen Best Case, wie man es auf Neudeutsch gerne ausdrückt, sondern um ein Lösungsszenario, wie Sie Ihr Profil in Szene setzen könnten. Die optimale Strategie müssen Sie selbst herausfinden, zu viele Komponenten spielen bei Ihrem Auftritt eine Rolle. Besonders wichtig ist sicherlich, was und wen Sie mit Ihrem Unternehmensprofil erreichen wollen.

Hinweis

Im Folgenden lesen Sie vorrangig den Begriff »Unternehmensprofil«, da mir dieser im deutschsprachigen Raum am treffendsten erscheint. Er wird aber nicht einheitlich verwendet: Facebook nennt eine solche Seite »Fanseite«, bei Google+ heißt sie »Unternehmensseite«, bei LinkedIn »Unternehmensprofil«, bei Twitter und YouTube wird von »Kanälen« gesprochen und bei Pinterest von einem »Business Account«. Gemeint ist jeweils dasselbe: Die Unternehmensprofile bieten die Möglichkeit, das Unternehmen darzustellen und Informationen im Namen dieses Unternehmens mitzuteilen, Ihr Produkt oder Ihre Dienstleistung innerhalb der sozialen Netzwerke zu platzieren.

Das Unternehmensprofil ist die professionelle Darstellung innerhalb der sozialen Netzwerke. Von hier aus können Sie nicht nur über Ihr Produkt oder Ihre Dienstleistung informieren. Das Ziel eines Auftritts in den sozialen Netzwerken ist vielmehr eine Plattform, auf der Sie sich mit Kunden austauschen können. So werden Sie gefunden und können Auskunft über Ihr Produkt oder Ihre Dienstleistung geben. Möchten Sie die sozialen Netzwerke optimal nutzen, müssen Sie auch etwas zur Kommunikation beitragen. Gerade bei Facebook sollten Sie sich regelmäßig engagieren, um wahrgenommen zu werden. Bei den Business-Netzwerken wäre eine große Anzahl von Beiträgen wiederum nicht so sinnvoll und würde als Spam wahrgenommen. Bestimmen Sie die eigene Beitragsfrequenz auch anhand Ihres Zeit-Budgets.

Für Freiberufler, Selbstständige und kleine Unternehmer eignen sich soziale Netzwerke nicht nur als Ergänzung zur bestehenden Website. Ein Unternehmensprofil bei LinkedIn, Facebook oder Google+ oder ein eigener Blog kann auch eine eigene Website gut ersetzen.

Alleine durch das Aufsetzen Ihres Unternehmensprofils tragen Sie viel zu Ihrer Sichtbarkeit in den sozialen Netzwerken bei. Bei fast allen Anbietern ist dies zügig erledigt: Bei Twitter benötigen Sie weniger als eine Minute, bei LinkedIn oder Facebook eine oder auch mehrere Stunden. Hinzu kommt, dass Sie bei einigen Netzwerken (zum Beispiel LinkedIn, XING oder Google+) eine persönliche Seite benötigen, damit Sie ein Unternehmensprofil erstellen können. Bei anderen Anbietern (Facebook, Twitter oder Pinterest) benötigen Sie kein persönliches Profil, sondern können direkt mit dem Anlegen Ihrer Unternehmensseite beginnen. Bei den Netzwerken, die ein persönliches Profil erfordern, reicht es aber meistens aus, wenn dieses nur rudimentär angelegt ist. Ich empfehle allerdings, es genauso sorgfältig zu pflegen, da oft eine Rückkopplung vom Unternehmens- zum persönlichen Profil besteht. Die Pflege des persönlichen Profils kann aber einmalig erfolgen; es reicht dann, auf Anfragen und Kontaktwünsche zu reagieren.

Das Unternehmensprofil sollte professionell wirken. Ein gutes, einprägsames Logo und ein gut gemachtes Header-Bild sind hier von Vorteil. Mit dem Header-Bild sind die Grafiken im oberen Bereich gemeint, das Sie beim Aufruf eines Unternehmensprofils als erstes zu Gesicht bekommen.

Netzwerk	Persönliches Profil	Unternehmensprofil	Bezeichnung des Unternehmensprofils	Persönliches Profil Voraussetzung?
Facebook	Ja	Ja	Fanseite	Nein
Google+	Ja	Ja	Unternehmensseite	Ja
LinkedIn	Ja	Ja	Unternehmensprofil	Ja
XING	Ja	Ja	Unternehmensprofil	Ja
Twitter	Ja (identisch)		Kanal	Nein
Pinterest	Ja	Ja	Business-Account	Nein (aber: Anmeldung über Facebook- oder Twitter-Account)
So.Cl	Ja	-	-	Nein (aber: Anmeldung über Facebook- oder Windows-Live-Account)

Tabelle 4.1 Bezeichnungen und Voraussetzungen für Unternehmensprofile in den verschiedenen sozialen Netzwerken

4.1 Wann ist ein Unternehmensprofil für mich sinnvoll?

Haben Sie einen Unternehmensnamen oder arbeiten Sie unter Ihrem Personennamen? Diese Fragestellung vereinfacht die Entscheidung für oder gegen ein Unternehmensprofil. Wenn Sie unter Ihrem natürlichen Namen agieren, können Sie sich entscheiden, ob Sie mit einem persönlichen, einem Unternehmensprofil oder mit beidem in den sozialen Netzwerken vertreten sein möchten. Anders verhält es sich, wenn Ihr Firmenname von Ihrem persönlichen Namen abweicht. Dann sind Sie auf Unternehmensprofile angewiesen. Einige Anbieter gestatten keine persönlichen Profile auf Unternehmensnamen.

Der Name, unter dem Sie das Profil einrichten, hat eine große Wirkung auf die Auffindbarkeit. So können Sie bereits hier für eine starke Sichtbarkeit in den sozialen Netzwerken Sorge tragen. Nicht bei allen Anbietern müssen Sie für Ihr Unternehmensprofil den reinen Unternehmens- oder persönlichen Namen angeben.

Ein Argument für ein Unternehmensprofil ist, die Reichweite durch den Namen zu erhöhen. Dies allein spricht jedoch noch nicht für das Unternehmensprofil, denn bei den meisten Anbietern können Sie mittlerweile über Listen und Kreise steuern, wer was zu sehen bekommt. Sie können also beispielsweise Ihr privates Facebook-

Profil durchaus für Marketing-Zwecke oder zur Pflege Ihres geschäftlichen Netzwerks nutzen.

Allerdings wird eine Trennung der geschäftlichen und privaten Kontakte in Listen meist nicht ausreichen, um geschäftliche Aussagen von Ihrem privaten Umfeld ganz fernzuhalten. Mit einem Unternehmensprofil ziehen sie hingegen eine klare Trennlinie zwischen Privatem und Geschäftlichem. Durch getrennte Profile wird die Wahrscheinlichkeit, aus Versehen Familienfotos im Kundenkreis herumzuzeigen, deutlich gesenkt und Sie können sich viel besser auf Ihre Kernkompetenzen konzentrieren.

Auch für Marketing-Maßnahmen ist ein Unternehmensprofil besser geeignet. Einige Plattformen bieten Micro Ads, also Werbeanzeigen für kleines Budget. Werden diese Werbemaßnahmen für ein Unternehmensprofil genutzt, wirkt das wesentlich professioneller.

Tipp

> Das letzte Argument: Ein Unternehmensprofil schadet nie. Wenn Sie möchten, können Sie das private Profil trotzdem auch für geschäftliche Belange einsetzen. Sehen Sie das Unternehmensprofil als Reichweitenverstärker: Wenn Sie mit dem privaten Profil nicht gefunden werden, dann eben mit dem Unternehmensprofil.

Im Folgenden erfahren Sie nicht nur, wie Sie sich ein Unternehmensprofil anlegen und was dabei zu beachten ist, sondern wie Sie (immer noch frühzeitig) mit vergleichsweise geringem Zeit- und/oder Geldeinsatz eine Präsenz in den sozialen Netzwerken aufbauen und so den sich verstärkenden Trend gewinnbringend für Ihr Produkt oder Ihre Dienstleistung einsetzen können.

4.2 Praktische Tipps

In den folgenden Abschnitten erhalten Sie zuerst einige allgemeine Tipps, wie Sie mit einem Unternehmensprofil in den sozialen Netzwerken umgehen, Ihr Netzwerk aufbauen, es für sich nutzen und neue Geschäftskontakte und Reichweite generieren.

Anschließend geht es speziell um den Aufbau von Unternehmensprofilen bei Facebook, Google+ und LinkedIn, da mindestens eine dieser drei Plattformen mit sehr großer Wahrscheinlichkeit von Ihnen genutzt wird. Dabei geht es nicht einfach nur um die Einrichtung des Profils auf einer der Plattformen. Sie erfahren vielmehr auch, wie Sie vorhandene Bekannte einladen, Ihr Netzwerk erweitern und dort als interessantes Unternehmen (bzw. interessanter Freiberufler oder Selbstständiger) wahrgenommen werden. Jedes der Netzwerke hat seine Besonderheiten, daher beschränke ich mich auf die wichtigsten drei kostenfreien Plattformen im deutschsprachigen Raum. Zielsetzung ist, eine Strategie zu finden, die statt viel Zeit (oder Geld) Kontinuität bringt. In vielen Fällen werden gute Unternehmensprofile nicht in wenigen Tagen aus dem Boden gestampft, sondern wachsen mit der Zeit. Deshalb ist es wichtig, eine dauerhafte Strategie zu finden, die nicht kurzzeitig viele Ressourcen benötigt.

Social Media steht noch am Anfang. Auch wenn aktuell 23 Millionen Facebook-Nutzer atemberaubend erscheinen, ist noch viel Potenzial vorhanden. In Zahlen ausgedrückt: Das Potenzial liegt noch bei weiteren 60 Millionen Bürgern in Deutschland, die Facebook bisher (noch) nicht verwenden. Dies ist eine Chance, wenn Sie noch keinen Auftritt besitzen: Zum einen ist die kritische Masse an Nutzern überschritten, so dass es bereits lohnend ist, jetzt mit einem Auftritt zu beginnen. Zum anderen verbreiten sich die Netzwerke in einem hohen Tempo. Wenn Sie schon früh dabei sind, steigen die Chancen, ein vernünftiges Netzwerk aufzubauen und einen respektablen Auftritt zu besitzen, wenn andere nachziehen. Die neuen Mitglieder konzentrieren sich auf Meinungsführer und Personen, die sie kennen und die bereits da sind. Wenn Ihr Auftritt dann schon einen gewissen Bekanntheitsgrad hat, wird man Sie schneller einkreisen oder Ihnen folgen, als wenn Sie selbst neu sind.

4.2.1 Vorweg

Nutzen Sie Ihr Netzwerk aus Kunden, Lieferanten, Freunden und Mitarbeitern und sorgen Sie für einen hohen Verbreitungsgrad. Sie können sich das so vorstellen: Der interessanteste Artikel und die beste Idee bringen nichts, wenn kaum jemand oder niemand sie wahrnimmt. Umgekehrt erzielt ein noch so schlechter Artikel in einer Boulevard-Zeitung eine starke Reichweite. Daher ist es gerade zu Beginn eines der wichtigsten Ziele, dass Sie Ihr Netzwerk aus- bzw. aufbauen.

Der Gedanke dahinter ist rein mathematischer Natur: Zwar ist dringend davon abzuraten, Fans oder Follower zu kaufen oder das Netzwerk »auf Teufel komm raus« in eine bestimmte Größe zu manövrieren. Trotzdem ist ein großes Netzwerk wichtig. Wenn Sie eine Information verbreiten und 1.000 Nutzer diese aufnehmen können, ist die Wahrscheinlichkeit einfach höher, dass sich Ihre Nachricht verbreitet, als wenn Sie nur 20 Follower haben. Trotzdem sollten Sie Ihrer Zielgruppe treu bleiben.

Sind Sie freiberuflicher Berater, sind 20 Projektleiter in Konzernen wertvoller als 1.000 Follower oder Kontakte in Katmandu. Sorgen Sie deshalb für eine möglichst hohe »relevante Reichweite« – versuchen Sie innerhalb Ihrer Zielgruppe ein möglichst großes Netzwerk aufzubauen. Anders als viele Berater sind die meisten Handwerker oder Zahnärzte lokal gebunden. Für einen Hamburger Handwerker oder Zahnarzt sind 20 Hamburger mehr wert als 1.000 Follower oder Kontakte in Bengali. Ihre Zielsetzung sollte aber klar sein: Noch besser wären für einen freiberuflichen Berater natürlich 1.000 Projektleiter in Konzernen, für einen Hamburger Handwerker oder Zahnarzt 1.000 Hamburger. In beiden Fällen ist dies nicht unrealistisch, sondern mit etwas Kontinuität und Qualität durchaus zu erreichen:

Suchen Sie nach Bekannten, ehemaligen Kollegen oder Kunden. Bitten Sie diese, Sie einzukreisen, zu kontaktieren oder Ihnen zu folgen. Weisen Sie Ihre Kunden darauf hin, dass sie dadurch einen Mehrwert erhalten. Ebenfalls wenig Geld kosten Flyer, mit denen Sie auf Ihre Präsenz hinweisen, Plakate in Ihren Handwerksräumen, Ihrer Praxis oder Kanzlei. Das wichtigste Medium im elektronischen Verkehr ist auch heute noch die E-Mail. Nutzen Sie die Signatur (den Footer) Ihrer E-Mail-Korrespondenz, um auf Ihr Unternehmensprofil hinzuweisen. Dazu genügt ein einfacher Link. Eleganter ist die Lösung, Social Plug-ins zu verwenden.

Genauso verhält es sich mit der Überlegung, welche Inhalte Sie verbreiten wollen. Mit der Art der Unternehmensnachrichten steuern Sie auch, welche Leser Sie mit der Zeit gewinnen. Wenn Sie beispielsweise immer wieder niedliche Katzenfotos hochladen, werden Sie garantiert mit der Zeit Ihre Reichweite vergrößern. Das ist aber nur dann nützlich, wenn auch genau diese Leute Ihre Zielgruppe darstellen. Je nach Branche ist das aber in vielen Fällen nicht so. Machen Sie sich vorher Gedanken, wen Sie erreichen wollen und welche Nachrichten und Informationen deshalb interessant sein könnten.

4.2.2 Verkauf ist nicht böse!

Die Begriffe »Vertrieb«, »Sale« oder »Verkauf« klingen für viele nicht gerade positiv. So erklärt es sich auch, dass viele in diesem Bereich Tätige die abenteuerlichsten Bezeichnungen auf ihren Visitenkarten stehen haben. Dabei hat diese Berufssparte ihren Ruf aus meiner Sicht zu Unrecht – er ist einem kleinen Teil Vertriebler geschuldet, die entweder zu hartnäckig akquirieren oder einmal falsch beraten bzw. etwas Unpassendes verkauft haben. Ein Verkauf endet nicht mit der Bezahlung; ein guter Verkäufer pflegt vielmehr auch Kundenbeziehungen und hilft dem Kunden, Bestätigung zu finden. Betriebswirte haben in diesem Zusammenhang den Begriff »Abbau von kognitiven Dissonanzen« aus der Psychologie adaptiert. Als Freiberufler, Selbstständiger oder kleiner Unternehmer müssen Sie diese Tätigkeit quasi nebenbei mit bewältigen. Geben Sie Ihren Kunden das Gefühl, sich selbst etwas Gutes getan zu haben. Dazu gehört auch, im Nachhinein – oder besser immer – für Ihre Kunden da zu sein.

Die besten Verkäufer sind jedoch nicht als solche unterwegs. Wenn Sie immer nur Produktinformationen oder Angebote posten, wird dies durch die schwerste Strafe der sozialen Netzwerke geahndet: Missachtung. Gehen Sie davon aus, dass der Verkaufsabschluss von alleine kommt, wenn Sie erst einmal als Produzent oder Dienstleister in Ihrem Umfeld wahrgenommen werden. Erzählen Sie Geschichten und seien Sie menschlich: Die Kunden lieben Menschen! Stellen Sie entweder Ihre Kunden oder Ihre Mitarbeiter als Helden in den Mittelpunkt. Erzählen Sie kleine Geschichten über sich. Beteiligen Sie sich an aktuellen Diskussionen. Wenn Sie bekannt sind, werden Sie auch als Produzent oder Dienstleister Ihre Arbeit bewerkstelligen können.

4.2.3 Seien Sie vorbereitet

Gehen Sie den Auftritt in den sozialen Netzwerken vorbereitet an. Gut vorbereitet ist die Einrichtung leicht und schnell erledigt. Das heißt, dass Sie alle notwendigen Informationen und einige Grafiken zur Verfügung haben sollten. Internet-, Programmier- oder HTML-Kenntnisse benötigen Sie hingegen nicht.

Grafiken und Logo

Grafiken sind kein technisches Muss, bilden aber einen wichtigen Bestandteil Ihres Unternehmensprofils. So gut wie alle sozialen Netzwerke bieten bereits bei einem kostenfreien Auftritt die Möglichkeit, Grafiken einzubinden. Mit einer Grafik können Sie nicht nur die Aufmerksamkeit auf sich lenken, sondern auch Stimmungen und Emotionen erzeugen. Ändern Sie Ihr Titelbild beispielsweise aus aktuellem Anlass, etwa an Weihnachten, Ostern, wenn ein Stadtfest (lokaler Anbieter), ein für Sie bedeutsames Fachsymposium oder eine Konferenz stattfindet. Alternativ können Sie auch Kunden in der Titelgrafik zeigen, sofern diese damit einverstanden sind.

Außer einem Titelbild sollten Sie auch ein Logo bereithalten. Dieses sorgt für Erkennbarkeit über verschiedene Netzwerke hinweg. Falls Sie kein Logo besitzen, gibt es mehrere Ersatzmöglichkeiten. Erstellen Sie mit einem Grafikprogramm beispielsweise aus Ihren Initialen und einer attraktiven Schriftart ein eigenes Logo.

Das ist besser gar nichts – der Wiedererkennungswert ist wichtig, damit Sie später besser wahrgenommen werden!

Warnung ×

Verwenden Sie auf keinen Fall die Schriftart Comic Sans, da diese abgedroschen und unprofessionell wirkt.

Im Internet gibt es außerdem verschiedene »kostenfreie« Logo-Generatoren. Sie erzielen damit ganz ansehnliche Ergebnisse, werden aber oft feststellen, dass eine gewerbliche Nutzung dann doch mit Kosten verbunden ist. Investieren Sie das Geld ruhig; achten Sie jedoch darauf, dass die Nutzungsrechte unbegrenzt auf Sie übergehen und nicht etwa nach einem Jahr erneuert werden müssen.

Der Slogan

Denken Sie sich auch einen guten Slogan aus. Dieser kann ruhig kurz und knackig sein. Wenn Sie keine Zeit haben, hier kreativ zu werden, überlegen Sie sich etwas Einprägsames, das eine Verbindung zu Ihrer Tätigkeit zulässt. In vielen Branchen kann ein regionaler Bezug vorteilhaft sein (»Ihr Tischler in Hameln« oder »Hier lässt das Weserbergland seine Pferde beschlagen«), bei überregionalen Anbietern wie Unternehmensberatern der Bezug zur Profession (»Ihr Fachmann im Projektmanagement« oder »IT-Security richtig eingesetzt«). Ihr Slogan sollte einfach verständlich sein, Doppeldeutigkeiten werden von Dritten schnell falsch interpretiert. Er sollte einprägsame Schlüsselwörter (Keywords) beinhalten.

Der Profilname

Unabhängig vom Slogan sollten Sie sich auch einen Namen für die Fanseite oder das Unternehmensprofil überlegen. Auch wenn Sie Freiberufler oder Selbstständiger sind, müssen Sie nicht zwingend Ihren Personennamen wählen. Wichtig ist, dass Ihre Zielgruppe Sie schnell und zuverlässig erkennt. Auch einen gegebenenfalls vorhandenen regionalen Bezug können Sie mit in den Namen aufnehmen (»Ihr Tischler in Hannover« oder »Hier geht Hamburg zum Zahnarzt«). Bei überregionalen Fachexperten, zum Beispiel Unternehmensberatern und Spezialisten, sollte die Profession im Namen genannt werden (»Projektmanager«, »IT-Security-Experte« oder »Kanalisationen exzellent geplant«). Achten Sie darauf, dass der Name keinen Interpretationsspielraum lässt, da er sonst als Irreführung interpretiert werden könnte. Immer wieder sieht man, dass Freiberufler sich als CEO der »Max Mustermann Gruppe« bezeichnen (mit ihrem eigenen Namen). Dies spiegelt eine Größe vor, die nicht vorhanden und somit unzulässig ist. Auch ist die Plattform hier ausschlaggebend: Während der Name bei Google+ oder Facebook etwas salopper ausfallen darf, sollte er etwa bei LinkedIn sachlicher wirken.

Das Impressum

Halten Sie die Daten für Ihr Impressum bereit. Dieses sollte ab der ersten Aktivierung eines Unternehmensprofils korrekt und vollständig sein. Relativ einfach ist es, wenn Sie bereits eine Website besitzen. In diesem Fall geht es nur noch darum, dass das das Impressum vom ersten Augenblick an korrekt erkennbar und betitelt ist. Wenn Sie noch kein Impressum besitzen, sollten Sie zuerst alle Angaben sammeln. In diesem Fall müssen Sie das vollständige Impressum im Profil aufführen oder es an einer anderen Stelle im Internet veröffentlichen und im Profil einen entsprechenden Link setzen. Mehr dazu erfahren Sie in Kapitel 12, »Rechtliche Rahmenbedingungen«.

E-Mail-Adressen

Auch für später ist es hilfreich, wenn Sie pro Netzwerk eine eigene E-Mail-Adresse einrichten. Zum einen werden Sie dann im normalen Tagesgeschäft nicht zu sehr von Benachrichtigungen gestört, zum anderen können Sie schon anhand des Nachrichtenaufkommens messen, ob gerade etwas passiert.

Hinweis ×

Die Benachrichtigungsfunktionen der sozialen Netzwerke sollten Sie auf keinen Fall abbestellen, da sonst wichtige Kontaktversuche unbeantwortet bleiben könnten.

4.2.4 Das Unternehmensprofil ist Ihre Basis

Die Anlage einer Unternehmensseite stellt nur den Anfang dar. Sie haben damit bereits eine gute Ausgangslage, um in den sozialen Netzen und/oder über Internet-Suchdienste gefunden werden. Sie bieten den aktiv Suchenden damit schon einmal einen Anlaufpunkt, mithilfe dessen sie sich über Sie informieren oder mit Ihnen in Kontakt treten können.

Aber ein Unternehmensprofil sollte leben: Dazu gehören eine regelmäßige Pflege, die Bitte um Empfehlungen, das Posten von Nachrichten sowie das Teilen und Bereitstellen von Inhalten. Erst dadurch wird das Profil interessant. Hierzu gehört auch, dass Sie regelmäßig Inhalte erstellen und/oder teilen. Dies sorgt für Gesprächsstoff, stellt Sie und Ihr Unternehmensprofil in den Mittelpunkt und bringt Ihnen und Ihrem Produkt/Ihrer Dienstleistung Aufmerksamkeit.

Wenn Sie nicht regelmäßig im Internet lesen und sich darüber informieren, was in der Welt passiert, sollten Sie sich ein Ritual ausdenken, mit dem Sie Ihren Interessentenkreis über Neuigkeiten informieren. Wenn Sie bereits ein Ritual haben, zum Beispiel regelmäßig eine Seite mit Nachrichten aufrufen, binden Sie dieses in die Pflege Ihres Auftrittes mit ein. Ein Auftritt in einem sozialen Netzwerk darf auch eine persönliche Komponente haben. Als Inhaber eines lokalen Geschäftes können Sie regelmäßig Nachrichten aus Ihrer Lokalzeitung posten und kommentieren. Am besten ist es, wenn Sie hierbei Ihr Netzwerk mit einbeziehen: Was haltet ihr davon, was würdet ihr besser machen, ist euch das auch schon passiert? Möglichkeiten gibt es viele.

Tipp

Was Sie posten und wie oft Sie sich einbringen, hängt unter anderem von Ihrer Zielgruppe ab. Je breiter Ihr Publikum gefächert ist, desto regelmäßiger sollten Sie sich mit Unternehmensnachrichten positionieren!

Zu den Unterschieden zwischen den einzelnen sozialen Netzwerken gehören die Suchmechanismen. Facebook beispielsweise ist in sich abgeschlossen und kann über die Suchmaschinen, vor allem Google, nicht erreicht werden. Hier müssen Sie immer wieder erneut für Aufmerksamkeit sorgen, um nicht völlig in Vergessenheit zu geraten. Bei LinkedIn wiederum sind die Empfehlungen mehr oder weniger für die Ewigkeit. Google+ liegt dazwischen: Diskussionen können nach Wochen oder Monaten wieder aufgenommen werden und durch den geschickten Einsatz von Hashtags immer erneut in den Fokus der Aufmerksamkeit gelangen.

Durch eigene Experimente bekommen Sie relativ zügig ein Gefühl dafür, was Ihr Netzwerk interessiert und was geteilt wird. Dieses Gefühl wird Sie wahrscheinlich nicht trügen. Achten Sie jedoch auch dabei immer auf Ihre Zielgruppe: Spannende Diskussionen, die viele Aufrufe erzeugen, helfen Ihnen nicht weiter, wenn sie nicht zumindest für einen Teil Ihrer Zielgruppe von Interesse sind. Eine hundertprozentige Abdeckung werden Sie selten erreichen, die Streuverluste sollten jedoch kalkulierbar sein.

4.2.5 Kombinieren Sie die Plattformen

Wenn Sie sich nur auf eine Plattform beschränken, ist die Gefahr groß, dass Sie sich intensiv mit ihr beschäftigen, mühsam Kontakte aufbauen und dann Probleme mit einem Betreiber bekommen. Diese können von außen kommen: So kann eine Plattform plötzlich »Out« sein und immer weniger besucht werden oder der

Betreiber versucht, sein Geschäftsmodell auf Ihre Kosten auszubauen. Bei Facebook ist dies im Herbst 2012 passiert: Unternehmensnachrichten werden nun einem Edgerank unterzogen, einem Algorithmus, der entscheidet, an welcher Stelle der Nachrichtenleiste Ihre Meldung erscheint. Zwar werden alle Nachrichten angezeigt, aber kaum ein Nutzer scrollt zehn Bildschirmseiten nach unten, um alles zu sehen. Dies lässt sich mit einer Gebühr umgehen, die nach Reichweite bezahlt wird. 1.000 Nutzer kosten demnach etwa 5 Euro. Noch sind diese Gebühren überschaubar und wenn Ihre Zielgruppe vorrangig auf Facebook zu finden ist, kann das Geld eine sinnvolle Investition sein.

Auf der sicheren Seite sind Sie jedoch, wenn Sie Ihre Auftritte kombinieren. Planen Sie Ihren Hauptauftritt zum Beispiel bei einem bestimmten sozialen Netzwerk und unterstützen Sie ihn durch einen Auftritt auf einer anderen Plattform. Hierzu sind auch die kleineren Netzwerke oft gut geeignet. Präsentieren Sie sich zum Beispiel als Fachmann für überregionale Produkte oder Dienstleistungen, können Sie Ihren Auftritt mit einem Profil bei dem Kurznachrichtendienst Twitter unterstützen. Wenn Sie wiederum viele mediale Inhalte bereitstellen, ist Pinterest eine gute Ergänzung, für Videos der Anbieter YouTube. Wenn Sie einen Blog oder eine Website besitzen, ist auch So.Cl von Interesse.

Mit einem unterstützenden Netzwerk schlagen Sie zwei Fliegen mit einer Klappe: Sie können Ihr Basisnetzwerk besser erweitern, da auch andere Nutzer Sie finden. Der zweite wesentliche Aspekt ist die Risikominimierung: Wenn aus irgendeinen Grund Ihr Hauptprofil in der Pflege uninteressant oder – zum Beispiel bei Facebook – zu teuer wird, können Sie den Auftritt bei dem unterstützenden Netzwerk weiter ausbauen. Die Grundlage haben Sie ja bereits geschaffen.

4.2.6 Rechte- und Rollenkonzepte

Für einen Freiberufler, Selbstständigen oder kleinen Unternehmer ist ein ausgefeiltes Rechte- und Rollenkonzept nicht so wichtig wie zum Beispiel für einen großen Konzern. Trotzdem gibt es ein paar Dinge, die Sie unbedingt wissen sollten. Die drei Anbieter Facebook, Google+ und LinkedIn, mit denen wir uns nachfolgend im Detail beschäftigen, bieten eine Rechte- und Rollenverwaltung an.

Alle drei Alternativen unterscheiden zwischen dem Eigentümer und den Administratoren. Der Administrator darf die Seite bearbeiten, kommentieren und Inhalte bereitstellen. Die Rechte des Eigentümers sind weiter gefasst: Er darf weitere Administratoren zulassen und, was ganz wichtig ist, die Seite löschen (Google+ und Facebook) oder löschen lassen (LinkedIn). Für Sie ist dies dann relevant, wenn

Sie eine Seite nicht persönlich erstellen, sondern von einer dritten Person oder einer Agentur anfertigen lassen. Wird die Seite in Ihrem Auftrag erstellt, müssen Sie die Eigentümerrechte auf sich übertragen lassen, damit Sie der Einzige sind, der die Seite löschen kann. Denken Sie daran, dass der Wert Ihrer Unternehmensseite nicht in der einmaligen Erstellung, sondern im Kreis Ihrer Follower und Freunde liegt. Und dieser kann über mit den Jahren beträchtlich anwachsen.

4.3 Facebook

Damit Sie bei Facebook eine Unternehmensseite (»Fanseite«) erstellen können, benötigen Sie kein eigenes Facebook-Profil. Es ist trotzdem ratsam, ein Profil zu erstellen: Mit einer Unternehmensseite können Sie nämlich weder in Facebook navigieren noch an Gruppendiskussionen teilnehmen. Für beides brauchen Sie ein persönliches Profil. Ohne ein persönliches Profil haben Sie also wesentlich weniger Möglichkeiten, an Diskussionen teilzunehmen oder sich im Gruppenleben zu engagieren.

Hinweis ×

Bei Bedarf können Sie eine von Ihnen erstellte Facebook-Fanseite deaktivieren und später löschen.

Die Facebook-Fanseite können Sie von verschiedenen Punkten aus anlegen.

- Wenn Sie kein persönliches Profil haben, gehen Sie direkt über die Facebook-Startseite.
- Wenn Sie ein Profil haben, finden Sie beispielsweise beim Aufruf einer anderen Fanseite den Link »Seite erstellen«.
- Auch in der Leiste links gibt es den Abschnitt »Seiten«. Dies ist ein weiterer Weg, um eine eigene Fanseite zu erstellen.

Wenn Sie ein lokal agierendes Unternehmen haben, sollten Sie unbedingt die entsprechende Option wählen. Hintergrund ist die Funktion »Facebook-Orte«, mit denen geografische Ergebnisse für Suchabfragen generiert werden. Wenn jemand beispielsweise einen Friseur in Hameln sucht, wird dieser auch dort in den Ergebnissen angezeigt – für Sie kostenlose und wertvolle Werbung.

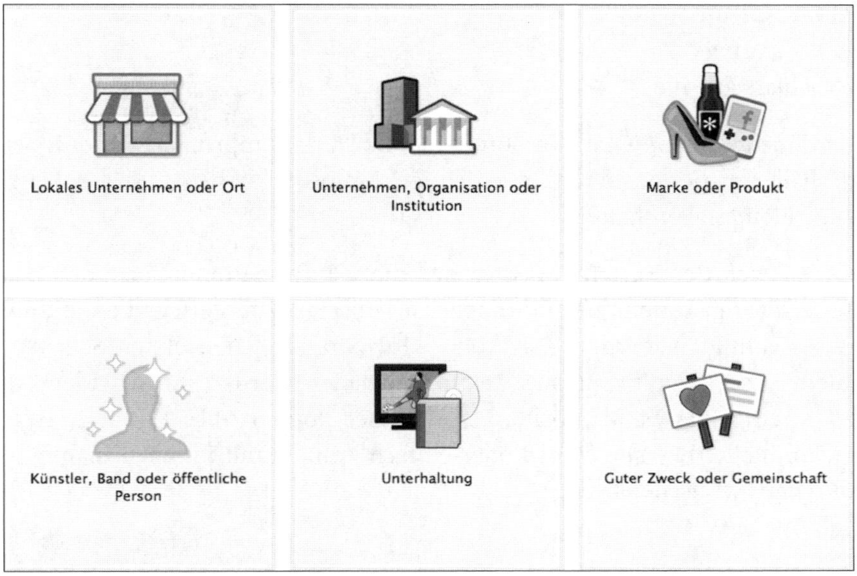

Abbildung 4.1 Auswahl der gewünschten Fanseitenart

Nach der Auswahl der Kategorie gilt es, ein Profilfoto und eine Titelgrafik bereitzuhalten. Sie benötigen

- einen Namen für die Fanseite,
- ein Profilfoto (160 x 160 Pixel groß),
- eine Titelgrafik (851 x 315 Pixel groß)

Tipp

Wenn Sie keine Grafik für das Titelbild haben oder erstellen wollen, gibt es auch im Internet gute Bildagenturen. In manchen Fällen »erkauft« man sich die Nutzung des Bildes damit, dass die URL des Anbieters mit angezeigt wird.

Auch wenn es verlockend klingt, in den Grafiken Elemente unterzubringen, die die Betrachter zur Interaktion bewegen, sind viele Hinweise laut den Facebook-Nutzungsbedingungen untersagt. Beispielsweise dürfen die folgenden Elemente in der Grafik nicht enthalten sein:

- »Klicke auf Gefällt mir«
- »Werden Sie heute Fan«
- Post- oder E-Mail-Adressen

- Handlungsaufrufe wie
  - »Jetzt kaufen«
  - »Nachlass auf alles«

Oft werden hochgeladene Grafiken von Facebook stark komprimiert. Ihre Bilder sollten deshalb am besten bereits die richtige Auflösung haben und möglichst großflächige Elemente enthalten.

Nach dem Anlegen der Fanseite müssen Sie etliche Informationen ausfüllen. Sie sollten diese Informationen gut und möglichst vollständig hinterlegen, damit Sie später besser gefunden werden. Das Logo wird bereits in den ersten Schritten hochgeladen. Die Titelgrafik muss später hochgeladen werden. Entscheiden Sie auch, ob Sie eine Pinnwand möchten. Auf dieser können Ihre Kunden etwas posten, sich mitteilen, Fragen stellen oder einfach Kontakt mit Ihnen aufnahmen. Dies ist durchaus wünschenswert.

Hinweis

Die Pinnwand müssen Sie allerdings im Auge behalten. Wenn Sie beleidigt werden oder fremde Inhalte hochgeladen werden, müssen Sie eingreifen. Dieses Risiko sollten Sie aber eingehen, da die Interaktion und Kommunikation mit den Kunden ein zentraler Punkt der sozialen Netzwerke ist.

Nach diesen ersten Schritten ist Ihre Facebook-Fanseite bereits öffentlich zugänglich. Benötigen Sie etwas mehr Zeit, können Sie unter »Seite bearbeiten – Genehmigungen« die Sichtbarkeit mit »Veröffentlichung der Seite zurücknehmen (nur Administratoren können diese Seite sehen)« deaktivieren. Denken Sie aber daran, die Seite zum passenden Zeitpunkt wieder sichtbar zu schalten.

Damit die Formalitäten erledigt sind, sollten Sie sich nun um das Impressum kümmern. Wenn Sie bereits eine Website mit einem Impressum besitzen, verlinken Sie dieses im Infobereich. Dies ist einer der eleganteren Wege. Besitzen Sie keine Website, können Sie sich auch einen Anbieter für kostenlosen Webspace suchen (zum Beispiel WordPress) und dort nur ein Impressum erstellen. Auf dieses können Sie dann einen Link setzen.

Wenn Sie keinen Zugriff auf einen Webspace oder eine eigene Website haben, können Sie noch den Weg über eine eigene »Anwendung« bei Facebook gehen. Dies ist allerdings technisch etwas schwieriger, im Ergebnis jedoch wesentlich eleganter. In diesem Fall wird das Impressum als eigene Kachel angezeigt.

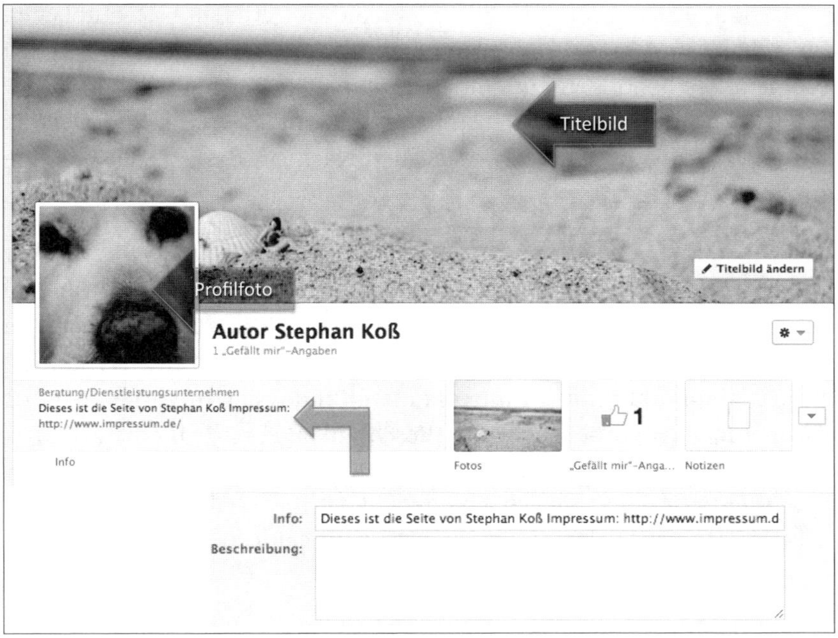

Abbildung 4.2 Bestehendes Impressum verlinken

Tipp

Die wichtigsten Schritte zum Erstellen eines Impressums als Anwendung:

1. Erstellen Sie das Impressum als eigenständige HTML-Seite.
2. Gehen Sie über *https://developers.facebook.com/apps* in den Developer-Bereich von Facebook und registrieren Sie sich als Entwickler.
3. Klicken Sie oben rechts auf + NEUE ANWENDUNG ERSTELLEN.
4. Vergeben Sie einen Namen (zum Beispiel: »Mein Impressum«).
5. Geben Sie geforderten Informationen an.
6. Wählen Sie ein Icon, dass den Inhalt »Impressum« darstellt.
7. Angaben zu der HTML-Impressum-Seite: Sie können den Link zu Ihrem Impressum aus dem ersten Schritt nun hier verlinken.
8. Wichtig: Page Tab (so nennt man die einzelnen Kacheln auf der Facebook-Fanseite) – Name: »Impressum« (Diesen Begriff sollten Sie zwingend verwenden, damit Ihr Impressum auch als solches erkannt wird. Begriffe wie »Info« oder »Über uns« reichen nicht aus).

Die mit diesen Schritten erzeugte Facebook-Applikation hat eine eigene AppID. Damit können Sie das Impressum als Kachel auf Ihrer Facebook-Seite anzeigen.

Sobald Ihre Facebook-Präsenz fertig ist, benötigen Sie zweierlei, um sie zum Leben zu erwecken: Inhalte und Fans. Womit Sie beginnen, entspricht dem klassischen Henne-Ei Problem: Sie benötigen gute Inhalte, um die Nutzer für sich zu interessieren. Wenn jedoch niemand die guten Inhalte liest, sind sie unnötig. Facebook hat hier gegenüber den anderen Netzwerken den Nachteil, dass es sich um eine geschlossene Welt handelt.

Im ersten Schritt können Sie Ihre besten Bekannten und Freunde direkt über E-Mail einladen, um einen Grundstock zu schaffen. Prüfen Sie aber vorher, ob diese Personen überhaupt bei Facebook sind. Ansonsten würden Sie sie von außen dorthin einladen, was nicht von jedem positiv aufgenommen wird. Auch dürfen Sie eine solche Mailing-Aktion nicht im gesamten Kundenstamm vornehmen, da hierzu eine Genehmigung vorliegen müsste. Beschränken Sie sich auf die wichtigsten Personen aus Ihrem Bekannten- und Freundeskreis. Facebook bietet zwar einen automatisierten Adressabgleich an, den viele aber wahrscheinlich nicht nutzen möchten. Weniger bekannt ist, dass Sie auch eine selbst erstellte Liste verwenden können, um Ihre Kontakte hochzuladen.

Erzeugen Sie dazu in Excel eine einfache Tabelle mit den Spalten »Name«, »Vorname« und »Mail«. Geben Sie die Daten der Personen, die Sie einladen möchten, in die Tabelle ein und speichern Sie diese als CSV-Datei. Diese Datei können Sie alternativ zum automatischen Abgleich verwenden. Die genaue Vorgehensweise illustrieren die Abbildungen 4.3 bis 4.6.

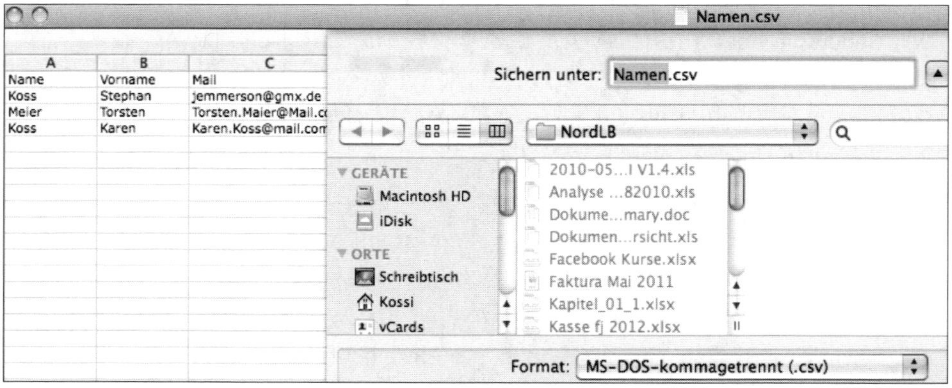

Abbildung 4.3 Sie können statt eines automatischen Abgleichs auch nur bestimmte E-Mail-Adressen verwenden. Erster Schritt: CSV-Datei mit Excel erstellen

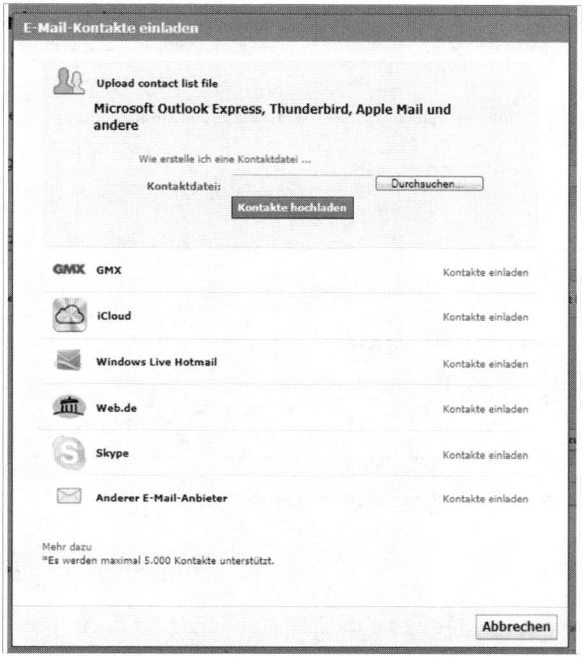

Abbildung 4.4 Zweiter Schritt: Im Dialog »E-Mail-Kontakte einladen« wählen Sie die gerade erstellte CSV-Datei aus.

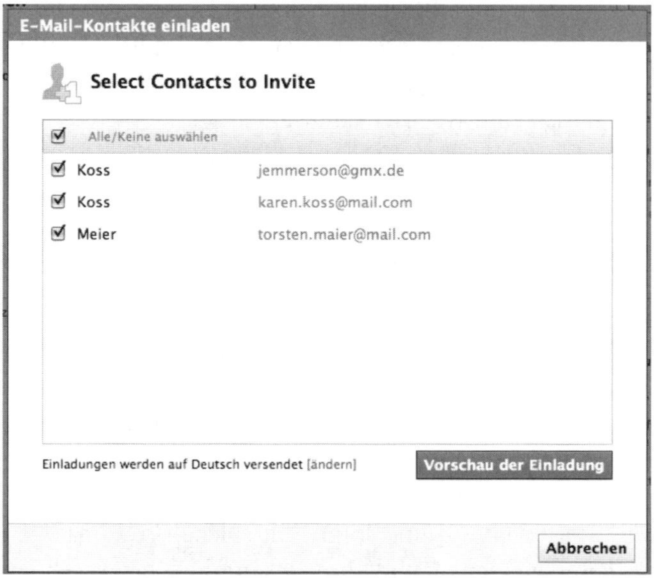

Abbildung 4.5 Dritter Schritt: Überprüfen Sie die Liste und die Namen.

Abbildung 4.6 Vierter Schritt: Überprüfen Sie die Einladung und versenden Sie sie.

Achtung

Laden Sie mit dieser Technik jedoch nicht Ihre gesammelten Kundendaten hoch. Das wäre unzulässig (es sei denn, Sie haben von vornherein auf diese Nutzung hingewiesen).

Anschließend sollten Sie die ersten Inhalte erstellen. Wie bei den meisten sozialen Netzwerken gilt: Gute (oder unterhaltsame) Informationen werden gern geteilt und bieten Ihnen die Möglichkeit, von einem größeren als dem ursprünglichen Publikum wahrgenommen zu werden. Ab jetzt gilt: Gute Inhalte sind die beste Möglichkeit, um Ihr Publikum kontinuierlich zum Wachsen zu bringen.

Hinweis

Eine Fanseite auf Facebook lebt (stärker als die Unternehmensprofile in anderen sozialen Netzwerken) von den Inhalten. Besonders Fotos werden gerne geteilt.

Verwenden Sie Facebook ruhig auch für unterhaltende Nachrichten oder sogar Cat Content. Viele Nutzer haben dafür Rituale eingebaut. Geeignete Zeitpunkte für dieses Ritual sind der Montagmorgen oder der Freitagnachmittag. Sie können zum Wochenstart allen eine angenehme Woche wünschen, den Artikel teilen, der Sie am Wochenende beschäftigt hat, ein Fundstück der Woche oder zu Beginn des Wochenendes ein Musikvideo teilen, das für gute Laune sorgt. Mit solchen regelmäßigen Beiträgen können Sie neue Leser gewinnen und Ihre Bekanntheit bei Facebook steigern. Es gilt, immer wieder neue Inhalte zu teilen oder sogar zu erstellen. Damit

Ihre Fanseite bekannt wird, benötigen Sie nicht einfach Reichweite, sondern relevante Reichweite in Ihrer Zielgruppe.

Am Anfang sollten Sie auch eine Kreditkarte zur Hand haben, um gute Posts »hervorzuheben«, so dass diese auch wirklich bei den Nutzern erscheinen. Zur Unterstützung bietet Facebook für kleinere Unternehmer, Selbstständige und Freiberufler die kostenpflichtigen Promoted Posts und Facebook Ads.

Hinweis

Mit Promoted Posts sorgen Sie dafür, dass Ihre Unternehmensnachrichten allen Fans zugänglich sind. Dank des Edgeranks werden Nachrichten von Unternehmen sehr weit unten platziert – an einer Stelle, an der ein normaler Nutzer kaum nachsieht. Mit Hilfe der Promoted Posts erhalten Sie eine prominentere Platzierung.

Facebook Ads sind die kleinen Werbeanzeigen, die Ihnen sicherlich schon im rechten Bereich des Facebook-Fensters aufgefallen sind. Sie eignen sich gut, um neue Kunden zu finden. Solche Anzeigen können schon für ein vergleichbar kleines Budget gebucht werden (ab 2 US-Dollar pro Tag) und ziemlich gut auf Ihre Zielgruppe abgestellt werden. Sie können die Werbung beispielsweise auf Ihre Region eingrenzen, wenn Sie lokal agieren.

4.4 Google+

Das noch junge soziale Netzwerk, das erst im Juni 2011 startete, hat einen schnellen Aufstieg erlebt, so dass es mittlerweile durchaus als Facebook-Konkurrent betrachtet werden kann. Wenn Sie mit Ihrem Unternehmen bei Google+ vertreten sind, steigen Ihre Chancen, bei der normalen Google-Suche ebenfalls gefunden zu werden.

Bei Google+ lässt sich ein Unternehmensprofil – Unternehmensseite genannt – besonders leicht erstellen. Sie benötigen dazu jedoch zunächst ein persönliches Google+-Profil.

Tipp

Es genügt, wenn Ihr persönliches Profil nur sehr rudimentär ausgefüllt ist, damit Sie eine Unternehmensseite erstellen können. Allerdings vertun Sie damit die Chance, gefunden zu werden. Außerdem bietet das persönliche Profil weitere Möglichkeiten, um Kontakte zu finden. Genau wie bei Facebook können Sie über Ihre Unternehmensseite keine Nutzer in Ihre Kreise hinzufügen – Sie müssen sich vielmehr durch Ihre Inhalte Aufmerksamkeit verschaffen.

Bevor Sie Ihre Google+-Unternehmensseite erstellen, benötigen Sie

- einen Namen für Ihre Unternehmensseite,
- ein persönliches Google+-Profil,
- ein Logo (250 x 250 Pixel groß),
- eine Grafik für den Kopfbereich (940 x 180 Pixel groß),
- ein Impressum
  - verlinkbar (beispielsweise auf der eigenen Website) oder
  - als Text (zum Hinterlegen, wenn Sie kein Impressum zum Verlinken besitzen)

Wenn Sie bereits ein persönliches Profil bei Google+ erstellt haben, können Sie über jede beliebige Google+-Unternehmensseite Ihre eigene Unternehmensseite erstellen. Sie finden dort – meist rechts vom Nachrichtenstrom – einen Link mit der Aufschrift »Google+-Seite erstellen«. Wenn Sie diesen angeklickt haben, haben Sie die folgende Auswahl (siehe Abbildung 4.7):

- Lokales Geschäft
- Produkt oder Marke
- Unternehmen, Einrichtung oder Organisation
- Kunst, Sport oder Unterhaltung
- Sonstiges

Wenn Sie ein lokales Geschäft betreiben, sollten Sie die erste Option wählen, damit Sie in den geografischen Ergebnissen (Stichwort: Google Maps) besser gefunden werden. Danach gilt es, das Profil sorgfältig auszufüllen. Auch sollten Sie ein gutes Hintergrundbild für den Titel verwenden (siehe Abbildung 4.8).

Google+ macht Ihnen die Unterbringung des Impressums leicht. Wenn Sie kein Impressum zum Verlinken haben, können Sie es unter »Info« unterbringen. Diese Lösung ist zugegebenermaßen nicht attraktiv, aber gesetzlich gefordert. Sie sollten auch die Möglichkeit nutzen, verschiedene Kontaktwege anzugeben.

Danach können Sie schon mit den Inhalten beginnen. Google+ bietet komfortable Möglichkeiten, dass Ihre Beiträge gefunden werden. Setzen Sie an zentralen Positionen Hashtags (#Zahnarzt, #Steuerrecht oder #Hameln) und posten Sie Aktuelles. Mediale Inhalte werden wesentlich besser verbreitet als reiner Text – veröffentlichen Sie, wo es geht, Foto- und Videomaterial.

Abbildung 4.7 Einstieg in die Erstellung der Unternehmensseite bei Google+

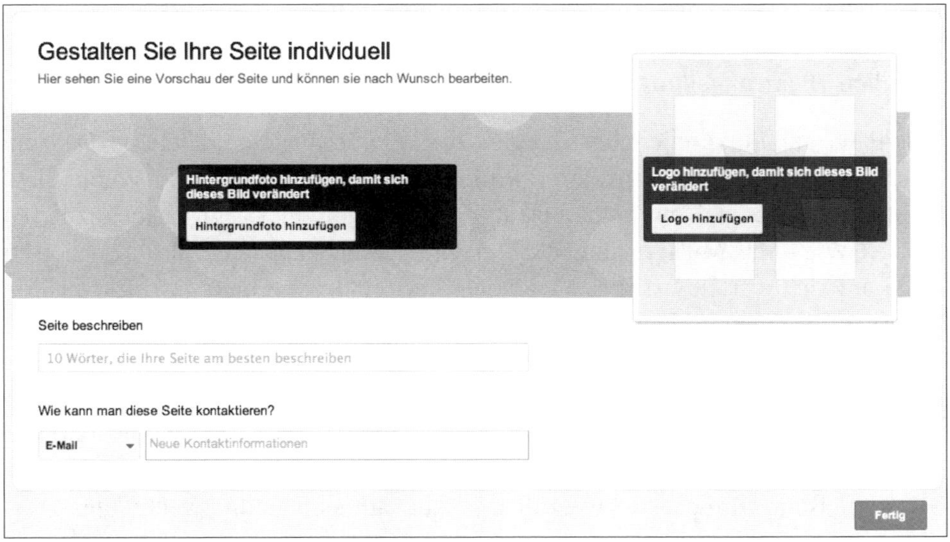

Abbildung 4.8 Ausfüllen des Profils

Tipp

Bei Ihrem Bildmaterial muss es sich um keine fotografischen Kunstwerke handeln: Ein Foto von einem besonders guten Resultat oder einen glücklichen Kunden (sofern dieser zugestimmt hat) macht Ihre Seite sympathisch und authentisch.

Eine Spezialität von Google+ sind HangOuts, kostenfreie Videokonferenzen mit bis zu zehn Teilnehmern. Bieten Sie doch einfach eine »Online-Sprechstunde« an, in der Sie Ihren Kunden helfen. Dies kann ein guter Einstieg in eine Kundenbeziehung sein. Auch Videos sind viel wert. Als Handwerker könnten Sie zum Beispiel kleine, ein bis zwei Minuten lange »Hilf Dir Selbst«-Videos mit einfachen Kniffen drehen. So etwas wird immer dankbar aufgenommen.

Um Ihr Netzwerk bei Google+ aufzubauen, laden Sie zunächst Ihre Bekannten und Kunden ein, Ihrer Unternehmensseite zu folgen. Oft sind gerade die guten persönlichen Bekannten eine geeignete Basis für einen erfolgreichen Auftritt. Auch sollten Sie Ihren Auftritt zum Beispiel über Ihre Website oder Ihren E-Mail-Footer promoten. Auf Google+ können auch Unternehmensseiten anderen Nutzern folgen, allerdings nur, wenn sie selbst von diesen eingekreist wurden. Nutzen Sie diese Möglichkeit und folgen Sie allen, die auch Ihrer Unternehmensseite folgen. Daraus können Sie Rückschlüsse darauf ziehen, was das Netzwerk Ihrer Unternehmensseite gerade denkt und womit es sich beschäftigt. So können Sie zu aktuellen Themen Stellung beziehen oder sie in Ihre Posts mit aufnehmen.

Besonders gut funktioniert bei Google+ das Mentioning: Identifizieren Sie zum Beispiel Meinungsführer aus Ihrer Region oder zu Ihrem Thema. Wenn diese irgendwo auf Google+ etwas Intelligentes oder Humorvolles gesagt haben, zitieren Sie sie (»Wie +Max Mustermann so schön sagt, hat der Neubau der Brücke schon zu lange auf sich warten lassen«). So binden Sie fremde Personen geschickt in Ihre Unterhaltungen ein. Gehen Sie dabei aber nicht zu plump vor. Vermehrt werde ich auf Google+ angeschrieben, dass meine PKV optimiert werden könne. Derartiges kommt nicht gut an. Wenn Sie es aber geschickt machen, werden Sie von neuen Personen eingekreist und erhalten dadurch die Möglichkeit, besser wahrgenommen zu werden. Wenn Sie gute, humorvolle, abwechslungsreiche und/oder intelligente Beiträge leisten, wird das Netzwerk dies dankbar aufnehmen und weiterteilen.

Gerade für lokal engagierte Unternehmer ist auch die örtlich begrenzte Suche von Interesse: Hier kommt oft *Google+ local* zum Einsatz. Empfehlungen sind für die Anzeige in den Suchergebnissen Gold wert. Lassen Sie sich dort von Kunden empfehlen, wenn Sie wissen, dass sie auch bei Google+ ein Profil besitzen. Empfehlungen gehen überproportional in die Suchergebnisse mit ein und das wirkt sich auch wieder auf die eigentliche Google-Suche aus, die von immerhin über 90 % aller Internetnutzer verwendet wird. Die Akquise von Empfehlungen ist nach dem Aufbau des Netzes das Wichtigste, um Ihre Unternehmensseite zu fördern und Ihre Sichtbarkeit bei Google+ zu erhöhen.

Auch bei Google+ funktioniert Cat Content gut. Mit solchem niedlichen Material können Sie für Aufmerksamkeit für Ihre Unternehmensseite sorgen. Bei Cat Content macht es jedoch immer die Mischung. Sie können solche Inhalte mit einstreuen, sollten sie aber nicht hauptsächlich verwenden. Sonst laufen Sie Gefahr, Ihren Auftritt an Ihrer Zielgruppe vorbei zu pflegen. Dann hilft Ihnen auch eine hohe Reichweite nur bedingt weiter.

Anders als bei Facebook oder LinkedIn können Sie bei Google+ keine Werbung platzieren. Allerdings werden die Unternehmensnachrichten in den Kreisen des Netzwerkes Ihres Unternehmensprofils auch ungefiltert angezeigt. Das bedeutet, dass keine künstliche Verknappung wie bei Facebooks Edgerank stattfindet und alle Ihre Follower Ihre Unternehmensnachricht auch in Ihrer Timeline sehen werden.

Hinweis

Eine von Ihnen erstellte Google+ Unternehmensseite kann – genau wie das persönliche Profil bei Google+ – auch direkt von Ihnen gelöscht werden.

4.5 LinkedIn

Wenn Sie im B2B-Bereich tätig sind, zum Beispiel als Unternehmensberater oder Freelancer, ist eine kostenfreie Unternehmenspräsenz bei LinkedIn sinnvoll. Hinsichtlich der Wirkung auf das Internet und Google liegt das LinkedIn-Profil irgendwo zwischen seinen Äquivalenten bei Facebook und Google+: LinkedIn ist nicht so verschlossen wie Facebook, hat aber nicht dieselbe Wirkung auf die Suchmaschine wie Google+. Gerade lokale Kampagnen lassen sich auf LinkedIn eher schlecht verwirklichen. Wenn Sie aber ein Fachexperte im professionellen Umfeld sind, kann Ihnen ein Unternehmensprofil auf LinkedIn durchaus helfen, besser gefunden zu werden. Der Zeitaufwand für das Einrichten eines LinkedIn-Unternehmensprofils ist höher als bei den beiden vorgestellten Alternativen. Im Gegensatz dazu geht die Pflege relativ schnell und Sie benötigen nicht so viel Zeit, um Aufmerksamkeit zu erlangen (und zu behalten) wie bei anderen sozialen Netzwerken.

Das LinkedIn-Unternehmensprofil bietet Ihnen die typischen Merkmale: Beschreibung, Kontaktinformationen und Profilbilder. Ein wesentlicher Unterschied zu den anderen Netzwerken ist, dass Sie eine eigene »Karte« (Reiter) einrichten können, auf der Sie Produkte beschreiben können. Dies können Produkte im eigentlichen Sinne sein, aber auch typische Leistungen, die Sie erbringen. Die Produkte können von anderen LinkedIn-Nutzern empfohlen werden. Solche Empfehlungen bringen eine hohe Reichweite und garantieren eine gute Position in den Suchergebnissen.

Hinweis

Bei LinkedIn benötigen Sie zum Aufbau eines Unternehmensprofils zunächst ein persönliches, kostenfreies Profil. Dieses muss bestimmte Mindestkriterien erfüllen, die in der folgenden Auflistung aufgeführt werden. Einen Premium-Account – wie ein kostenpflichtiges Profil genannt wird – benötigen Sie im Regelfall jedoch nicht, auch wenn LinkedIn von »Upgrade«- und »Zusatznutzen«-Hinweisen wimmelt. Lassen Sie sich davon nicht irritieren. Achten Sie jedoch darauf, dass Sie Ihr persönliches Profil pflegen und insbesondere Ihr Netzwerk aufbauen: Suchen Sie aktiv nach alten Kontakten, Mitarbeitern und Kunden und kontaktieren Sie diese.

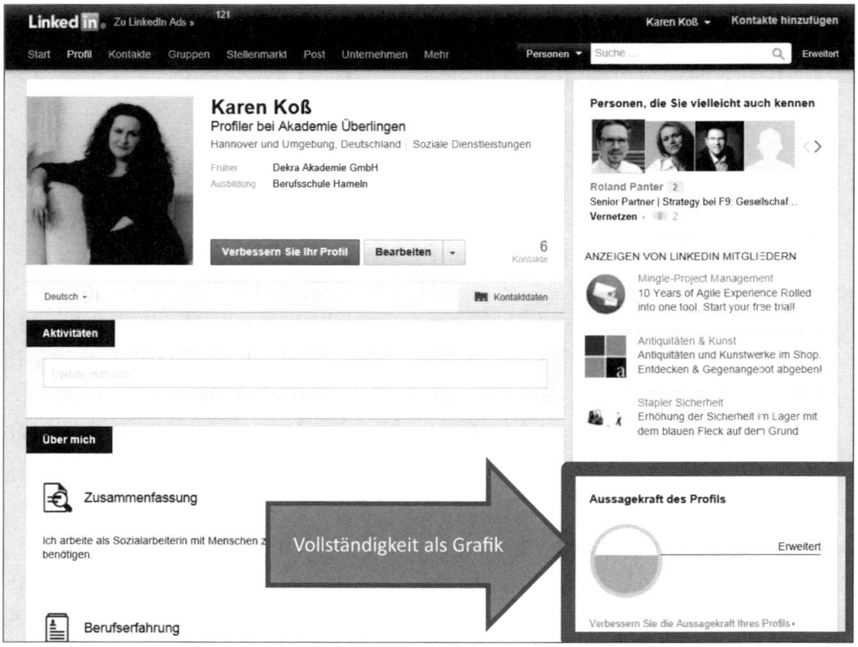

Abbildung 4.9 Wie vollständig Ihr Profil ist, zeigt Ihnen die Grafik unter »Profil ansehen«.

Bevor Sie Ihr Unternehmensprofil anlegen, sollten Sie die verschiedene Informationen und Materialien bereithalten, die in der Checkliste »Was benötige ich für einen Auftritt bei LinkedIn und was muss ich beachten?« am Ende dieses Kapitels aufgeführt werden.

Gerade bei LinkedIn sind Sie verstärkt auf Ihr Netzwerk angewiesen, um Ihr Unternehmensprofil interessant zu gestalten. Dabei steht auf dieser Plattform nicht so sehr die Anzahl der Follower, die sie mit dem Unternehmensprofil einsammeln, im Vordergrund. Das Wichtigste ist vielmehr, dass Sie sich empfehlen lassen. Empfehlungen sorgen auf zweierlei Weise für erhöhte Sichtbarkeit:

- **Direkt**: Wenn jemand Sie empfohlen hat, kann auch ein Dritter die Empfehlungen sehen. Diese Empfehlungen enthalten unter anderem den Kontaktgrad: Wenn ein direkter Kontakt dieses Dritten Sie empfohlen hat, kann er sich mit seinem Kontakt in Verbindung setzen.
- **Indirekt**: Die Empfehlungen und die Art der Empfehlung (von Kunden, von Kollegen, vom Arbeitgeber usw.) fließen in die Suchergebnisse mit ein. Wenn ein Nutzer nach einem Experten sucht, werden die Unternehmensprofile mit vielen Empfehlungen bevorzugt dargestellt.

Hinweis

Überlegen Sie, wie Sie in der Vergangenheit Aufträge generiert haben: In vielen Fällen werden Sie von ehemaligen Kunden erneut beauftragt oder Neukunden finden auf Empfehlung eines bestehenden Kunden zu Ihnen. Mit der Technik der Empfehlung professionalisieren Sie diesen Akquisepfad: Sie hoffen nicht mehr darauf, dass jemand Sie empfiehlt, sondern systematisieren dies über die Empfehlungen. Auch ist die Visualisierung des Empfehlenden sehr wertvoll. Gerade bei Fachspezialisten kennen sich die Auftraggeber und tauschen sich aus.

Zum Anlegen einer Unternehmensseite klicken Sie unter »Unternehmensseite« auf den Link »Ein Unternehmen hinzufügen«. Wie oben erwähnt, müssen Sie über eine Mail-Adresse auf einer eigenen Domain verfügen (zum Beispiel *Max.Mustermann@mein-unternehmen.de*). In diesem Fall müssen Sie das Unternehmensprofil mit der Adresse *www.mein-unternehmen.de* anlegen.

Tipp

Sie haben keine eigene Unternehmensseite im Internet und arbeiten mit GMX oder Yahoo-Mail? Dann nutzen Sie die Möglichkeiten der Freemailer, sich eine Adresse mit einer anderen Domain einrichten zu lassen. Wenn Sie beispielsweise GMX nutzen, können Sie dort »Fun-Adressen« anlegen. Die weniger bekannten Domains (Endungen der Mailadresse) werden von LinkedIn nicht geprüft und bieten so die Möglichkeit, auch ohne eigenen Internetauftritt eine Unternehmensseite anzulegen.

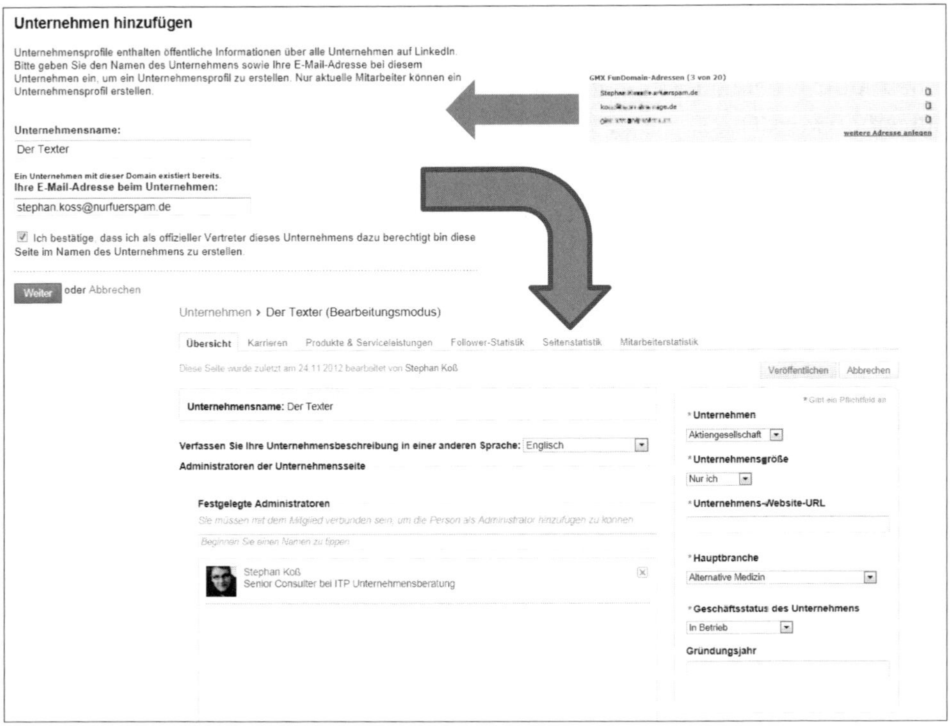

Abbildung 4.10 Mit einem eigenen Profil und einer E-Mail-Adresse, die keinem Freemail-Dienst zugeordnet werden kann, können Sie ein Unternehmensprofil bei LinkedIn anlegen.

Dann geht es an das Ausfüllen des Profils. Hier haben Sie die Möglichkeit, Angaben wie Standort oder Unternehmensbeschreibung hinzuzufügen. In die Beschreibung sollten Sie auch das Impressum aufnehmen. Achten Sie darauf, dass Sie den Hinweis auf das Impressum bereits im oberen Bereich anbringen, da LinkedIn oft nur eine Vorschau präsentiert. Zusätzlich müssen Sie einige Informationen über die Unternehmensgröße, die Rechtsform und noch einige weitere standardisierte Angaben über Ihre Unternehmung hinzufügen.

Für das Unternehmensprofil bei LinkedIn benötigen Sie verschiedene Grafiken. Die wichtigsten sind das Logo in zweifacher Ausführung, da dieses Ihr Unternehmen in den Suchergebnissen repräsentiert. Sie benötigen eine größere Version mit 100 x 60 Pixel und eine kleinere mit 50 x 50 Pixel für die Netzwerk-Updates. Eine ansprechende Titelgrafik sollte Ihren Auftritt abrunden.

Außerdem sollten Sie einen Unternehmensstandort angeben. Dieser hat jedoch nicht dieselbe Priorität wie bei Facebook und Google+. Zwar bietet auch LinkedIn eine Suchmöglichkeit nach dem Ort, aber im Gegensatz zu den beiden anderen Plattformen keine besonderen Funktionen hierzu.

Tipp

LinkedIn ermöglicht sogenannte »multilinguale«, also mehrsprachige Profile. Nutzen Sie dies, wenn Sie weitere Sprachen beherrschen, damit Ihr Unternehmensprofil besser gefunden wird. Eine weitere Sprache bietet den Vorteil, dass Sie mehr Stichwörter unterbringen können. Damit steigt die Wahrscheinlichkeit, dass aktiv suchende Nutzer Ihr Produkt oder Ihre Dienstleistung finden. Ein weiterer Grund, der jedoch weniger so offensichtlich ist, sind die LinkedIn-Suchmechanismen: Ihr Unternehmensprofil wird in der Suche besser positioniert, wenn Sie mehrere Sprachen anbieten. Nach dem Anlegen des Profils bietet LinkedIn die Möglichkeit, Ihr Unternehmensprofil über den Button »Bearbeiten« im Administrationsbereich in einer zweiten Sprache zu erstellen. Dabei wird kein zweites Unternehmensprofil erstellt, sondern ein Alternativtext, der einem Nutzer, der eine andere Sprache eingestellt hat, präsentiert wird.

4.5.1 Produkte anlegen

Sobald Sie Ihr Unternehmensprofil erstellt haben, sollten Sie mindestens ein Produkt anlegen. Wenn Sie als Produzent tatsächlich Waren vertreiben, wird Ihnen das selbstverständlich erscheinen. Aber auch als Dienstleister sollten Sie unbedingt ein Produkt anlegen: Dieses kann von Ihren Kunden empfohlen werden und sorgt damit für eine starke Verbreitung. Beschreiben Sie in diesem Produkt Ihre Haupttätigkeit. Sind Sie zum Beispiel Unternehmensberater, erstellen Sie ein Produkt für eine Fähigkeit, gern auf höherer Abstraktionsebene – als Unternehmensberater könnten Sie beispielsweise ein Produkt für Projektmanagement, Prozessdesign, Roll Out- oder Changemanagement anlegen. Sind Sie freiberuflicher Texter oder Grafik-Designer, legen Sie ein Produkt dafür an. Abbildung 4.11 zeigt, wie ein LinkedIn-Unternehmensprofil direkt nach dem Anlegen aussieht. Es enthält mehrere Karten (Reiter).

Sobald Sie ein Produkt oder gar mehrere Produkte angelegt haben, lassen Sie diese von Ihren Kunden empfehlen. Sprechen Sie gute Kunden direkt darauf an und weisen Sie in Ihrer Korrespondenz oder Ihren Geschäftsräumen darauf hin, dass Sie sich über eine Empfehlung freuen würden. Diese Empfehlungen sind bei einem LinkedIn-Unternehmensprofil Ihr wichtigstes Kapital. Weiterhin können Sie auf LinkedIn Mitteilungen veröffentlichen. Sie sollten diese Möglichkeit, über Neuigkeiten zu informieren, durchaus nutzen, allerdings in einem geringeren Umfang als bei Facebook oder Google+. Die Unternehmensnachrichten sorgen für Aufmerksamkeit und halten Sie bei alten Kunden im Gedächtnis. Sobald

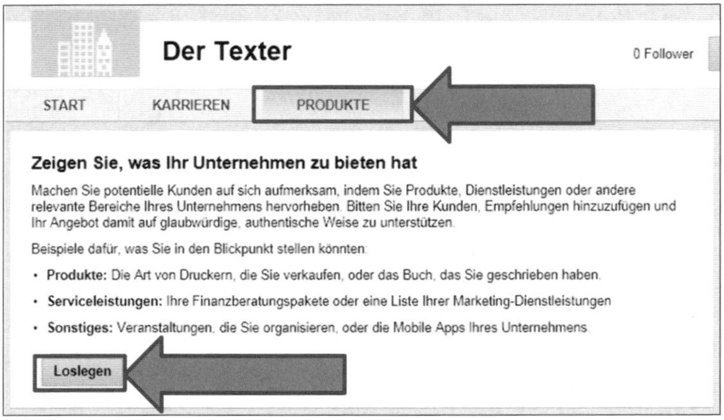

Abbildung 4.11 Anlegen eines Produktes

Geschäftspartner und/oder Kunden auf »Gefällt mir« klicken, verbreiten sie Ihren Unternehmensnamen.

Hinweis

Cat Content gibt es bei LinkedIn kaum. Die Inhalte sollten vorrangig Ihrer Zielgruppe und Ihrer Profession entsprechen. Posten oder teilen Sie deshalb Nachrichten oder Informationen zu Ihrer Kernkompetenz.

Um Ihr Unternehmensprofil zu fördern, können Sie kleine Anzeigen verwenden, sogenannte LinkedIn Ads. Ähnlich wie beim Facebook-Äquivalent ist eine sehr genaue Definition der Zielgruppe möglich. So können Sie zum Beispiel bestimmen, dass nur Einkäufer bei VW die Anzeige zu Gesicht bekommen. Eine solche Anzeige kostet ab 10 US-Dollar pro Tag. Die Anzeigen lassen sich jederzeit abbrechen, so dass Sie die Werbung auch mit einem geringeren Budget schalten können. LinkedIn Ads sind Sie eine weitere gute Möglichkeit, auf Ihr Unternehmensprofil hinzuweisen.

Bei LinkedIn erhalten Sie auch Statistiken: Wie viele neue Follower haben Sie erhalten, wann wurde Ihre Seite aufgerufen? Vor allem gibt es auch Statistiken mit demografischem Bezug. Damit können Sie kontrollieren, ob Sie Ihre Zielgruppe erreichen oder an ihr vorbei kommunizieren.

Hinweis

Ein von Ihnen erstelltes Unternehmensprofil kann von Ihnen selbst nicht gelöscht werden. Hierzu müssen Sie den Kundendienst von LinkedIn in Anspruch nehmen.

4.6 Checklisten

4.6.1 Was benötige ich für einen Auftritt bei Facebook?

- Einen Namen für die Fanseite
- Ein Profilfoto (160 x 160 Pixel)
- Eine Titelgrafik (851 x 315 Pixel)
- Ein Impressum
  - verlinkbar (beispielsweise aus der eigenen Website)
  - als Text (zum Hinterlegen, wenn Sie kein verlinkbares Impressum besitzen)
- Einen Grundstock von Personen, die Sie zu Beginn einladen können
  - enge Kunden
  - Familie
  - gute Geschäftspartner
  - regionaler Bezug
- Eine Strategie, was Sie mitteilen wollen
- Ein PayPal-Konto oder eine Kreditkarte, wenn Sie Werbung schalten oder Promoted Posts nutzen möchten

4.6.2 Was benötige ich für einen Auftritt bei Google+?

- Einen Namen für die Unternehmensseite
- Ein persönliches Google+-Profil
- Ein Logo (250 x 250 Pixel)
- Eine Grafik für den Kopfbereich (940 x 180 Pixel)
- Ein Impressum
  - verlinkbar (beispielsweise aus der eigenen Website)
  - als Text (zum Hinterlegen, wenn Sie kein verlinkbares Impressum besitzen)
- Einen Grundstock von Personen, die Sie um Empfehlungen bitten können
  - enge Kunden
  - gute Geschäftspartner
  - Kollegen, Mitarbeiter, Vorgesetzte
  - regionaler Bezug

- Eine Strategie, was Sie mitteilen wollen
- Eine Liste mit Nutzern, denen Sie folgen und/oder mit Mentioning einbinden können

4.6.3 Was benötige ich für einen Auftritt bei LinkedIn?

- Sie benötigen ein eigenes, persönliches LinkedIn-Profil auf Ihren Namen.
  - Dieses Profil muss mindestens 10 Kontakte haben, um als ein Unternehmensprofil angelegt werden zu können.
  - Das Profil muss zu mindestens 50 % vollständig sein. Den Vollständigkeitsgrad können Sie, wenn Sie Ihr Profil bearbeiten, am rechten Rand erkennen.
    - Um ein zu 100 % vollständiges Profil zu haben, benötigen Sie
      - Branche und Postleitzahl,
      - eine gegenwärtige Position einschließlich Beschreibung,
      - zwei weitere Positionen,
      - Ausbildung,
      - mindestens fünf Kenntnisse/Fähigkeiten,
      - Profilfoto,
      - mindestens 50 Kontakte,
      - eine Zusammenfassung.

      Um 50 % zu erreichen, müssen entsprechend mindestens vier Angaben hiervon ausgefüllt sein.

- Einen Unternehmensnamen
  - den juristischen Namen
  - oder – bei Freiberuflern und Selbstständigen – einen selbst erdachten, einprägsamen Profilnamen

- Verschiedene Grafiken
  - Logo (100 x 60 Pixel groß)
  - kleines Logo (50 x 50 Pixel groß)
  - Titelgrafik (646 x 220 Pixel groß)
  - je ein Bild für jedes Produkt, das Sie einrichten möchten (jeweils 100 x 80 Pixel groß)

- Ein Impressum
  - verlinkbar (zum Beispiel aus der eigenen Website)
  - als Text (zum Hinterlegen, wenn Sie kein Impressum zum Verlinken besitzen)
- Verlinkbare Internetseite
  - *MeinUnternehmen.de*
  - eine eigene Mailadresse auf dieser Domain
  - keine GMX-, Hotmail-, Yahoo-, Gmail- oder andere Freemailer-Anbieter-Adresse
  - Tipp: Wenn Sie keine solche Seite haben, können Sie auch andere Domains von Ihrem Freemail-Anbieter nutzen.
- Einen Grundstock aus Personen, die Sie um Empfehlungen bitten können
  - enge Kunden
  - gute Geschäftspartner
  - Kollegen, Mitarbeiter, Vorgesetzte
  - ehemalige Kollegen
- Eine Strategie, was Sie mitteilen wollen (Profession?)
- Eine Kreditkarte, wenn Sie Werbungen nutzen wollen

Kapitel 5
Kundenbindung

Inhalt

- Inhalte teilen
- Kunden pflegen
- Empfehlungen erhalten

Eine zentrale Aufgabe bei der Nutzung der sozialen Netzwerke ist die Bindung von Kontakten und damit Kunden.

5.1 Inhalte teilen – Kontakte intensivieren

Wie Sie alte Kontakte finden, haben Sie in Kapitel 3, »Social-Media-Basisstrategie«, bereits erfahren. Im folgenden Abschnitt geht es darum, wie Sie den Kontakt halten und intensivieren. Die Grundlage dafür ist das Teilen, also das Empfehlen und Weitergeben von Informationen. Es muss sich dabei nicht um selbst erstellte Artikel handeln; Sie können vielmehr auch nützliche Inhalte aus Ihrem Umfeld verbreiten.

Bekannt ist der Satz »Content is King« (»Der Inhalt ist König«): Die Nutzer in Ihrem Netzwerk werden es Ihnen danken, wenn sie nützliche Informationen erhalten und sie werden diese weiterteilen. Sie wiederum werden durch das Verbreiten von guten Inhalten in den sozialen Netzen wahrgenommen und erhalten Aufmerksamkeit. Setzen Sie sich in Ihrem Netzwerk in Szene, indem Sie durch gezieltes Teilen von Informationen eine bestimmte Assoziation mit Ihrer Person aufbauen. Das Ziel ist, »Ihre Marke« zu festigen und quasi eine eigene Zeitung zu publizieren.

Auf diese Weise können Sie sich unauffällig in ihrem Umfeld etablieren und werden auf Dauer wahrgenommen. Ihre Kontakte werden Sie mit Ihrer Expertise verbinden.

Warnung

Vorsicht beim »Social Shopping«, also dem direkten Vertrieb Ihrer Waren oder Dienstleistungen über soziale Netzwerke. Erfahrungsgemäß funktioniert dies vor allem mit Extraserien oder Rabatten. Allerdings ist gerade von hohen Rabatten dringend abzuraten: Es gibt die Geschichte von einem kleinen Bäcker aus Reading in England. Dieser bot seine Cupcakes bei Groupon, einer Plattform für Gutscheine und Nachlässe, an. Leider hatte er vergessen, ein Mengen-Limit anzugeben und so verbreitete sich die Nachricht über die sensationell günstigen Cupcakes wie ein Lauffeuer. Da er die Verträge erfüllen musste, die bis zu dem Zeitpunkt aufgelaufen waren, zu dem er die Nachfrage bemerkte, musste der Bäcker zusätzliches Personal einstellen. Für die Werbeaktion musste der Bäcker im Nachhinein 25.000 Pfund dazuschießen, was dem gesamten Jahresgewinn der Bäckerei entsprach. Wenn Sie also Ihre Dienstleistung oder Ihr Produkt direkt vertreiben wollen, lernen Sie im Vorfeld Ihr Netzwerk kennen und prägen Sie sich ein, wie es funktioniert.

Abbildung 5.1 Teilen von Nachrichten in beliebten Netzwerken

Es ist immer gut, wenn Sie professionelle Hilfe und damit Ihrem Netzwerk einen Mehrwert bieten. Das Beste, was Ihnen passieren kann: Andere Nutzer beginnen, Ihnen Fragen zu stellen. Dies ist nicht nur eine Chance, Ihr Fachwissen unter Beweis zu stellen; es verhilft Ihnen auch zu mehr Authentizität. Sie etablieren sich damit in Ihrem Umfeld verstärkt als Experte auf Ihrem Gebiet.

Das Teilen funktioniert in allen sozialen Netzwerken recht ähnlich. Sie geben den Link der Nachricht an, entscheiden (bei LinkedIn, Facebook und Google+), wer ihn sehen soll, und fügen danach optional eine eigene Mitteilung hinzu, um Ihr Netzwerk zur Interaktion einzuladen. Diese Möglichkeit, einen eigenen Text hinzuzufügen, sollten Sie stets nutzen, damit die geteilten Inhalte einen persönlichen Charakter erhalten. Die meisten Netzwerke bieten hierzu ein Freitextfeld.

Gut geeignet ist Ihre eigene Meinung, eine Zusammenfassung oder auch der Grund des Teilens: Wie finden Sie selbst den geteilten Link und warum teilen Sie ihn? Sie können auch kontroverse Thesen aufstellen.

Optimal ist es, wenn Ihr Netzwerk auf einen Blick erkennt, worum es sich bei dem empfohlenen Inhalt handelt und wer ihn lesen bzw. betrachten sollte: Die meisten Nutzer können nicht alle Nachrichten in ihrem Netzwerk vollständig lesen. Sie tun Ihren Kontakten also einen Gefallen, wenn diese auf den ersten Blick erkennen können, ob der Artikel für sie interessant ist oder nicht. Versuchen Sie, eine Diskussion zu einem Thema anzustoßen. Denken Sie jedoch daran: Es geht um Sie. In Ihrem eigenen Umfeld sollten Sie derjenige sein, der am meisten kommentiert.

Vorhin haben Sie gelesen, dass Sie sich Ihre Nachrichten als Ihre persönliche Zeitung vorstellen können. Eine Zeitung lebt nicht nur von den Inhalten, sondern auch vom Publikum. Schneiden Sie die Nachrichten auf Ihr Publikum zu und zeigen Sie, dass Sie es schätzen: Teilen Sie auch relevante Nachrichten Ihrer wichtigsten Kunden. Gratulieren Sie ihnen zu einem wichtigen Ereignis.

Dies ist der Hauptunterschied zur realen Welt: Sie können mit einem vergleichsweise geringen Aufwand mehr Personen in Ihrem Umfeld halten und den Kontakt intensivieren, ohne sie regelmäßig zum Essen einladen zu müssen. In dieser Hinsicht sind soziale Netzwerke eine sehr gute Möglichkeit, effektiv mit Ihrer Zeit umzugehen. Am Ende dieses Kapitels finden Sie eine Checkliste mit geeigneten Inhalten für verschiedene Fachgebiete.

Hinweis

Zeitplanung Während es in Kapitel 3 lediglich um den Aufbau Ihres Netzwerks ging, geht es beim Teilen und Austauschen darum, Ihr Netzwerk in Ihren Bann zu ziehen und es somit mittelfristig auszubauen. Hierzu benötigen Sie allerdings Zeit. Wenn Sie stundenlang unkontrolliert in verschiedenen Netzwerken abtauchen und alles Mögliche kommentieren, erzielen Sie einen verhältnismäßig geringen Mehrwert.

Einer der wichtigsten Faktoren ist Kontinuität. Überlegen Sie sich, wen Sie erreichen möchten, und konzentrieren Sie sich darauf. Es ist sinnvoll, regelmäßige Zyklen festzulegen, wann Sie sich mit den sozialen Netzwerken beschäftigen. Verbringen Sie nicht am Wochenende mehrere Stunden in den sozialen Netzwerken, sondern beschäftigen Sie sich lieber täglich ein paar Minuten mit dem Wichtigsten. Nutzen Sie unbedingt die Benachrichtigungsfunktionen: Wenn jemand etwas kommentiert, bekommen Sie das auch während Ihres Tagesgeschäfts mit.

»Social Share«-Buttons

Die meisten Anbieter von Nachrichten und auch Fachblogs bieten mittlerweile sogenannte »Social Share«-Buttons: Damit können Sie Artikel, Nachrichten oder auch einzelne Bilder »liken« und damit in Ihrem Netzwerk verbreiten. Diese Funktion, auch »Social Bookmarks« genannt, ist allgegenwärtig und meist bereits an Ihrem Button erkennbar:

Buttonbeschriftung/-symbol	Netzwerk
In	LinkedIn
g+	Google+
x	XING
F (oder der obligatorische Daumen nach oben)	Facebook
Pin oder P	Pinterest
Blauer Vogel	Twitter

Tabelle 5.1 Beschriftung der »Social Share«-Buttons

Manchmal handelt es sich bei den Buttons um Zwei-Klick-Lösungen, bei denen Sie die Buttons zuerst aktivieren müssen. Mehr darüber erfahren Sie in Kapitel 12, »Rechtliche Rahmenbedingungen«.

Abbildung 5.2 Social Bookmarks

Was sind eigentlich Hashtags?

Eine Besonderheit, die Ihnen im Zusammenhang mit den sozialen Netzwerken vielleicht schon aufgefallen ist, sind die Hashtags. Damit ist ein Wort mit einem vorangestellten Raute-Zeichen (#) gemeint. Die Hashtags wurden von Twitter eingeführt und werden mittlerweile in verschiedenen sozialen Netzwerken verwendet – Sie können zentrale Begriffe als Hashtag markieren (zum Beispiel: »Ein guter Artikel über #Handys«). Wenn jemand nun nach »#Handys« sucht, werden

Netzwerk	Hashtags
Google+	Ja
LinkedIn	Ja
Pinterest	Ja
Twitter	Unbedingt
So.Cl	Ja
Facebook	Ja, seit Sommer 2013
XING	Nein

Tabelle 5.2 Welche sozialen Netzwerke haben eine Empfehlungsfunktion?

alle Nachrichten und Informationen angezeigt, die ebenfalls dieses Hashtag verwenden. So wird Ihr Artikel leichter gefunden.

Oft werden englischsprachige Hashtags verwendet. Für den Mobilfunkmarkt eignet sich das Hashtag #mobile. Möchten Sie als regionaler Anbieter gefunden werden, sollten immer wieder mit einem Hashtag auf ihre Heimatstadt hinweisen, zum Beispiel »#Hameln«. Gern werden Hashtags auch für allgemeine Tipps, Anleitungen oder Unterstützungen verwendet.

Hinweis

Hashtags beinhalten kein Leerzeichen nach dem Lattenkreuz – setzen Sie dieses direkt vor den Begriff, über den Sie gefunden werden wollen.

5.1.1 Bilder und Videos

Je allgemeiner Ihre Kundschaft ist und je weniger Sie mit Fachartikeln punkten können, desto besser sind bildliche Inhalte geeignet.

Cat Content

»Cat Content«, also Fotos, die durch ihre Niedlichkeit wirken, kommen immer gut an – egal ob darauf Katzen, Hunde(welpen), Babys oder Kinder abgebildet sind. Sie erzielen damit auf jeden Fall Aufmerksamkeit.

Abbildung 5.3 Ich selbst muss leider auf Katzenfotos verzichten, da wir einen Hund haben.

Ob es wirklich sinnvoll ist, Cat Content zu teilen, hängt jedoch von Ihrer Zielgruppe ab. Ein Zahnarzt, Gastronomieunternehmer oder Handwerker kann durchaus Cat Content einsetzen. Dasselbe gilt für viele regionale Anbieter, die nicht ausschließlich über Fachinhalte arbeiten können. Allerdings sollten Sie dieses Mittel dezent und nicht durchgängig einsetzen, da Sie ansonsten möglicherweise nicht die gewünschte Zielgruppe anziehen.

Warnung

Stehen Ihnen keine eigenen Fotos zur Verfügung oder möchten Sie Ihre eigenen Bilder nicht veröffentlichen, finden Sie Cat Content auch über die Google- oder bing-Bildersuche. Einkreisen lässt sich die Suche über den Begriff »funny«. Achten Sie allerdings darauf, dass Sie nur Bilder verbreiten, bei denen das auch gestattet ist. Hier müssen Sie vorsichtiger sein als bei Artikeln, Nachrichten oder Blogbeiträgen, die Sie gefahrlos teilen können – Sie können die Social-Bookmark-Buttons als Einwilligung oder gar Aufforderung werten, die Inhalte zu verbreiten.

Eigene Fotos

Mit einer Kamera können Sie auch selbst Bilder erstellen. Ich selbst habe meine alte Affinität zu Lego-Bausteinen wiederentdeckt und illustriere meinen Blog mit Fotos von Lego-Männchen.

Abbildung 5.4 Fotos können Sie auch leicht selbst aufnehmen.

Es ist jedoch nicht unbedingt notwendig, selbst aufwändige Makrofotos aufzunehmen. Mit großer Wahrscheinlichkeit haben Sie ein Smartphone in der Tasche. Wenn sich Ihnen ein schöner Anblick bietet – ein Sonnenuntergang in ihrer Heimatstadt, eine schöne Szene im Straßencafé, im Zoo oder im Urlaub – nehmen Sie ein Foto auf. Außerdem bieten sich Materialien aus dem Betrieb an, vor allem bei Gastronomie- und lokal ansässigen Unternehmen. Hatten Sie ein Betriebsfest? Haben Sie eine Hochzeit besonders schön ausgerichtet? Es gibt viele Möglichkeiten, sich bildlich mitzuteilen.

Warnung

Denken Sie aber bitte daran: Sind auf Ihren Fotos Personen zu sehen, fragen Sie diese, ob Sie die Bilder veröffentlichen dürfen. Das gilt für Mitarbeiter und Kollegen genauso wie für Kunden: Jeder Mensch hat das Recht am eigenen Bild. Er darf selbst bestimmen, ob und in welchem Zusammenhang Bilder von ihm veröffentlicht werden. Weiterhin hat er das Recht, das Bild auch nachträglich wieder entfernen zu lassen.

Videos

Sehr sympathisch wirkt auch, dass manche Firmen am Montagmorgen einen guten Start in die Woche wünschen und dazu ein YouTube-Video mit einem Song posten, der gute Laune macht. Oder am Freitagnachmittag ein passendes Video, mit dem sie ein angenehmes Wochenende wünschen.

> **Warnung** ✕
>
> Sex sells? In den sozialen Netzwerken weniger! Die sonst gern genutzten Visualisierungen spartanisch bekleideter junger Damen oder Herren wirken in den sozialen Netzwerken eher nicht. Facebook selber zensiert automatisch, so dass eine sichtbare Brustwarze zu einer automatischen Löschung führen kann. Der Einsatz solcher Fotos ist deshalb in den sozialen Netzwerken kaum sinnvoll.

5.1.2 Viralität und Avis

Wenn Sie Nachrichten teilen oder zur Diskussion auffordern, wird diese Aktivität bei den teilnehmenden Kontakten in der Timeline sichtbar. So können Sie schnell Aufmerksamkeit erlangen, da andere Personen, mit denen Sie nicht direkt verbunden sind, die Diskussion oder die Information sehen und auch daran teilhaben können. Man spricht hier von viralen Effekten – Informationen verbreiten sich von einer Person zur nächsten.

Beim Avis lassen Sie sich hingegen von einem direkten Kontakt bekannt machen. Möchten Sie beispielsweise einen Einkäufer einer bestimmten Unternehmung kontaktieren, können Sie in den synchronen Netzwerken zuvor einen gemeinsamen Kontakt bitten, Sie vorzustellen. Die Chancen für eine Kontaktanbahnung stehen mit Hilfe des Avis einer vertrauenswürdigen Person wesentlich besser als beim kalten Kontakten.

Ob Avis oder Viralität für Ihre geschäftlichen Belange sinnvoller ist, hängt von Ihrer Zielgruppe ab. Wenn Sie eher die »breite Masse« erreichen möchten, beispielsweise als Zahnarzt, als Handelsgeschäftsinhaber, Handwerker oder Gastronom, ist die Nutzung viraler Effekte sinnvoller. Hier gilt es, Inhalte zu kreieren, die sich besser verteilen (und wenn es der beschriebene Cat Content ist). Arbeiten Sie eher im B2B-Bereich, zum Beispiel als Unternehmensberater, nützen Ihnen virale Inhalte weniger. Sie sollten eher auf Ihr Fachwissen setzen. In diesem Fall kann der Avis sehr sinnvoll sein, da es oftmals nicht um die massenweise Vermarktung, sondern um Einzelfälle geht.

5.1.3 Die Verteilung der Nachrichten analysieren

Soziale Netzwerke lassen sich nicht mit klassischen Marketing- und PR-Kampagnen vergleichen. Wenn Sie Ihr persönliches Netzwerk nutzen, um ausschließlich (schlimmstenfalls automatisierte) Werbebotschaften einzublenden, werden Sie kaum Nutzen daraus ziehen können. Schlimmer noch: Das Netzwerk wird Sie ausblenden und ignorieren. Daher sollten Sie sich auf Ihr Netzwerk einstellen.

Gerade zu Beginn können Sie eine erfolgreiche Strategie kopieren, statt viel Zeit in eigene Kreativität zu investieren. Analysieren Sie Ihr bereits vorhandenes Netzwerk; achten Sie darauf, was sich gut verteilt und was ignoriert wird. Prüfen Sie, wie sich die Nachrichten verteilen. Bei Twitter lässt sich dies direkt messen. Wenn nur ein oder zwei Personen Ihre Informationen teilen, sehen Sie das direkt. Wenn sich die Informationen allerdings viral verteilen, verlieren Sie möglicherweise schnell den Überblick. Bei Google+ leistet das Standard-Tool »Verteilung anzeigen« hier sehr gute Dienste. Es zeigt Ihnen, wer etwas weiterempfohlen hat. Gerade am Anfang sollten Sie etwas Zeit in die Analyse der Verbreitung Ihrer Nachrichten investieren.

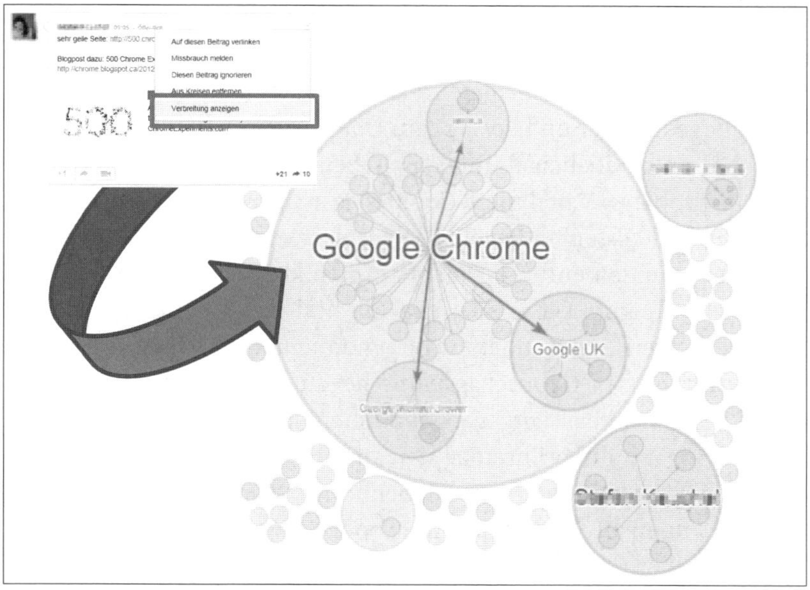

Abbildung 5.5 Google+: »Verteilung anzeigen«

Den höchsten Mehrwert hat dieses Werkzeug, wenn Sie damit auf Personen stoßen, die Sie regelmäßig weiterempfehlen, die Sie jedoch nicht direkt kennen. Bedanken Sie sich bei diesen Nutzern – damit knüpfen Sie möglicherweise neue

Kontakte. Diese sind viel wert, da sie in der realen Welt wahrscheinlich nicht zustande gekommen wären.

Achten Sie auch auf die Rahmenbedingungen: Gerade samstags verbreiten sich Nachrichten weniger gut. Ein guter Zeitpunkt für Fachartikel ist der Montagmorgen, jedoch nicht zu früh. Hier müssen Sie jedoch selbst etwas experimentieren und durch Beobachtung lernen.

5.2 Kundenpflege

In den sozialen Netzwerken können Sie verschiedene Anlässe nutzen, um den Kunden in den Mittelpunkt zu stellen: Gratulieren Sie ihm zum Erwerb Ihres Produktes oder bedanken Sie sich für die Inanspruchnahme der Dienstleistung. Sie können auch fragen, ob alles in Ordnung ist oder ob der Kunde irgendwelche Probleme hatte. All das dient Ihnen und Ihrem Auftritt: Sie werden besser wahrgenommen und dadurch auch von anderen (unbekannten) Nutzern der sozialen Netzwerke als guter Dienstleister (oder Produzent) identifiziert.

Intensivieren Sie Ihre Kundenkontakte und bauen Sie darauf viele kleine Beziehungen auf. Die sozialen Netzwerke bieten dazu ein effektives Werkzeug: Eine intensive Kundenpflege ist teuer und kostet Zeit. Über soziale Netzwerke lässt sich die Kundenpflege besser handhaben als mit klassischen Marketing-Tools und sie ist zudem billiger. Ein probates Mittel sind Geburtstagswünsche für gute Kunden. Diese sind aufwendig und kosten im Regelfall – beispielsweise als Postkarte – Geld, da Sie selbst bei guten Kunden entweder nicht anrufen können oder dürfen. Hier können soziale Netzwerke gute Dienste leisten. Ein höflicher Geburtstagswunsch in einem sozialen Netzwerk wird anders wahrgenommen. Tatsächlich ist gerade bei Jüngeren die Anzahl der Geburtstagswünsche auf der Facebook-Seite ein Statussymbol und wird dankbar entgegengenommen. Die wichtigsten sozialen Netzwerke erinnern sogar an den Ehrentag der Kunden, so dass Sie die Geburtstage nicht selbst verwalten müssen. Ganz nebenbei ist damit auch dem Datenschutz Genüge getan, da nicht Sie, sondern Facebook, Twitter oder LinkedIn den Geburtstag für Sie speichern.

5.3 Empfehlungen sind Ihr Geschäft von morgen

Jeder Vertriebler wird Ihnen bestätigen können: Die beste Werbung sind Empfehlungen von Kunden. Und deshalb sind auch heute die wichtigsten Vertriebsadressen die der langjährigen und treuen Kunden. Übertragen Sie dies auf Ihre Aktivität in den sozialen Netzwerken. Empfehlungen von zufriedenen Kunden überzeugen mögliche Neukunden eher als eigene Werbeaussagen. Bitten Sie Ihre Kunden höflich um Empfehlungen und Referenzen.

Warnung ×

Der Kunde darf keinen geldwerten Vorteil für das Erteilen einer Empfehlung oder Referenz erhalten. Hierzu zählen auch Gewinnspiele, die eine Empfehlung voraussetzen. Sonst drohen neben Verlust der Authentizität und des Images sogar Abmahnungen von Mitbewerbern oder Verbraucherzentralen.

Direkte Empfehlungen werden nur von LinkedIn und XING unterstützt. Bei anderen Netzwerken, zum Beispiel bei Facebook oder Google+, gibt es keine direkte Empfehlungsfunktion. Für Empfehlungen nutzen Sie hier Diskussionsbeiträge oder Unterdienste (wie zum Beispiel Google Locals). In diesen Netzwerken sollten Sie gute Kunden um eine Empfehlung bitten. In anderen Netzwerken muss eine Empfehlung als Beitrag verfasst werden, was vorrangig bei Facebook Sinn macht. Hier ist eine Empfehlung im Sinne des viralen Effektes zwar wunderbar, aber ein aktives Akquirieren ist nicht zu empfehlen: Der Effekt ist nur von kurzfristiger Dauer. Die Empfehlungen in den Business-Netzwerken XING und LinkedIn werden im Profil angezeigt und haben damit einen dauerhaften Charakter.

Soziales Netzwerk	Werden Empfehlungen unterstützt?
Google+	Nein. Eine Empfehlung müsste als Beitrag verfasst werden.
LinkedIn	Ja, sowohl persönliches Profil als auch Unternehmensprofil. Da die Empfehlungen in das Ranking eingehen, ist es sehr zu empfehlen, Empfehlungen zu akquirieren.
Pinterest	Nein
Twitter	Nein. Eine Empfehlung müsste als Beitrag verfasst werden.
So.Cl	Nein. Eine Empfehlung müsste als Beitrag verfasst werden.
Facebook	Nein. Eine Empfehlung auf der Pinnwand ist jedoch sinnvoll.
XING	Ja, aber nur im persönlichen Profil

Tabelle 5.3 Welche sozialen Netzwerke haben eine Empfehlungsfunktion?

5.4 Checkliste: Wo finde ich Inhalte zum Teilen?

Berufsgruppe	Was könnte man teilen?
Generell	Überlegen: Was werden Sie von Kunden immer wieder gefragt?
Handwerker	Artikel zu Ihrem Fachgebiet Praxisanleitungen; allgemein: Unterstützende Artikel zu der angebotenen Dienstleistung Regionales (damit Sie im Zusammenhang mit Ihrer Stadt/Region gefunden werden)
IT - Professional	Artikel zu Ihrem Bereich Fachartikelsammlung zur Kernkompetenz
Arzt	Aufklärende Artikel (Impfungen) Tipps (wie schütze ich mich vor ...) Fotos von Ihrer Praxis und Ihren Mitarbeitern Regionales (damit Sie im Zusammenhang Ihrer Stadt/Region gefunden werden)
Kleiner Produzent	Artikel zu Ihrem Bereich Fotos der Unternehmung Aufklärungsarbeit zu den Produkten (beispielsweise: Woher kommen die Rohstoffe; wie wird produziert; was wird verarbeitet?)
Gastronomie	Artikel zu Themen (Steaks oder angebotenen kulinarischen Besonderheiten) Artikel zu Lieferanten Fotos von der Belegschaft, den Räumlichkeiten Regionales (damit Sie im Zusammenhang mit Ihrer Stadt/Region gefunden werden)
Steuerberater	Erinnerungen (»Termin für Lohnsteuerjahresausgleich 2012 endet am ...«) Kleine Unterstützungen Tipps zur Steuerklärung, aber auch zu »Mitbewerbern« wie beliebter Steuer-Software Regionales (damit Sie im Zusammenhang mit Ihrer Stadt/Region gefunden werden)
Apotheker	Aktuelle Tipps (Grippe, Erkältung, Lactose-Intoleranz) Bericht über Ihre Apotheke, Fotos Regionales (damit Sie im Zusammenhang mit Ihrer Stadt/Region gefunden werden), Zusammenhang zum Standort (Stadtmitte, Straße usw.)
Geschäft/Einzelhandel	Tipps zu Ihrem Angebot Unabhängige Entscheidungshilfen für Ihre Produktpalette Regionales (damit Sie im Zusammenhang mit Ihrer Stadt/Region gefunden werden), Zusammenhang zum Standort (Stadtmitte, Straße usw.)

Kapitel 6
Kundenakquise

Inhalt

- Werbeanzeigen, Testimonials und Profilbesucher
- Direktansprache
- Gruppen

Sicherlich beschäftigt Sie die zentrale Frage: Kann ich über die sozialen Netzwerke auch neue Kunden gewinnen? Die Antwort lautet: Ja, es geht. Sie können über die sozialen Netzwerke Neukunden finden und akquirieren; dies ist aber mit Aufwand verbunden.

Genau wie im realen Leben ist die Neukundengewinnung schwieriger als die Pflege Ihres bestehenden Kundennetzwerks. Der Einsatz von Profilen in den verschiedenen sozialen Netzwerken ist ein geeignetes Werkzeug – nicht mehr und nicht weniger.

Oft liest man Werbeversprechungen, die Facebook oder auch andere Netzwerke als Mega-, Giga- oder Top-Verkaufsmaschinen deklarieren (»Knacken Sie den Marketing-Code!«). In Wirklichkeit können weder Facebook noch XING, LinkedIn oder Google+ Wunder wirken. Die Akquise von Neukunden ist anstrengend, aber kein Hexenwerk. Für Freiberufler, kleine Unternehmer und Selbstständige bieten die sozialen Netzwerke aber gute Chancen und Möglichkeiten, Gesprächsanlässe zu suchen, mit Neukunden in Kontakt zu kommen und Ihr Produkt oder ihre Dienstleistung anzubieten. Eine wichtige Hilfe ist dabei Ihr bestehendes, reales Netzwerk aus Kunden, Kollegen und Mitarbeitern aus der Gegenwart und Vergangenheit.

Zur Kundenakquise bieten die sozialen Netzwerke jedoch noch mehr Möglichkeiten. Durch die geringen Einstandskosten stehen sie jedermann zur Verfügung, unabhängig vom vorhandenen Budget. Außerdem können Sie mit vergleichsweise geringen Streuverlusten arbeiten. Zwar könnten Sie mit einer ganzseitigen Anzeige im Spiegel oder der ADAC Motorwelt auf einmal mehrere hunderttausend Menschen erreichen, eine solche Reichweite können Sie als Freiberufler, Selbstständiger oder kleiner Unternehmer jedoch weder gebrauchen noch verarbeiten. Die sozialen Netzwerke bieten hingegen Werkzeuge, um gezielt mit gerade den Menschen ins Gespräch zu kommen, die Sie tatsächlich suchen.

Warnung ×

Meiden Sie die direkte, kalte Ansprache von möglichen Kunden. Viele soziale Netzwerke bieten in Form von »Nachrichten« oder »persönlichen Nachrichten« die Möglichkeit zur direkten Kontaktaufnahme mit Ihrer Zielgruppe. Gerade im Versicherungsbereich wird dies häufig zur kalten Kontaktanbahnung genutzt. So wurde mir schon mehrfach in Aussicht gestellt, bei meiner privaten Krankenversicherung mehrere hundert Euro im Jahr zu sparen. Mögen Sie solche Nachrichten? Sie sind im besten Fall lästig, im schlimmsten Fall sogar abmahnfähig, da kalte Kontaktanbahnungen genauso gewertet werden wie unerlaubte Telefonwerbung. Außerdem müssten Sie mehrere hundert Nachrichten absetzen, um einen echten Kontakt anzubahnen, und Sie riskieren Ihre Reputation, wenn sich »Nichtkunden« öffentlich über die Nachrichten beschweren. Letzteres kann in den sozialen Netzwerken schnell passieren. In diesem Fall führt eine Suche nach Ihrem Namen schnell zu negativ assoziierten Posts, so dass Ihr Name in Misskredit gebracht wird.

6.1 Werbeanzeigen

Die einfachste Form der Neukundengewinnung in den sozialen Netzwerken sind schlicht und einfach Werbeanzeigen. Neben der klassischen Banner-Werbung bieten verschiedene soziale Netzwerke auch Lösungen, die für ein kleines Budget erschwinglich sind. Bei Facebook und LinkedIn können Sie kleine Werbeanzeigen schalten. Diese Lösungen sind sehr einfach zu administrieren, Sie benötigen nur ein kleines Logo, ein wenig Zeit und eine Kreditkarte (LinkedIn und Facebook) bzw. ein PayPal-Konto (Facebook).

Ob solche kleinen Werbelösungen für Sie in Frage kommen, ist von mehreren Faktoren abhängig. Sinnvoll sind sie zum Beispiel, wenn Sie

- viele kleine Aufträge oder Produkte absetzen wollen,
- Ihre Zielgruppe exakt bestimmen können,

- über kein ausreichendes eigenes Netzwerk verfügen,
- einen bestimmten Personenkreis gezielt ansprechen oder Ihren Kundenstamm gezielt erweitern wollen.

Sowohl Facebook als auch LinkedIn bieten Werkzeuge, mit denen Sie die Zielgruppe genau definieren und Ihre Anzeigen ohne große Streuverluste platzieren können. Facebook hat dabei die besseren Möglichkeiten, um im B2C-Bereich Werbung zu schalten. So können Sie Interessen wie Wein, Tiere, Katzen, Tanzen auswählen oder festlegen, ob die Zielgruppe in einer Beziehung lebt. LinkedIn ist im B2B-Bereich stärker: Sie können beispielsweise bestimmen, dass die Anzeige ausschließlich Einkäufer bei BMW und Daimler oder Projektmanager in Banken mit mehr als 500 Mitarbeitern erreicht. Eine Auswahl nach Region oder Land und nach Alter sowie Geschlecht ist auf beiden Plattformen möglich. In vielen Fällen wird Ihre Anzeige sogar billiger, wenn Sie Ihre Zielgruppe genauer eingrenzen können.

Eine Grundvoraussetzung gibt es jedoch: Sie benötigen eine Zieladresse (eine sogenannte »Landing Page«), zu der der Klick auf die Anzeige führt. Dies kann Ihre Fanpage bei Facebook oder Ihr Unternehmensprofil bei LinkedIn sein. Ohne eine solche Zieladresse ist die Schaltung der kleinen Werbeanzeigen nicht möglich – und sie würden auch keinen Sinn ergeben.

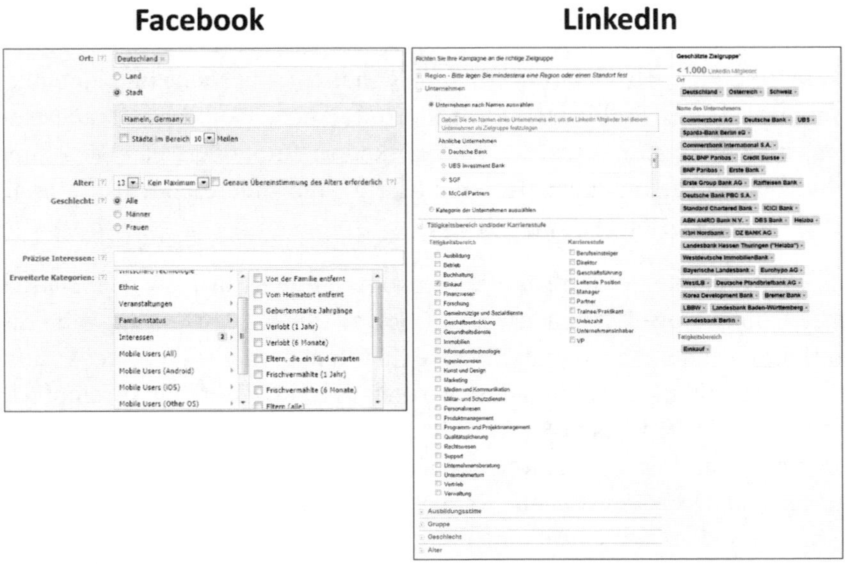

Abbildung 6.1 Beispiele für die Zielgruppenbestimmung bei Werbeschaltungen

6.2 Testimonials

Für die Schaltung von Anzeigen benötigen Sie zwar relativ wenig Zeit, aber sie kosten Geld. Die sozialen Netzwerke bieten jedoch noch weitere, kostenlose Möglichkeiten, um neue Kunden zu finden.

Auch über bestehende Kunden können Sie Neukunden akquirieren. Auf Neudeutsch spricht man in diesem Zusammenhang gerne von »Testimonial«: Ihre Kunden schreiben Erfahrungsberichte über Ihr Produkt oder Ihre Dienstleistung. Diese müssen nicht immer unbedingt hundertprozentig positiv ausfallen – ganz im Gegenteil: Wenn ausschließlich positives Kunden-Feedback angezeigt wird, gehen viele Kunden davon aus, dass es entweder gefiltert oder sogar selbst geschrieben ist. Etwas Kritik darf im Sinne der Authentizität durchaus dabei sein. Die Testimonials sind für Neukunden ein guter Ausgangspunkt, um sich über Sie und Ihr Produkt/Ihre Dienstleistung zu informieren. Da die wenigsten Kunden wissen, wie man ein Testimonial schreibt, sollten Sie sich Fragen zu Ihrem Produkt bzw. Ihrer Dienstleistung ausdenken, zum Beispiel:

- Was gefällt Ihnen besonders gut am Produkt/der Dienstleistung XYZ?
- Würden Sie es wieder kaufen?
- Was gefällt Ihnen weniger?
- Nennen Sie die beiden wichtigsten Gründe, warum Sie das Produkt/die Dienstleistung weiterempfehlen würden.

Fragen Sie Ihre Kunden, ob Sie ihre Testimonials anonym, mit Name und Foto oder mit Verlinkung auf das Profil des Kunden veröffentlichen dürfen. Gerade eine Verlinkung ist beim Einsatz in sozialen Netzwerken zu empfehlen, da eine schnell nachprüfbare, echte Person einem Testimonial ein ganz anderes Gewicht gibt als die pauschale Angabe »Stephan K. aus H.«.

In Abschnitt 4.3, »Empfehlungen sind Ihr Geschäft von morgen«, konnten Sie sich bereits über Empfehlungen informieren. In Google+ (für lokale Geschäft wie etwa Handwerksbetriebe oder Steuerberater), LinkedIn (für alle Mitglieder in der kostenfreien Version enthalten) sowie im deutschen Netzwerk XING (in der kostenpflichtigen Premium-Variante) können Sie sich direkt empfehlen lassen. Diese Empfehlungen erscheinen direkt auf dem Profil und sind daher einfacher zu handhaben, als Empfehlungen auf Diskussionsseiten. Denken Sie aber bitte daran, dass es eher unüblich ist, per E-Mail um eine Empfehlung auf XING oder LinkedIn zu bitten. Vergewissern Sie sich vielmehr, ob der Kunde in dem gewünschten sozialen Netzwerk überhaupt ein Profil besitzt. Anschließend sprechen Sie ihn nicht per E-Mail, sondern direkt über dieses Netzwerk an.

6.3 Besucher Ihres Profils

In vielen sozialen Netzwerken können Sie sich anzeigen lassen, wer Ihr Profil besucht hat. Oft wird empfohlen, sich bei den Besuchern für den Profilbesuch zu bedanken und diesen als Anlass zur Kontaktanbahnung zu verstehen. Vor allem im B2C-Bereich stellt ein Profilbesuch jedoch noch kein Einverständnis zur Kontaktaufnahme dar – es wird sicherlich einen Grund haben, wenn der Besucher sich noch nicht von selbst gemeldet hat. Daher: Wenn jemand Sie auf Ihrem Profil besucht hat, ist das kein Gesprächsanlass!

Tipp

Wenn Sie männlich und jenseits der 40 sind, bestehen gute Chancen, auf XING und LinkedIn Besuch von attraktiven jungen Damen zu bekommen, deren »Unternehmenstitel« meist recht eindeutig ist. Von diesen Damen können Sie etwas lernen: Sie schaffen es nämlich, Aufmerksamkeit zu erhalten – und das völlig legal bei Unbekannten. Der Weg ist durchaus interessant und auch Sie können ihn nutzen: Wenn Sie interessante Profile von möglichen Kunden auf XING oder LinkedIn sehen, besuchen Sie diese Profile und schauen Sie sich diese an. Auf diese Weise erlangen Sie selbst Aufmerksamkeit und werden gesehen. Allerdings sollten Sie es nicht übertreiben: Wenn Sie ein und dasselbe Profil immer und immer wieder besuchen, könnte dies als Stalking interpretiert werden, was Sie auf jeden Fall vermeiden sollten.

Im Abschnitt »Transparenz« in Kapitel 3 haben wir uns bereits mit synchronen und asynchronen Netzwerken beschäftigt. In synchronen Netzwerken ist die Kontaktanbahnung beiderseitig und muss vom Gegenüber bestätigt werden. Eine Kontaktanbahnung in einem synchronen Netzwerk ohne konkreten Anlass kann als Werbeansprache missverstanden werden. In asynchronen Netzwerken hingegen spricht nichts dagegen, jedem Nutzer zu folgen, der zu Ihrer Zielgruppe gehört.

Durch die Folgefunktion in den asynchronen Netzwerken können Sie passende Gesprächsanlässe erkennen, sobald ein guter Ansatz entsteht. Sie behalten den Überblick, worüber sich Ihre Zielgruppe unterhält. In Google+ und Twitter können Sie diese Nutzer auch kategorisieren. Bei Google+ spricht man in diesem Zusammenhang von »Kreisen« (Sie fügen jemanden Ihren Kreisen hinzu). Einen solchen Kreis können Sie auch ganz konkret benennen, zum Beispiel »Akquise«, da der Kreisname nur für Sie selbst sichtbar ist. Bei Twitter können Sie eine Liste anlegen. Sie können zwischen einer öffentlichen oder einer privaten, nur für Sie einsehbaren Liste wählen. Öffentliche Listen sind für jeden einsehbar, weshalb der Listenname etwas dezenter ausfallen sollte, zum Beispiel: »Interessant«.

Wo	Wie	Art	Bemerkung
Facebook	Als Freund hinzufügen	Synchron	Kontaktanfrage nur mit Anlass. Nur bei persönlichen Seiten, nicht bei Fanseiten möglich.
Google+	Einkreisen	Asynchron	Sie sollten jeden, der in Ihre Zielgruppe passt, einkreisen. Nur bei persönlichen Profilen möglich. Bei Unternehmensseiten können (und sollten) Sie nur dann einkreisen, wenn Sie jemand eingekreist hat.
LinkedIn	Vernetzen/ folgen	Synchron (vorrangig)/ Asynchron	Kontaktanfrage nur mit Anlass. Nur bei persönlichen Seiten, nicht bei Unternehmensprofilen möglich. Zusätzlich ist aber asynchrones Folgen möglich.
XING	Kontakt hinzufügen	Synchron	Kontaktanfrage nur mit Anlass. Nur bei persönlichen Seiten, nicht bei Unternehmensprofilen möglich.
BranchOut	Connect/ Follow	Asynchron/ Synchron	Sie sollten jedem, der in Ihre Zielgruppe passt, folgen.
Twitter	Folgen	Asynchron	Sie sollten jedem, der in Ihre Zielgruppe passt, folgen.
So.Cl	Follow	Asynchron	Sie sollten jedem, der in Ihre Zielgruppe passt, folgen.

Tabelle 6.1 Kontaktanfrage in synchronen und asynchronen Netzwerken

6.4 Die Direktansprache potenzieller Kunden

Sie haben bereits gelesen, dass es meistens eher kontraproduktiv ist, sich einfach direkt an einen unbekannten Nutzer zu wenden. Zum faden Beigeschmack plumper Eigenwerbung kommt hinzu, dass diese Vorgehensweise auch rechtlich bedenklich ist.

6.4.1 Diskussionen

Sie haben verschiedene andere Möglichkeiten, mit potenziellen Kunden ins Gespräch zu kommen: Mit Diskussionen können Sie sich selbst bekannt machen. Entweder Sie suchen nach interessanten Diskussionen oder Beiträgen und bringen sich ein oder Sie liefern einfach selbst Gesprächsanlässe. Hierbei müssen Sie nicht immer selbst anwesend sein. Wenn Sie keine Zeit und Muße haben, sich nahezu täglich in den sozialen Netzwerken aufzuhalten, so nutzen Sie die Suchfunktionen geschickt, um sich einzubringen.

> **Warnung** ×
>
> Bewerben Sie dabei nicht zu jedem Anlass Ihr Produkt oder Ihre Dienstleistung, sondern nur, wenn es in den Kontext passt.

Diskussionen zu Ihrem Thema finden Sie am einfachsten über die Gruppen. Hier können Sie sich effektiv einbringen, da Sie die Zielgruppe von vornherein gut einschätzen können. Ab Abschnitt 6.5.4, »Nutzen Sie Gruppen«, erfahren Sie mehr über die zahlreichen Möglichkeiten – von der Vorstellung bis hin zur Gründung einer eigenen Gruppe.

Passende Diskussionen suchen

Die verschiedenen Netzwerke bieten mehr oder weniger gute Suchmöglichkeiten. Die Facebook-Suchfunktion ist eher schlecht. Dies wird noch dadurch verschärft, dass Facebook durch Google nicht indexiert wird. Facebook-Diskussionen werden deshalb nicht von Google gefunden. Wenn Sie vorrangig Facebook nutzen, müssen Sie auf die manuelle Suche (also das Surfen auf der Facebook-Seite) und die Gruppen zurückgreifen.

Wenn man den Sonderfall Facebook einmal ausklammert, ist die Google-Suchmaschine (nicht zu verwechseln mit Google+) eine erstklassige Unterstützung, um auf aktuelle Diskussionen aufmerksam zu werden. Probieren Sie verschiedene Suchabfragen aus, um zu prüfen, wo gerade etwas geschieht.

Von den verschiedenen sozialen Netzwerken eignet sich Google+ sowohl für lokale Anbieter wie Geschäftsinhaber, Steuerberater oder Ärzte als auch für Fachspezialisten am besten, um Diskussionen zu identifizieren und an ihnen teilzunehmen. Sie können spezielle Suchabfragen auch speichern. Dies ist vorteilhaft, wenn Sie dort nur ab und zu vorbeischauen.

Wer	Suche
Zahnarzt	Suche nach Ort und Stichwörtern wie »Zahnarzt«, »Zahnschmerzen«, »Backenzahn«, »Zahn«, »Kiefer«
Handwerker	Suche nach Ort und Stichwörtern, die zum Gewerk passen (»Parkett«, »Fenster«, »Fliesen«, »Baumarkt«)
Steuerberater	Suche nach Ort und Stichwörtern wie »Steuererklärung«, »Finanzamt«, »Umsatzsteuer«, »Lohnsteuerjahresausgleich«
Unternehmensberater	Suche nach den relevanten Stichwörtern des Bereichs, in dem Sie arbeiten, zum Beispiel »Projektmanagement«, »Change«, »Management«, »Microsoft«, »Sharepoint«, »ABAP«, »Security«, »Firewall«

Tabelle 6.2 Mit aussagekräftigen Suchbegriffen aktuelle Diskussionen finden

Bei allgemeineren Themen ist es auch gut zu wissen, dass die Google-Suche nicht nur mit Stichwörtern funktioniert. Es gibt etliche Möglichkeiten, Ihre Suche bei Google genauer zu gestalten:

Was	Wie	Beschreibung
Synonyme	*~Wort*	Sucht nicht nur nach einem Begriff, sondern auch nach den passenden Synonymen
Genauer Ausdruck	*»Wort1 Wort2«*	Sucht nicht nach den einzelnen Wörtern; die Wörter müssen vielmehr so verwendet sein, wie sie in den Anführungszeichen notiert sind.
Wort ausschließen	*Wort1 -Wort2*	Durch das Minuszeichen wird ein Wort ausgeschlossen; in dem Beispiel wird nach »Wort1«, aber ohne den Begriff »Wort2« gesucht
Seite	*Wort Site: www.google.de*	Sucht nach dem Wort »Wort«, und zwar ausschließlich auf der Seite von *google.de*
ODER	*Wort1 ODER Wort2*	Sucht nach Ergebnissen, in denen eines der Wörter »Test« oder »Wort« enthalten ist.
Platzhalter	*»Wer den * nicht ehrt«*	Sucht alle Ergebnisse, die »wer den * nicht ehrt« enthalten, wobei das Sternchen für ein beliebiges Wort steht.

Tabelle 6.3 Präzisieren Sie Ihre Google-Suche.

Mit diesen Operanden können Sie wesentlich bessere Suchabfragen definieren. Das ist vor allem dann praktisch, wenn Sie nicht mit exakten Phrasen arbeiten können.

Allerdings werden Sie selten Diskussionen finden, in denen Sie Ihr Produkt oder Ihre Dienstleistung platzieren können. In den sozialen Netzwerken funktioniert Ihre Sichtbarkeit über die generelle Teilnahme am Gesamtgeschehen.

Tipp

Jede Kommunikation oder Diskussion erhöht Ihre Sichtbarkeit.

Achten Sie aber auf Ihre Zielgruppe. Zwar macht es durchaus Spaß, mit jedem und allen zu diskutieren, aber Spaß alleine erhöht Ihre Sichtbarkeit nicht dort, wo Sie sie benötigen. Wenn Sie ein Experte sind, suchen Sie nach den Nutzern, die Experten wie Sie benötigen oder rekrutieren. Wenn Sie lokal tätig sind, suchen Sie lokale Kontakte.

Mentioning

Eine besondere Technik nennt sich »Mentioning«: Sie können auch Dritte in eine Diskussion mit einbinden. Finden Sie interessante Diskussionsbeiträge von Nutzern, die Reichweite haben und/oder zu Ihrer Zielgruppe gehören, können Sie diese in Ihre Posts mit einbeziehen. Dabei hat sich das »@«Zeichen bzw. (bei Google+) das »+«Zeichen eingebürgert:

Wo	Wie	Bemerkung
Facebook	@Name	Funktioniert nur mit Personen, mit denen man schon Kontakt hatte
Google+	+Name	Funktioniert immer
Twitter	@Name	Funktioniert immer, Twitter-Name verwenden
So.Cl	@Name	Funktioniert immer
BranchOut	@Name	Funktioniert nur mit Kontakten
Pinterest	@Name	Funktioniert immer
XING	-	Wird nicht unterstützt
LinkedIn	Name	Funktioniert nur mit Personen, mit denen man schon Kontakt hatte

Tabelle 6.4 Wie funktioniert Mentioning auf den verschiedenen Plattformen?

Sie sehen, dass jemand einen guten Beitrag schreibt. Erwähnen Sie ihn mit einem eigenen Diskussionsbeitrag und schreiben Sie auf Google+ »Wie +Max Mustermann treffend formuliert hat ...« bzw. in anderen Netzwerken »Wie @Max Mustermann treffend formuliert hat ...«. Dann erhält der genannte Nutzer eine

Nachricht, dass er in einem Diskussionsbeitrag erwähnt wurde. So erlangen Sie die Aufmerksamkeit dieses Nutzers, da Sie in der Benachrichtigung namentlich und mit einem Link auf Ihr Profil genannt werden.

Diskussionsanlässe schaffen

Falls Sie keine passende Diskussion finden, können Sie auch selbst Diskussionsanlässe schaffen. Hierbei haben Sie die Wahl: Emotionale Themen erzielen eher Aufmerksamkeit, bergen aber auch die Gefahr, dass Sie unangenehme oder polarisierende Kommentare erhalten. Was immer gut funktioniert, sind Themen mit einem gemeinsamen Fokus (Steuern, Regierung, Finanzamt). Aber achten Sie auch hier auf die Zielgruppe. Haben Sie ein lokales Geschäft, eine (lokal agierende) Kanzlei oder Praxis, können Sie lokale Themen gut verwenden. Eine Diskussion über die neue Umgehungsstraße, den örtlichen Weihnachtsmarkt oder andere städtische Anekdoten können Ihnen helfen, Ihre lokale Sichtbarkeit zu erhöhen. Versuchen Sie auch stets, Ihr Publikum mit einzubinden, indem Sie es zum Kommentieren einladen:

- Was denkt ihr?
- Habt ihr bessere Ideen?
- Ist euch das auch schon einmal passiert?
- Was würdet ihr tun?

Tipp

Praktisch sind auch die Umfragefunktionen (Polls) einiger Netzwerke, zum Beispiel von LinkedIn. Auch damit können Sie gute Diskussionen erzielen. Starten Sie eine Umfrage zu Ihrem Fachgebiet und geben Sie ein paar Antwortmöglichkeiten vor. Die Ergebnisse werden für Sie sicherlich weniger von Interesse sein (wobei es gewiss auch interessante Anwendungsmöglichkeiten mit praktischem Nutzwert gibt). Wichtig ist vor allem, dass solche Umfragen immer neue Gesprächsanlässe bieten.

6.4.2 Die Vorstellung bei potenziellen Kunden

Die bereits erläuterte Vorstellung als Alternative zur kalten Direktansprache ist auch bei der Kundenakquise eine gute Option. Wenn Sie einen potenziellen Kunden sehen, achten Sie auf den Kontaktpfad. Dieser zeigt Ihnen, über welchen Ihrer direkten Kontakte Sie mit dem potenziellen Kunden verbunden sind.

Bitten Sie Ihren direkten Kontakt dann gezielt um ein Avis. Wenn es sich um einen ernst zu nehmenden Kontakt handelt und Sie Ihren Wunsch konkret und nicht zu stark vertrieblich formulieren, wird dieser nur selten ausgeschlagen. Stellen Sie sich als Problemlöser für die entsprechende Zielperson dar:

Richtig	Falsch
Hallo [Kontakt], ich habe gesehen, dass Sie [Zielperson] kennen. Schon mehrfach habe ich gesehen, dass [Zielperson] auf der Suche nach Unterstützung im Bereich [Profession] ist. Wie Sie wissen, habe ich in diesem Bereich jahrelange Erfahrung und kenne auch recht viele Experten auf diesem Gebiet. Ich denke, Sie könnten uns beiden helfen, wenn Sie uns miteinander bekannt machen würden. Herzlichen Dank	Hallo [Kontakt], Sie kennen ja auch [Zielperson]. Ich denke, meine Dienstleistung würde ihm helfen. Können Sie uns miteinander bekannt machen? Herzlichen Dank

Der Textvorschlag gilt natürlich nur, wenn es sich um einen Business-Kontakt handelt. Ist Ihr Kontakt ein guter Freund oder Kollege, wird er Ihren Wunsch nach einer Kontaktanbahnung sicherlich auch ohne Begründung erfüllen.

Solche Avis sind im angloamerikanischen Bereich völlig normal. In Deutschland ist der Avis zwar auch bekannt, die technische Unterstützung der sozialen Netzwerke hingegen weniger. So bin ich persönlich noch nie auf Ablehnung gestoßen, musste allerdings schon oft Rückfragen beantworten, ob es sich um etwas Neues handele. In Wirklichkeit gibt es diese Funktion beispielsweise bei LinkedIn schon fast von Anfang an.

6.5 Alternativen zur Direktansprache

Die direkte Ansprache von Kunden und möglichen Interessenten ist eine heikle Angelegenheit: Zum einen liegt sie schlichtweg nicht jedem, zum anderen kann eine direkte Ansprache auch als Spam identifiziert werden. Die sozialen Netzwerke bieten alternative Wege, um bei Ihrer Zielgruppe aufzufallen und sich einen Namen zu machen.

6.5.1 Nutzen Sie die Kompetenzvermutung

In den sozialen Netzwerken gilt oft die Kompetenzvermutung: Wenn Sie sich als Fachmann darstellen werden Ihnen das viele sofort glauben. Dieses Vertrauen in

Ihre Kompetenz ist nicht zu vergleichen mit dem Vertrauen, das Sie über klassische Marketing-Maßnahmen wie Flyer oder Anzeigen in der Tagespresse erhalten. Vielleicht liegt dies daran, dass die sozialen Netze noch jung sind und hier eher innovative Dienstleister oder Produzenten unterwegs sind. Letztendlich ist der Grund gleichgültig; wichtig ist die Erkenntnis, dass Sie in den sozialen Netzwerken schnell Vertrauen in Ihre Fähigkeiten aufbauen können. Es gilt, diesen Vorteil zu nutzen und sich als echten Experten zu positionieren.

Damit Sie bei Ihrer Zielgruppe auffallen, müssen Sie Anlässe bieten, um für mögliche Kunden von Interesse zu sein. Vier Wege sind hierbei besonders erfolgversprechend:

- Teilen, teilen, teilen
- Diskussionen
- Arbeit in den Gruppen
- Fragen & Antworten

6.5.2 Teilen Sie Inhalte

Installieren Sie um Ihre Person eine Art Kanal: Das in Kapitel 5, »Kundenbindung«, erläuterte Teilen von Inhalten dient nicht nur dazu, bei vorhandenen Kunden präsent zu bleiben, sondern ist auch ein gutes Mittel, sich bei potenziellen Kunden bekannt zu machen. Teilen Sie je nach Zielgruppe Informationen zu Ihrer Branche, Ihrem Ort oder auch Cat Content.

Am Anfang werden Sie nach dem Prinzip »Versuch und Irrtum« arbeiten müssen. Beobachten Sie genau, wie Ihr Umfeld reagiert und ob Sie »Gefällt mir«-Angaben erhalten. Kommen viele »Gefällt mir«-Angaben aus Ihrer Zielgruppe, wissen Sie, dass Sie auf dem richtigen Weg sind. Seien Sie nicht deprimiert, wenn Sie anfangs keine oder nur wenige »Gefällt mir«-Angaben erhalten: Wenn Sie einen Kanal nutzen wollen, um Aufmerksamkeit zu erhalten, benötigen Sie etwas Zeit. Hier ist Ihre Kontinuität gefragt. Das Netzwerk wird Sie erst mit der Zeit als jemanden identifizieren, der durch seine geteilten Informationen einen Mehrwert bietet. Die zeitliche Investition wird sich aber auf Dauer auszahlen: Sie werden auch über Ihr ursprüngliches Netzwerk hinaus bekannt.

Hinweis

In Kapitel 9, »Unternehmensnachrichten«, können Sie sich ausführlich über dieses Thema informieren.

6.5.3 Diskutieren Sie

Kommunikation ist das zentrale Mittel, wenn Sie von potenziellen Kunden in den sozialen Netzwerken wahrgenommen werden möchten. Nehmen Sie an dem Geschehen in den sozialen Netzwerken teil. Diskutieren Sie mit. Jede Kommunikation nützt Ihrer Reichweite.

Warnung

Lassen Sie sich aber auf keine Streitgespräche ein. Durch Aufregung und hitzige Diskussionen erhalten Sie keinen Mehrwert. Wenn Sie regelmäßig zu hitzig diskutieren, kann sich das negativ auf Ihr Image auswirken. Wenn jemand Sie direkt angreift: am besten ignorieren. Damit erreichen Sie mehr, als wenn Sie vermeintlich konstruktiv und sachlich auf diesen Menschen eingehen.

6.5.4 Nutzen Sie Gruppen

Ein guter Ansatz, um neue Kontakte und damit Kunden für Ihr Geschäft von morgen zu finden und auf sich aufmerksam zu machen, sind die Gruppen. Sie führen in den sozialen Netzwerken Nutzer mit gleichen Interessen zusammen. Dies kann alles Mögliche beinhalten – einen Ort, eine Region, eine Automarke, eine Sprache oder eine Profession.

Gruppen finden Sie vor allem bei

- Facebook
- LinkedIn
- XING
- Google+ (Communities)

Gerade für Fachexperten gibt es auf den großen Plattformen eine Vielzahl von Gruppen. Im deutschsprachigen Raum hat XING mit zurzeit über 40.000 Gruppen die Nase vorn. Genaue Zahlen für Facebook liegen mir nicht vor, dürften aber ähnlich sein. Im Regelfall sind die Fachgruppen bei XING größer. Bei LinkedIn gibt es nur 6.000 deutschsprachige Gruppen. Wenn Sie allerdings kein Problem mit der englischen Sprache haben und überregional tätig sind, sind die englischsprachigen Gruppen mit mehreren hunderttausend Mitgliedern eine Alternative.

Die folgenden Vorteile sprechen für die Teilnahme an Gruppen zur Kundenakquise:

- **Sichtbarkeit:** Die Gruppenteilnehmer sehen, dass Sie ein Teil dieser Gruppe sind. Bei den großen sozialen Netzwerken wird dies nicht nur in der Gruppe selbst deutlich, sondern auch in Ihrem Profil. Einige Netzwerke zeigen Ihnen Profilbesucher auch gesondert an, wenn sie in derselben Gruppe sind wie Sie. In manchen Gruppen dürfen Sie auch direkt werben.
- **Zusammengehörigkeit:** Eine gemeinsame Gruppe fördert das Zusammengehörigkeitsgefühl. Wenn Sie nicht nur lokal tätig sind, suchen Sie sich Gruppen, in denen gemeinsame Interessen bestehen. Das kann Ihr Auto sein, eine Sportart, eigentlich alles, was Sie mit einer Gruppe verbinden könnte.
- **Zuhören:** Gruppen bieten Ihnen auch die Möglichkeit, Ihrer Zielgruppe einfach zuzuhören. Sie können Trends und Wahrnehmungen Ihrer Kunden sehr schnell aufnehmen. Noch bieten die sozialen Netzwerke einen Zeitvorteil. Nutzen Sie diesen und agieren Sie schneller als Ihre Mitbewerber.

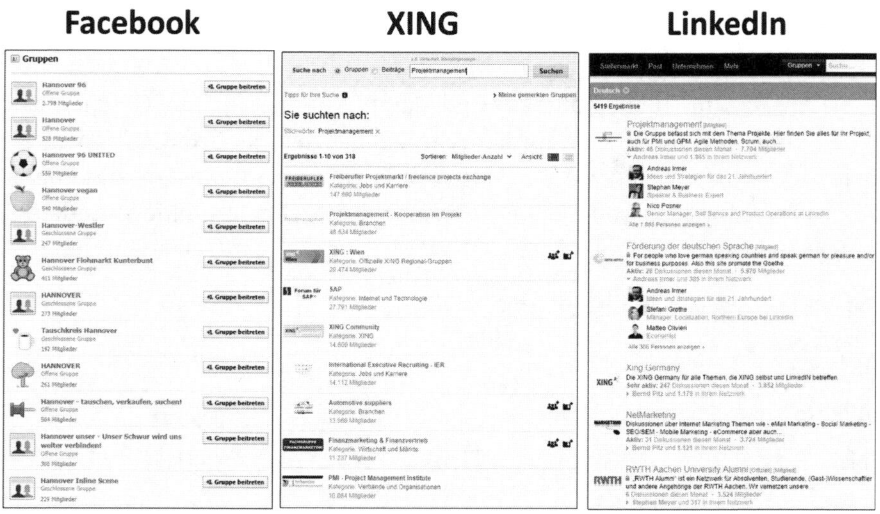

Abbildung 6.2 Gruppen in sozialen Netzwerken (Facebook, XING und LinkedIn)

Der besondere Reiz von Gruppen ist außerdem, dass sie sehr homogen sind. Sie können Ihre Zielgruppe genau fokussieren. Achten Sie darauf, Ihre Posts in den richtigen Gruppen zu platzieren. Ein Vorstellungspost, dem Sie Ihre Dienste als

Zahnarzt erläutern, ist in der zugehörigen Region im Regelfall durchaus willkommen. Im Expertenforum für Banken oder Projektmanagement würde dieser Post keine Wirkung erzielen und als Spam identifiziert werden.

Hinweis

In Kapitel 7, »Wie profiliere ich mich als Experte?«, erhalten Sie detaillierte Informationen über Fachgruppen.

6.5.5 Beantworten Sie Fragen

Eine weitere Möglichkeit, die Reichweite und Sichtbarkeit in den sozialen Netzwerken zu verbessern, sind die »Fragen und Antworten«-Bereiche. Sie werden auch Q&A (Questions and Answers) genannt. Es handelt sich dabei entweder um eigenständige Netzwerke oder sie sind in die bestehenden sozialen Netzwerke integriert. Die wichtigsten sind:

Wo	Wie	Bemerkung
wer-weiss-was.de	Eigene Anmeldung oder Anmeldung via Facebook	Über die Anmeldung via Facebook einfach zu nutzen.
gutefrage.net	Eigene Anmeldung	Gutes Portal. Besonders interessant: Sie können Suchaufträge zu Ihrem Expertenthema speichern, dadurch einfache Handhabung
quora.com	Anmeldung mit Facebook oder Twitter Account	Bei Quora handelt es sich um das amerikanische »Original« (auch wenn Wer Weiss Was älter ist). Sie benötigen Englisch-Kenntnisse, um sinnvoll teilnehmen zu können. Außerdem ist die Oberfläche gewöhnungsbedürftig. Sie erzielen mit dieser Plattform jedoch sehr gute Reichweiten.

Tabelle 6.5 Die wichtigsten Q&A-Portale

Auf allen drei Plattformen können Sie nach Fragen zu Ihrem Fachgebiet suchen. Außerdem können Sie sich dort als Experte registrieren und Ihre Themen platzieren. Wie immer gilt: Tue Gutes und rede darüber. Verlinken Sie Ihr Profil in den Antworten etwa mit den Worten: »Wenn Sie weitere Fragen haben, wenden Sie sich an mich.«

Der größte Vorteil der »Fragen und Antworten«-Bereiche ist, dass Sie sehr ressourcenschonend agieren können. Es ist durchaus ausreichend, einmal im halben Jahr vorbeizuschauen. Ich selbst besuche die Plattformen nur sehr selten, habe aber auf allen bereits fundierte Antworten mit einem Link zu meinem Blog gegeben. Über diesen kann ich auswerten, woher die Besucher kommen. Alle drei zusammen ergeben einen kleinen, aber konstanten Strom an Nutzern, die Sie und Ihre Seite besuchen.

Hinweis

Auch über »Fragen und Antworten«-Bereiche finden Sie in Kapitel 7, »Wie profiliere ich mich als Experte?«, ausführliche Informationen.

Kapitel 7
Wie profiliere ich mich als Experte?

Inhalt

- Eigene Inhalte teilen
- Expertenwissen herausstellen
- Fachgruppen nutzen

In Kapitel 6, »Kundenakquise«, ging es schon einmal um die Kompetenzvermutung. In den sozialen Netzwerken können Sie sich perfekt für einzelne Themen oder eine bestimmte Profession als Experte positionieren.

Vorweg: Sind Sie ein Experte? Der Begriff an sich ist gesetzlich nicht geschützt. So kann sich jeder als Experte bezeichnen. Sie können sich Experte für plastische Chirurgie nennen; operieren dürfen Sie deshalb noch lange nicht. »Experte« (vom Lateinischen *expertus*: erprobt) ist ein Schlagwort und bezeichnet, genau wie Fachmann, Sachkundiger oder Spezialist, eine Person mit überdurchschnittlichen Sachkenntnissen zu einem bestimmten Thema oder auf einem Fachgebiet. Wir leben in einer hoch spezialisierten Gesellschaft; jeder ist Experte auf seinem Fachgebiet. Nur so kann die Arbeitsteilung effektiv funktionieren.

Bevor Sie überlegen, wie Sie sich in den sozialen Netzwerken als Experte profilieren, müssen Sie sich ein paar Gedanken über Ihre Zielgruppe machen. Was interessiert diese? Eine Darstellung als Experte bedeutet nicht zwingend, dass Sie nur Fachartikel posten bzw. teilen. Veröffentlichen Sie als Steuerberater einen Fachartikel über die Novellierung einer Durchführungsverordnung, werden Sie Ihre Zielgruppe kaum erreichen. Diese möchte damit nichts zu tun haben, der Steuerberater soll sich ja gerade damit beschäftigen. Fachspezifische Artikel machen also eher Ihre Kollegen auf Sie aufmerksam, also Nutzer, von denen keine Aufträge zu erwarten sind.

Tipp

Stellen Sie Ihr Expertenwissen so dar, dass Ihre Zielgruppe daran interessiert ist!

Bleiben wir einmal beim Beispiel des Steuerberaters: Hier sind viele Möglichkeiten denkbar, um das Interesse der Zielgruppe zu wecken. Es gibt immer wieder Änderungen, von denen diese betroffen ist. Informieren Sie sie so, dass ein »Aha«-Effekt eintritt. Dazu gehört auch, dass die Artikel nicht von Fachbegriffen durchzogen, sondern vielmehr so verfasst sind, dass die Zielgruppe sie gut verstehen kann.

Für die Zielgruppe eines Steuerberaters wären beispielsweise folgende Themen interessant:

- **Änderungen zum Jahr 201x**: Sind Sie betroffen? Was wird sich ändern? Was kann steuerlich nicht mehr (oder ab dann) geltend gemacht werden?
- **Termine**: Wann ist ein bestimmter Stichtag? Was muss zu einem bestimmten Zeitpunkt abgegeben werden? Welche Konsequenzen hätte ein versäumter Termin?
- **Verständnisartikel**: Was sind Werbungskosten? Warum kann man sie steuerlich geltend machen? Wie nutzt man sie? Woran muss ich denken, wenn ich etwas von der Steuer absetzen will? In den Artikeln können auch Themen abgehandelt werden, die für den Steuerberater selbst eigentlich selbstverständlich sind und die simple Zusammenhänge aufzeigen: Was muss eine Quittung beinhalten, damit sie vom Finanzamt anerkannt wird?
- **Storys**: Geschichten, wie jemandem in Not geholfen werden konnte. Schüren Sie dabei aber keine Ängste. Dies könnte sonst so wahrgenommen werden, dass Sie die Zielgruppe zur Inanspruchnahme der Dienstleistung drängen möchten. Ihre Zielgruppe ist mündig und möchte auch so behandelt werden.

Dieselben Regeln gelten für Zahnärzte, Handwerker und Werbefachleute: Das Wichtigste bei der Vermittlung von Fachwissen ist die Anpassung an die Zielgruppe. Anders sieht es bei Unternehmensberatern, Trainern oder Coaches aus. Diese müssen sich als Experten positionieren, damit sie gefunden und letztendlich auch beauftragt werden. Im Gegensatz zum Steuerberater müssen sie sich durchaus über fachliche Themen einen Namen machen.

7.1 Eigene Inhalte sind besser als geteilte Inhalte!

Sie können entscheiden, ob Sie recherchieren und Inhalte teilen oder eigene Inhalte erstellen möchten. Eigene Inhalte sind besonders interessant, weil Sie auch eigene Visualisierungen nutzen können, zum Beispiel ein Foto von Ihrem Geschäft oder Ihrer Praxis bzw. Ihr Logo. Der Nachteil ist der Faktor Zeit: Es kostet Zeit, eigene Inhalte zu erstellen – eine Ressource, die Sie nicht immer zur Verfügung haben. Es geht deutlich schneller, fremde Artikel zu teilen.

Tipp ×

Oft ist auch eine Mischung von eigenen und fremden Inhalten sinnvoll: Posten Sie fremde Artikel und streuen Sie hin und wieder selbst Erstelltes ein.

7.1.1 Nutzen Sie die Zeit

Wenn Sie sich als Experte für ein bestimmtes Fachgebiet etablieren möchten, haben Sie zum jetzigen Zeitpunkt noch sehr gute Chancen, sich zu positionieren. Es dauert eine Weile, bis Sie sich einen Ruf als Experte aufgebaut haben – rechnen Sie nicht in Tagen oder Wochen, sondern eher in Jahren.

Die Mitgliederzahlen in den sozialen Netzwerken (allein Facebook hat in Deutschland 25 Millionen Mitglieder, Frühjahr 2013) mögen hoch erscheinen; im Vergleich zur Marktdurchdringung in anderen Ländern jedoch, etwa im angloamerikanischen Raum, in Skandinavien oder auch in den Niederlanden, hat Deutschland noch viel Potenzial nach oben.

Im Moment ist der Einstieg deshalb (noch) recht einfach. Sie können davon ausgehen, dass die Situation in fünf Jahren ganz anders sein wird: Eine viel größere Anzahl von Menschen wird in den sozialen Netzwerken vertreten sein. Eine Sättigung oder Abflachung der Neuanmeldungen ist immer noch nicht in Sicht. In jedem Jahr, das Sie verstreichen lassen, werden sich mehr Mitbewerber positionieren und es Ihnen erschweren, sich selbst darzustellen.

Die Aufmerksamkeit der Nutzer und damit Ihrer Zielgruppe lässt sich kaum skalieren: Auch wenn sich die Zahl der Mitglieder in fünf Jahren verdoppeln wird, gilt dies nicht für die Zeit, die sie in den sozialen Netzwerken verbringen. Um sich Aufmerksamkeit zu verschaffen, werden dann mehr Anstrengungen notwendig sein als momentan. Wenn Sie jetzt anfangen, wird die Zeit für Sie arbeiten. Die gute Nachricht lautet: Von Ihnen ist Kontinuität gefordert, aber keine permanente Anwesenheit. Sie müssen sich nicht täglich zu Ihrem Expertenwissen äußern; es reicht, wenn Sie sich zum Beispiel einmal in der Woche mit Ihren sozialen Netzwerken auseinandersetzen.

7.2 Außenwirkung

Wenn Sie sich in den sozialen Netzwerken bewegen, hinterlassen Sie einen Strom an Informationen, Nachrichten und auch Bildern. Das Gesamtbild wird davon beeinflusst, was Sie wann und in welchem Umfang mitteilen.

Hinweis

Wie Sie wahrgenommen werden, entscheiden nur Sie. Sie sind der Mittelpunkt des Nachrichtenstroms, den Sie in den sozialen Netzwerken hinterlassen. Nutzen Sie diese Erkenntnis, wenn Sie Ihrem Netzwerk etwas mitteilen.

Sie können die Wahrnehmung Ihrer Person oder Ihrer Unternehmung in den sozialen Netzwerken sehr gut steuern. Dieses Wissen erleichtert es Ihnen später, einen Fokus zu finden. Natürlich könnten Sie auch auf allen Hochzeiten tanzen und immer und überall Ihren Kommentar zur Diskussion beisteuern. Dabei würden sich jedoch drei Probleme ergeben:

1. **Zeit:** Sie müssen viel Zeit investieren, um den Überblick über die Diskussionen zu behalten, an denen Sie teilgenommen haben. Ihr Postfach wird von Benachrichtigungen der sozialen Netzwerke überquellen, bis Sie die Benachrichtigungsfunktion schließlich deaktivieren. Dadurch würden Sie wiederum die wirklich wichtigen Diskussionen aus den Augen verlieren.
2. **Außenwirkung:** Wenn Sie überall mitmischen, hat dies auch eine Wirkung auf Ihr Netzwerk. Sie werden als diffus wahrgenommen. Ganz nebenbei erwecken Sie dadurch den Eindruck, als wüssten Sie nichts mit Ihrer Freizeit anzufangen. Oder noch schlimmer: Es könnte so wirken, als hätten Sie keine Aufträge und würden Ihre Zeit deshalb in den sozialen Netzwerken verbringen.
3. **An der Zielgruppe vorbei:** Ihre Beiträge werden in diesem Fall nicht nur von Ihrer Zielgruppe gelesen, sondern auch von vielen anderen Menschen. Eine breite Streuung kann von Interesse sein (wenn Sie beispielsweise Zahnarzt oder Handwerker sind). Sind Sie jedoch überall dabei, stellen Sie sich schnell überregional dar. Auch dann geht der Fokus an der Zielgruppe vorbei.

Wer	Darstellung als Experte	Beispiele für geteilte Inhalte
Unternehmensberater	Empfehlenswert	Fachartikel zur Profession, andere Blogs oder selbst verfasste Artikel
Handwerker	Weniger empfehlenswert. Expertenwissen für die Zielgruppe aufbereiten	Expertenwissen in kleinen Happen. Teilen Sie kleine Anleitungen oder Tipps zu Ihrem Handwerk
Steuerberater	Weniger empfehlenswert. Expertenwissen für die Zielgruppe darstellen	Expertenwissen in kleinen Happen. Teilen Sie kleine Anleitungen oder Tipps zur Steuererklärung, posten Sie Termine, die nicht verpasst werden sollten und immer wieder kurze Begriffserklärungen.
Produzent	Empfehlenswert	Fachartikel zu Ihrem Produkt, andere Blogs oder eigene Artikel, die Sie zu Ihrem Produkt verfassen. Stellen Sie dabei den Nutzen Ihres Produktes heraus.
Arzt	Hängt davon ab, ob Sie überregionaler Spezialist sind oder Ihre Zielgruppe in der Region haben	Expertenwissen in kleinen Happen. Tipps und Erklärungen, passend zu Ihrer Zielgruppe. Möglichst auch Kinder einbinden (Mein Kind kommt zur Schule, was muss ich beachten? Es ist Grippezeit, ist eine Impfung sinnvoll?)
Texter	Weniger empfehlenswert. Expertenwissen für die Zielgruppe darstellen	Fachartikel zu Ihrer Profession, andere Blogs oder auch selbst verfasste Artikel. Heben Sie dabei den Nutzen Ihrer Dienstleistung hervor.
Werbefachmann	Weniger empfehlenswert. Expertenwissen für die Zielgruppe darstellen	Fachartikel zu Ihrer Profession, andere Blogs oder selbst verfasste Artikel. Stellen Sie dabei den Nutzen Ihrer Dienstleistung heraus.
Coach/ Trainer	Empfehlenswert	Fachartikel, Blogs und Neuigkeiten rund um Ihr Thema.
Apotheker	Weniger empfehlenswert. Expertenwissen für die Zielgruppe darstellen	Expertenwissen in kleinen Happen. Tipps und Erklärungen, passend zu Ihrer Zielgruppe. Möglichst auch Kinder einbinden (Mein Kind schläft nicht durch, ist in der Schule immer unkonzentriert; bringen Magnesiumpräparate meinem Kind wirklich etwas?)
Gastronom	Nicht empfehlenswert	Positionieren Sie sich über Kundenmeinungen und Details der von Ihnen bevorzugten Küche, bei einem italienischen Restaurant zum Beispiel Urlaubsgeschichten aus der Toscana. Stellen Sie den Bezug zu Ihrer Richtung her.

Wer	Darstellung als Experte	Beispiele für geteilte Inhalte
Geschäfts-inhaber	Weniger empfehlens-wert. Expertenwissen für die Zielgruppe darstellen	Expertenwissen in kleinen Happen. Tipps und Erklärungen, passend zu Ihrer Zielgruppe. Immer den Bezug zum Regionalen herstellen
Anwalt	Weniger empfehlens-wert. Expertenwissen für die Zielgruppe darstellen	Expertenwissen in kleinen Happen. Tipps und Erklärungen, passend zu Ihrer Zielgruppe. Immer den Bezug zum Regionalen herstellen. Auf Aktualität achten (zum Beispiel Abmahnungen bei Filesharing)

Tabelle 7.1 So teilen Sie Ihr Expertenwissen mit Ihrer Zielgruppe.

Überlegen Sie, was Ihre Kernzielgruppe verlangt und wie Sie Ihr Expertenwissen vermitteln können. Ein Unternehmensberater für Netzwerksicherheit muss andersartige Informationen liefern als ein Arzt oder ein Restaurant-Inhaber. Eines gilt allerdings für alle Experten: Fokussieren Sie! Machen Sie aus Ihrem Thema einen Nachrichtensender. Dieser Sender sollte auf Ihre Zielgruppe ausgerichtet werden.

7.3 Expertenwissen in den Vordergrund stellen

Versuchen Sie, sich als Experte nur für *ein* Thema darzustellen. Die eierlegende Wollmilchsau gibt es nicht. Das ist den meisten Kunden sehr wohl bewusst!

7.3.1 Legen Sie sich auf ein Thema fest

Wer sich gleichzeitig als Netzwerkexperte und Fachmann für Nahrungsmittelergänzungen darstellt und nebenbei Finanzprodukte vertreibt, wird im Zweifel überhaupt nicht als Experte für irgendeines der genannten Gebiete identifiziert. Selbst wenn Sie ein solcher Experte sind, überlegen Sie sich, wo Ihre Prioritäten liegen. Im Zweifel überlegen Sie, womit Sie am meisten Gewinn erwirtschaften. Aber versuchen Sie nicht, alle Themen gleichzeitig abzudecken. Sie laufen Gefahr, in den sozialen Netzwerken diffus zu wirken. Ihre Zielgruppe würde Sie möglicherweise als jemanden wahrnehmen, der nur die Provision im Auge hat und in keinem der vorgeblichen Fachgebiete wirkliches Expertenwissen vorzuweisen hat.

Das ist oft gerade für überregional tätige Dienstleister wichtig, die ihr Expertenwissen in den Vordergrund stellen – etwa für Unternehmensberater in den verschiedensten Bereichen, Trainer und Coaches. Hier ist es sinnvoll, sich über ein einziges Kernthema zu positionieren. Der Oberbegriff kann ruhig Teamfindung, Projektmanagement, Recruiting, Personalmanagement oder Prozessmanagement lauten. Sondieren Sie den Markt: Gibt es schon viele Meinungsführer, Personen, die zu dem Schlüsselbegriff gefunden werden?

- Wenn Sie zu einem Thema immer wieder dieselben zwei oder drei Personen finden, denken Sie darüber nach, ob Sie Ihr Thema stärker eingrenzen sollten.
- Finden Sie jedoch immer wieder unterschiedliche Personen oder Blogs, können Sie versuchen, diesen Begriff zu besetzen. Dann hat sich noch kein Meinungsführer herauskristallisiert und Sie haben gute Chancen, sich so zu positionieren, dass bei der Suche nach dem Begriff stets Sie gefunden werden.

7.3.2 Etablieren Sie sich als Meinungsführer

Es gehört eine gesunde Portion Selbstbewusstsein dazu, sich zum Meinungsführer zu machen. Beziehen Sie sich nicht nur auf andere, sondern vertreten Sie Ihre eigene Meinung. Greifen Sie dabei aber nicht zu negativen Stilmitteln, indem Sie andere angreifen (»Keine Ahnung«, »Nicht nachgedacht«). Auch wenn dies inhaltlich korrekt sein sollte, könnte darunter Ihre Darstellung nach außen leiden. Wenn Sie solche Stilmittel häufig verwenden, werden Sie als »Oberlehrer« und »nicht teamfähig« wahrgenommen und dies sollten Sie vermeiden.

Nutzen Sie positiv besetzte Stilelemente. Wenn jemand einen guten Artikel oder Blog zu Ihrem Thema veröffentlicht hat, können Sie ihn mit »Gefällt mir« markieren. Sie können den Artikel auch teilen und dabei mit einem Kommentar versehen. Stellen Sie Ihren eigenen Standpunkt dar und laden Sie Ihr Netzwerk zur Diskussion ein. Dadurch erreichen Sie, dass Sie im Zentrum der Diskussion stehen. Erwähnen Sie auch den Autor, vor allem, wenn Sie sich lobend äußern können.

Bei Google+, So.Cl und Facebook können Sie den Autor auch mittels Mentioning erwähnen. Bei Artikeln aus Zeitungen, Fachpublikationen oder Magazinen können Sie den Autor ebenfalls mit einbeziehen. Recherchieren Sie, ob der Autor auch ein Profil bei Google+, Facebook oder dem sozialen Netzwerk Ihrer Wahl hat. Wenn ja, schreiben Sie etwas Positives dazu (»Viel Arbeit hat sich Autor +Max Mustermann in dem Artikel gemacht« in Google+, »Viel Arbeit hat sich Autor @Max Mustermann in dem Artikel gemacht« auf Facebook oder So.Cl). Hiermit machen Sie den Autor darauf aufmerksam, dass Sie seinen Artikel geteilt haben und beziehen ihn in die Diskussion mit ein. Somit nutzen Sie die Reichweite des Autors für Ihre Zwecke und dieser wird Ihnen dafür sogar dankbar sein!

Sie können sich auch einer etwas penetranten, aber oft wirkungsvollen Technik bedienen: Teilen Sie alle Artikel, die Sie zu Ihrer Profession finden, gerne auch mehrere am Tag. Dann werden Sie zum Nachrichtensender für Ihre Profession und werden von Leuten abonniert, die sich genau dafür interessieren. Diese Technik ist jedoch nur reinen Spezialisten zu empfehlen. Sie können sie zeitsparend nutzen (wenn Sie ohnehin im Internet recherchieren oder die richtigen Suchtechniken verwenden) und werden von den Nutzern, die Informationen zu diesem Thema suchen, nahezu garantiert gefunden.

7.4 Wahrgenommen werden

Die sozialen Netzwerke bieten Ihnen eine Art Baukastensystem, um sich mitzuteilen, mit anderen zu kommunizieren und um Netzwerke aufzubauen und zu pflegen. Damit Sie sich als Fachmann oder Experte etablieren können, müssen Sie sich auch als solchen darstellen. Dazu müssen Sie aktiv am Leben in den sozialen Netzwerken teilnehmen und dabei ein gutes Verhältnis zwischen eingesetzter Zeit und Aufmerksamkeit erzielen.

Tipp ×

Sie können mit einem regelmäßigen Einsatz von wenig Zeit fast genauso viel erreichen, als wenn Sie täglich mehrere Stunden in den sozialen Netzwerken verbringen. Es kann Spaß machen, dort viel Zeit zu verbringen; wichtiger ist jedoch der effektive Einsatz.

Zu Beginn eine Erinnerung: Bauen Sie Ihr Netzwerk aus. Wenn Sie viele Inhalte teilen oder sogar erstellen, ist es einfacher, wenn Sie bereits über ein Netzwerk verfügen. Am Anfang werden die sozialen Netzwerke ein Abbild Ihres tatsächlichen Netzwerks sein. Das ist auch gut so: Ihr real existierendes Netzwerk ist Ihr größtes Kapital. Das Netzwerk wird mit der Zeit wachsen; es werden Nutzer hinzukommen, die einfach Kontakte sammeln, sowie Interessenten und potenzielle Kunden. Wenn Sie einen Grundstock an Kontakten zusammen haben, können Sie sich darüber Gedanken machen, wie Sie Ihren persönlichen Nachrichtenkanal etablieren.

Die erste Möglichkeit, sich über Fachinformationen als Experte zu Ihrem Thema zu etablieren, sind die Nachrichten, oft »Status-Updates« genannt. Hierzu können Sie die Social Plug-ins auf den Seiten der Artikel und Informationen nutzen: Mit wenigen Klicks ist die Nachricht geteilt. Bei Facebook, Google+, LinkedIn, So.Cl und XING können Sie auch einfach den Link des Artikels kopieren und in Ihr soziales Netzwerk einfügen. Viele Netzwerke zeigen auch Vorschaubilder aus dem Artikel an. Visualisiertes Material wird oft eher wahrgenommen und geteilt als reine Textnachrichten.

Bei einigen Anbietern können Sie entscheiden, welches Vorschaubild Sie verwenden möchten. Bei Google+, LinkedIn und So.Cl klappt dies sehr zuverlässig, bei Facebook funktioniert es ebenfalls.

Warnung ×

Es soll allerdings nicht verschwiegen werden, dass es aktuell Abmahnungen wegen Vorschaubildern gab. Prüfen Sie, ob Sie das gewünschte Vorschaubild überhaupt verwenden dürfen.

Zeigen Sie mit der Maus auf ein Vorschaubild, erhalten einen Links- und einen Rechtspfeil – meistens mit einigen Ziffern, an denen Sie die Anzahl der Vorschaubilder ablesen können. Verwenden Sie hierauf aber nicht zu viel Energie. Manchmal werden Bilder nicht erkannt oder in der Vorschau nicht mit angezeigt. In diesen Fällen gibt es keine Lösungsmöglichkeit, ein erneutes Einfügen bringt nichts.

7.4.1 Nachrichten öffentlich schalten

Einige Netzwerke bieten die Möglichkeit, Nachrichten nur einem bestimmten Personenkreis zugänglich zu machen. Diese Option ist für private Fotos von Ihren Kindern oder Partys sinnvoll. Um Ihre Nachricht hingegen so breit wie möglich zu streuen, ist die Ansicht »Öffentlich« am besten geeignet. Sie wollen ja gerade durch das Teilen von Informationen im öffentlichen Raum auf sich aufmerksam machen.

- Facebook: Hier sortieren Sie Ihre Kontakte in Listen. Die Einstellung »Öffentlich« muss aktiviert werden.
- Google+: Hier schränken Sie über Kreise ein. Die Einstellung »Öffentlich« ist auch hier richtig.
- LinkedIn: Hier können Sie über die Kontakte einschränken. Die öffentliche Wahl wäre »LinkedIn«.

Wenn Sie über ein persönliches und ein Unternehmensprofil verfügen, sollten Sie die Nachrichten über Ihr Unternehmensprofil publizieren. Dann können Sie die Nachricht des Unternehmensprofils über das persönliche Profil mit »Gefällt mir« markieren. Auf diese Weise führen Sie die Nutzerkreise zusammen, da auch ihr persönliches Netzwerk die Nachricht erkennt.

7.4.2 Starthilfe

Weil der Start nicht immer einfach ist, sollten Sie am Anfang auch gute Bekannte oder Freunde bitten, Sie zu unterstützen und Sie hin und wieder mit »Gefällt mir« zu markieren. Der Satz »Content is King« (»Der Inhalt ist das Wichtigste«) trifft zwar generell durchaus zu, aber zu Beginn ist etwas Hilfe nötig, damit Sie überhaupt wahrgenommen werden. Wenn Sie regelmäßig gute Inhalte erstellen oder teilen, werden mit der Zeit auch die Follower kommen, die Ihre Nachrichten abonnieren, Sie einkreisen oder Ihnen folgen.

> **Hinweis**
>
> Wenn Sie Google+ verwenden, denken Sie an die Nutzung von Hashtags: Setzen Sie vor die zentralen Begriffe einen Lattenzaun (#). Näheres darüber haben Sie in Kapitel 5, »Kundenbindung«, erfahren.

Abbildung 7.1 Teilen in den Status-Updates. Die wichtigsten sozialen Netzwerke im Überblick

7.4.3 Wie oft sollten Sie posten?

Wenn Sie in einem wenig bis gar nicht besetzten Bereich tätig sind, genügt es, wenn Sie einmal die Woche bis einmal im Monat etwas posten. Möchten Sie sich jedoch in einem Bereich mit vielen Mitbewerbern als Experte etablieren, ist eine höhere Frequenz angeraten.

Übrigens: Fast alle Anbieter bieten die Möglichkeit, beim Posten zusätzlich eine Kurznachricht über Twitter abzusetzen. Überlegen Sie sich, ob ein Twitter-Account Ihnen zusätzlich helfen kann. Man nennt diese Technik, Nachrichten gleichzeitig bei verschiedenen sozialen Netzwerken abzusetzen, »Cross-Posting«. Wenn Sie verschiedene Accounts haben und sich die Netzwerke nicht zu stark überschneiden, macht diese Technik durchaus Sinn, weil Sie damit Ihre Reichweite pro Information erhöhen können. Sind Ihre Kontakte in den verschiedenen sozialen Netzwerken jedoch identisch, könnte diese Vorgehensweise hingegen sogar kontraproduktiv sein.

7.5 Zielgruppengerechte Sichtbarkeit

Als Experte können Sie sich auf verschiedene Arten absetzen. Ihre Sichtbarkeit sollte aber in Abhängigkeit zur Zielgruppe stehen. Daher sind die nächsten Abschnitte folgendermaßen aufgeteilt:

- **Der Experte für den Laien:** Sind Sie Zahnarzt, Steuerberater, Handwerker oder haben Sie ein Geschäft? Dann sollten Sie sich diesen Abschnitt genauer ansehen. Er eignet sich vorwiegend für lokal tätige Experten mit breiter Zielgruppe.
- **Fragen und Antworten für Experten** sowie **Fachgruppen:** Wenn Sie hochspezialisiert sind, können Ihnen Fachgruppen und »Fragen und Antworten«-Bereiche gut weiterhelfen. Dort müssen Sie nicht auf die Verständlichkeit der Inhalte achten, sondern können eher darstellen, dass Sie Ihr Fachthema im Griff haben und dass Sie ein geeigneter Ansprechpartner sind.

7.5.1 Der Experte für den Laien

Selbstverständlich sind auch Sie als Zahnarzt, Steuerberater oder Handwerke auf Ihrem Fachgebiet ein Spezialist. Allerdings sind Fachartikel oder Informationen über interessante Randthemen zwar für Sie selbst interessant; Ihre Zielgruppe wird sich hingegen kaum dafür interessieren. Hier müssen Sie zu anderen Artikeln oder Informationen greifen.

Schreiben Sie für Ihre Zielgruppe oder teilen Sie Informationen, die diese gut verstehen! Suchen Sie im Internet nach Informationen, die Ihre Zielgruppe interessieren könnte. Es sollte aber ein Bezug zu Ihrer Profession vorhanden sein. Diese

Artikel sollten für Ihre Zielgruppe gut verständlich sein – auch eine gebildete Zielgruppe wird nicht unbedingt Lust verspüren, sich in die Fachbegriffe Ihres Spezialgebiets einzuarbeiten. Posten Sie kleine Anleitungen oder praktische Tipps für Laien. Erfahrungsgemäß funktioniert es gut, hieraus ein Ritual zu machen: Posten Sie beispielsweise einen »Tipp zum Dienstag«. Scheuen Sie sich dabei nicht, Fachwissen preiszugeben. Wenn Sie kleine, für den Laien hilfreiche Anleitungen verbreiten, werden Sie als Experte wahrgenommen.

Achten Sie darauf, was in den Medien gerade verbreitet ist und was Ihre Zielgruppe interessiert. Nehmen wir einen Anwalt: Durch die Medien gehen immer wieder Berichte über Abmahnungen, weil der Sohn illegal Musiktitel aus dem Internet auf den heimischen PC heruntergeladen hat. Geben Sie Anregungen, was im Fall einer solchen Abmahnung zu tun ist. Auch wenn jemand aus Ihrem Netzwerk die Nachricht nur am Rande bemerkt hat, besteht eine sehr hohe Wahrscheinlichkeit, dass sich dieser Nutzer an Sie und Ihren Artikel erinnert, sobald ihm etwas Ähnliches passiert.

Tipp ×

Es funktioniert stets gut, wenn Sie Kinder oder Haustiere mit einbeziehen. Hier finden sich immer schnell Leser. Als Zahnarzt können Sie Tipps streuen, wie Sie Ihr Kind zum Zähneputzen motivieren. Auch für Handwerker ist hier einiges denkbar. Schreiben Sie beispielsweise eine Anleitung, wie man einen Kaninchenstall selbst repariert. Ähnliche Beispiele finden sich für die verschiedensten Berufssparten.

Vielleicht sind Sie in der glücklichen Lage, dass Sie ausgebucht sind oder sich die Kunden in Ihrer Praxis bzw. Kanzlei die Klinke in die Hand geben. Dann nutzen Sie doch die sozialen Netzwerke, um eine besonders lukrative Zielgruppe anzusprechen – Privatpatienten, falls Sie Arzt sind (auch wenn Sie dies nicht allzu stark proklamieren sollten), oder bestimmte Tätigkeiten, falls Sie Handwerker sind. So kann der Einsatz der sozialen Netzwerke auch dann sinnvoll sein, wenn Sie bereits ausreichend Kunden haben.

7.5.2 Fragen und Antworten für Experten

Eine Technik für den Fachexperten ist die Nutzung der »Fragen und Antworten«-Bereiche der sozialen Netzwerke oder spezieller Plattformen. Letztere sind gerade für Spezialisten wie Unternehmensberater sehr interessant. Der Hauptvorteil der »Fragen und Antworten«-Portale ist ihre Nachhaltigkeit und ihre Auffindbarkeit über die Suchmaschinen. Auch bereits mehrere Jahre alte Antworten werden immer noch gefunden – diese Zeitspanne stellt in der Welt der sozialen Netzwerke eine Ewigkeit dar. Die meisten Anbieter von Fragen und Antworten werden in den Suchmaschinen hoch gelistet und landen nicht selten auf der ersten Seite der Suchergebnisse. Mit diesem Wissen können Sie sich hinsichtlich Ihrer Auffindbarkeit von Ihren Mitbewerbern absetzen. Suchen Sie Ihr Kernthema und die passenden Stichwörter. Wenn es zu dem Kernthema schon etliche »Meinungsführer« gibt, können Sie auch darüber nachdenken, sich weiter zu spezialisieren.

Die Portale bieten Ihnen Funktionen, mit denen Sie sich auf die Suche nach Fragen zu Ihrem Thema machen können. Suchen Sie auch nach ähnlichen Begriffen: Die Fragen kommen ja nicht immer von Fachleuten, sondern oft auch von Studenten, Azubis oder Quereinsteigern, denen möglicherweise die richtige Terminologie nicht bekannt ist.

Wenn Sie eine passende Frage gefunden haben, antworten Sie ruhig auch dann, wenn schon andere dies getan haben. Sie können teilweise sogar auf Fragen antworten, die bereits vor ein paar Jahren gestellt wurden. Wichtig ist vor allem, dass Ihre Antwort fundiert ist und dem Fragesteller weiterhilft. Wenn Sie ein Unternehmens- oder anderes Profil besitzen, verweisen Sie mit Hinweis auf weitere mögliche Hilfe darauf, wie zum Beispiel »Ich hoffe, dass ich Ihnen weiterhelfen konnte. Anderenfalls kontaktieren Sie mich gerne unter *http://meine-website.de*.«

Tipp ×

Über Suchagenten bzw. Angaben zu Ihren Fähigkeiten bei den Anbietern können Sie sich auch in Zukunft informieren lassen, wenn Fragen zu Ihrem Thema gepostet werden. Deshalb müssen Sie diese Plattformen nicht permanent im Auge behalten; es genügt, wenn Sie sie einmal im halben Jahr besuchen.

Bei einigen »Fragen und Antworten«-Portalen können Sie auch Tipps einstellen, ohne dass eine direkte Frage gestellt wurde. Nutzen Sie dies für kleine Anleitungen aus Ihrem Fachgebiet. Denken Sie dabei auch an einen Link zu Ihrem Profil.

Tipp ×

Eine Besonderheit bieten die XING-Themen. Sie können hier kleine, blogartige Artikel posten. Wenn Sie keinen eigenen Blog bzw. keine eigene Website haben, auf der Sie kleine Artikel publizieren können, ist dies eine gute Alternative zu den etablierten »Fragen und Antworten«-Portalen, um Tipps oder Ähnliches zu veröffentlichen.

7.5.3 Die Fachgruppen

Auch in den Fachgruppen der Social-Media-Plattformen können Sie Ihre Expertise gut darstellen. Sie finden sie vor allem auf LinkedIn und XING. Außerdem ist auch die Vielzahl der Facebook-Gruppen ein guter Anlaufpunkt.

Hinweis

Wie sich die Google+-Communities etablieren, bleibt abzuwarten. Google+ kann den Vorteil der Verbindung zur Suchmaschine Google ausspielen. Für Ihre eigene Reichweite ist Google+ als Alternative stets einen Gedanken wert.

Streuen Sie Ihre Teilnahme am besten über mehrere Gruppen. Damit erhöhen Sie die Chance, gefunden zu werden, wenn jemand einen Anbieter mit einem bestimmten Fachgebiet sucht. Bereits heute ist die Auswahl sehr groß. Daher sollten Sie zunächst festlegen, an welchen Gruppen Sie teilnehmen möchten. Stellen Sie Ihren Kernkompetenz in den Mittelpunkt Ihres Engagements. Berücksichtigen Sie dabei drei Aspekte:

- Wen treffen Sie in den Gruppen?
- Bestehen Möglichkeiten, Ihre Expertise unter Beweis zu stellen?
- Gibt es ansprechende Diskussionen zu Ihrer Profession, an denen Sie teilhaben können?

Danach ist eine gewisse Kontinuität gefragt. Sie werden mit der Zeit als Ansprechpartner geschätzt werden. Das bedingt allerdings, dass Sie zumindest hin und wieder am Gruppenleben teilnehmen und mitdiskutieren sollten. Durch das Anstoßen von Diskussionen erhöhen Sie die Wahrscheinlichkeit, als kompetenter Ansprechpartner identifiziert zu werden.

Passende Fachgruppen finden

Zunächst sollten Sie einen Blick auf die bestehenden Fachgruppen werfen. Prüfen Sie, welche Gruppen es auf Facebook, LinkedIn oder XING zu Ihrem Thema bereits gibt. Google+ ist in diesem Terrain noch sehr neu, so dass es sogar sinnvoll sein könnte, eine eigene Google+-Community zu gründen.

Bei den Fachgruppen ist von der Anzahl her XING führend. Außerdem ist XING die Plattform mit den meisten Freiberuflern und Freelancern. Das hat zur Folge, dass diese dort viel gesucht werden. Wenn Sie Auftraggeber im Konzernumfeld (Automotive, Maschinenbau, Pharmazie, aber auch IT-Dienstleister wie HP, IBM oder SAP) suchen, ist LinkedIn in den deutschsprachigen Ländern führend. Möchten Sie

Kontakte im Business-Umfeld aufbauen, sollten Sie sich an mindestens eine der beiden Plattformen halten und sich dort in Fachgruppen anmelden. Das erste Indiz sind hierbei die Gruppenbeschreibungen, die der Moderator für die Gruppe hinterlegt hat. Schon diese kann in den meisten Fällen als Indikator für die Qualität der Gruppe dienen. Fehlt sie oder besteht sie nur aus Schlagwörtern, so ist von Vornherein etwas Vorsicht angesagt.

Warnung ×

Meiden Sie politische Gruppen. Die Diskussionen schweifen gern ab oder werden persönlich, was Sie kaum weiterbringt.

Manche Gruppen zu allgemeinen Themen haben 5.000, 10.000 oder gar 100.000 Mitglieder. Es gibt aber auch Gruppen, die stärker spezialisiert sind und nur einige hundert Mitglieder haben. Die Anzahl der Mitglieder hat nur eine eingeschränkte Aussagekraft, ob sich das Engagement in der Gruppe lohnt. Bei einer großen Mitgliederanzahl haben Sie gute Chancen, dass genau diese Gruppen von Personen auf der Suche nach einem bestimmten Spezialisten angesteuert werden. In kleinen Gruppen geht es eher familiär zu; man kennt sich untereinander. Oft helfen sich die Mitglieder gegenseitig.

Tipp ×

Auf jeden Fall sollten Sie nach Alumni suchen. Für viele Schulen, Hochschulen oder ehemaligen Arbeitgeber gibt es bereits Alumni. Werden Sie Mitglied; suchen Sie alte Kontakte. Alumni bieten ein Zusammengehörigkeitsgefühl. Wenn jemand ein Produkt oder eine Dienstleistung sucht und Sie (oder Ihr Profil) aus einem Forum kennt, haben Sie bessere Chancen, in Anspruch genommen zu werden, als ein Unbekannter. Eine Gemeinsamkeit schafft automatisch eine Vertrauensbasis.

Einen guten Überblick erhalten Sie, wenn die Gruppe öffentlich ist. Sie können sie einsehen, ohne Mitglied zu sein. Häufig sind solche Gruppen auch für die Suchmaschinen geöffnet, so dass Ihre Postings auch über Google, bing & Co gefunden werden. Die geschlossenen Gruppen bieten wiederum den Vorteil, dass sie vertrieblich weniger belastet sind.

Alle drei großen Plattformen bieten Statistiken, mit der Sie sich einen guten Eindruck verschaffen können. Außerdem gibt es Mitgliederlisten, anhand derer Sie prüfen können, wer alles in der Gruppe ist. Achten Sie auf die neusten Beiträge. Gibt es inhaltliche Diskussionen oder überwiegend Werbung und Stellenanzeigen?

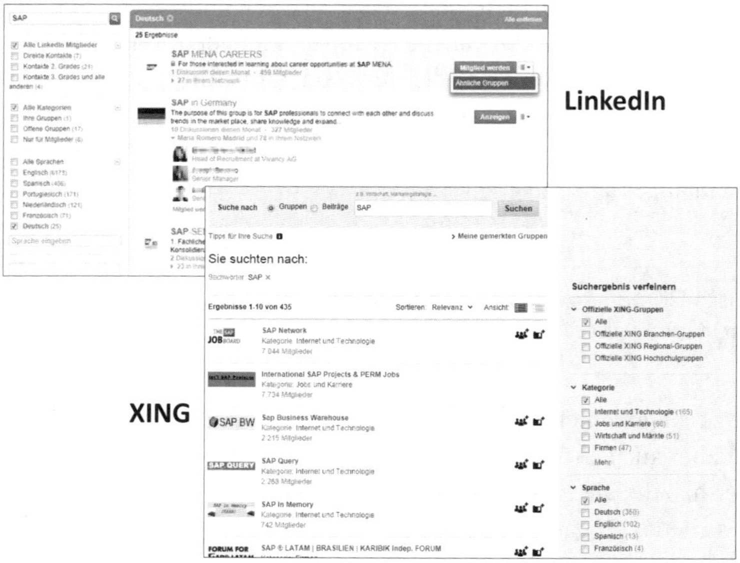

Abbildung 7.2 Fachgruppen bei XING und LinkedIn suchen

Prüfen Sie, in welchen Gruppen die Meinungsführer in Ihrem Bereich angemeldet sind. Gerade zu Beginn sollten Sie sich außerdem in Ihrem Netzwerk umsehen. Sind ehemalige (oder aktuelle) Kollegen in den Gruppen und wie sieht es mit Mitbewerbern aus?

Sowohl LinkedIn als auch XING bieten technische Unterstützung, um ähnliche Gruppen zu finden. Bei Google+ ist die Suche nach Gruppen zurzeit nur stichwortbasiert.

Bei LinkedIn haben Sie die Möglichkeit, nach »ähnlichen Gruppen« zu suchen und sich vom Anbieter Vorschläge machen zu lassen. Auch können Sie direkt nach offenen Gruppen suchen und – was besonders wertvoll ist – sich Gruppen zu einem Stichwort anzeigen lassen, in denen Ihre Kontakte oder Kontakte Ihrer Kontakte bereits Mitglied sind. Letzteres ist deswegen von Vorteil, weil Sie über Ihre bestehenden Kontakte mit diesen Personen schnell ins Gespräch kommen können.

Bei XING können Sie über ein Stichwort Gruppen suchen und die Ergebnismenge...

- nach einem gewünschten Kriterium sortieren (Anzahl der Mitglieder, Aktivität etc.),
- nach Sprache und Kategorie selektieren,
- beides in Kombination verwenden.

Über diese Kriterien können Sie sich zügig einen Überblick über die Gruppen verschaffen, die Ihrer Profession entsprechen. Am besten verwenden Sie einen Mix und suchen sich sowohl große als auch Nischengruppen, die von den Inhalten her am besten zu Ihrem Fachgebiet passen.

Hinweis

Bei LinkedIn und XING können Sie maximal 50 Gruppen beitreten; bei Facebook gibt es keine solche Einschränkung.

Wenn Sie jedoch keine Zeit und Lust haben, sich näher mit der großen Auswahl zu beschäftigen, treten Sie erst einmal ein paar Gruppen bei und schauen Sie sich um. Viele Gruppen werden von Unternehmen geführt, was jedoch nicht immer ein Nachteil sein muss. Wenn die Gruppe jedoch zu viel Spam enthält oder Ihnen keinen Mehrwert bietet, treten Sie wieder aus. Es gibt sowohl bei XING als auch auf LinkedIn genug Alternativen.

Engagement in Fachgruppen

Nachdem Sie eine passende Gruppe gefunden haben und ihr beigetreten sind, sollten Sie sich zunächst vorstellen. Hier können Sie auch schon erkennen, wie aktiv die Gruppe ist und ob jemand (beispielsweise der Moderator der Gruppe oder andere Teilnehmer) auf Ihre Vorstellung reagiert und Sie begrüßt. Im Anschluss sollten Sie jeder Gruppe, der Sie beitreten, ein paar Minuten Aufmerksamkeit schenken und sich einlesen.

Hinweis

Achten Sie auf Ihre Einstellungen. Durch den Beitritt in Gruppen können Sie von den Moderatoren Newsletter erhalten und zu Events eingeladen werden. Überlegen Sie, ob Sie das wünschen. Wenn nicht, deaktivieren Sie diese Optionen direkt nach der Anmeldung in der Gruppe.

Viele Gruppen beinhalten einen eigenen CoC (Code of Conduct – Verhaltensregeln, manchmal auch Gruppenregeln genannt) oder eine Einleitung. Lesen Sie sich diese durch. So bekommen Sie einen Überblick, was gewünscht und was nicht so gern gesehen wird. Sie können dort meist auch schon zwischen den Zeilen lesen, wie der Moderator die Gruppe handhabt. Sind solche Informationen nicht vorhanden, ist das bereits Indiz für die schlechte Qualität der Gruppenmoderation.

Tipp

Räumen Sie Ihre Gruppen einmal im halben oder einmal im Jahr auf. Prüfen Sie, ob eine bestimmte Gruppe zu Ihnen passt und ob neue Gruppen hinzugekommen sind, die vielleicht von Interesse sein könnten. Übertreiben Sie es aber nicht. Es gibt Gruppen, gerade zu politischen Fragen, in denen man ein bestimmtes Thema tagelang diskutieren kann. Verdeutlichen Sie sich, dass eine Gruppe, die nicht zu Ihrer Kernkompetenz passt, eher ein Freizeitvergnügen als Arbeit an Ihrer Fachexpertise darstellt.

Eigene Diskussionsstränge starten

Wenn Sie einen eigenen Diskussionsstrang starten, werden Sie wesentlich besser sichtbar als durch die bloße Teilnahme an einer Diskussion.

Suchen Sie sich ein passendes Thema aus. Dieses sollte einen Bezug zur aktuellen Lage in Ihrem Umfeld haben. Generelle Fragen funktionieren in Diskussionen im Regelfall besser als Spezialfälle, die Sie erst lange beschreiben müssen. Vor allem emotional belastete Diskussionen sind ein Garant für viele Beiträge – im Projektmanagement gibt es zum Beispiel einen Art Glaubenskrieg, ob eine Zertifizierung sinnvoll ist oder nicht.

Hinweis

Die XING-Gruppen sind untergliedert. Wenn Sie hier eine Diskussion starten, sollten Sie darauf achten, dass Sie dies im richtigen Unterforum tun. Wählen Sie das falsche Unterforum, erhalten Sie oft Kommentare, die Sie nicht weiterbringen. Bei LinkedIn gibt es keine Gliederung der Diskussionen. Sie können hier auch Artikel posten und Ihre eigene Meinung per Kommentar hinzufügen. Diese Vorgehensweise ist wesentlich effektiver als das Veröffentlichen eigener, langer Artikel.

Sobald Sie ein Thema gefunden haben, stellen Sie Ihre Frage und erläutern Sie Ihren eigenen Standpunkt. Der Text muss nicht lang sein; normalerweise wird keine umfassende Abhandlung von Ihnen erwartet. Wenn jemand reagiert, sollten Sie auf einen positiven Diskussionsverlauf achten: Auch wenn jemand völlig anderer Ansicht ist, machen Sie sich die Mühe, sich für die Antwort zu bedanken. Oftmals kann man auch einen positiven Aspekt hervorheben (»Ich denke, XYZ spricht einen wichtigen Punkt an.«)

Tipp

Selbst wenn Sie an der weiteren Diskussion nicht teilnehmen – wenn Sie eine Diskussion gestartet haben, erscheint auf jeden Fall Ihr Profilbild in der Forenübersicht. Das garantiert Ihnen, wahrgenommen zu werden. Wenn jemand in den Diskussionsforen nach Ansprechpartnern sucht, so wird er vorrangig die Gruppenübersicht betrachten und selten in die Diskussionen selbst abtauchen.

Wenn Sie eine Diskussion gestartet haben und auch in anderen sozialen Netzwerken ein Profil haben, sollten Sie die Möglichkeit von Cross-Postings nutzen.

Diskussion wo	Cross-Posting möglich bei
Facebook	Nur manuell möglich
LinkedIn	LinkedIn, Twitter, Facebook (nur bei öffentlicher Gruppe)
XING	XING, Twitter, Facebook (nur bei öffentlicher Gruppe)
Google+	Nur manuell möglich

Tabelle 7.2 Cross-Posting-Möglichkeiten

Mit Cross-Postings wird Ihrer Diskussion mehr Aufmerksamkeit zuteil. Zuerst sollten Sie die Diskussion jedoch in Ihrem eigenen Netzwerk publizieren: Nicht alle sind Mitglied in Ihrer Gruppe. Vielleicht findet sich der eine oder andere, der sich für den Gruppenbeitrag interessiert und sich beteiligen möchte.

Mit der Zeit wird Ihre Diskussion einschlafen, je nach Aktualitätsbezug schon nach wenigen Tagen. Selten halten Diskussionsstränge länger als ein paar Wochen. Das ist nicht schlimm – versuchen Sie nicht, die Diskussion immer wieder erneut in den Fokus zu bringen. Nutzen Sie die Zeit lieber für einen neuen Beitrag.

Kontinuität

Wenn Sie über die Teilnahme an Fachgruppen als Experte identifiziert werden möchten, sollten Sie auf Kontinuität achten. Nehmen Sie regelmäßig teil, damit Sie besser gefunden werden. Einige soziale Netzwerke bieten Ihnen auch technische Unterstützung, beispielsweise einen RSS-Feed, den Sie abonnieren können, oder – bei LinkedIn – eine wöchentliche Zusammenfassung des Gruppengeschehens. Nutzen Sie die technischen Möglichkeiten, um Ihre Zeit effektiv einzusetzen. So können Sie mit wenig Zeit den Überblick über die aktuellen Diskussionen und Forenbeiträge besser bewahren.

Hinweis

Zur Erinnerung: Sie werden langfristig besser wahrgenommen, wenn Sie selbst Aufmerksamkeit verschenken. Empfehlen Sie die Diskussionen anderer Nutzer, wenn sie Ihrer Profession entsprechen. Bedanken Sie sich für wertvolle Tipps oder Anleitungen. Binden Sie andere Nutzer, am besten Meinungsführer, mit ein. Streiten Sie sich nicht. Wenn eine Diskussion zu emotional wird oder persönliche Angriffe beinhaltet, verfassen Sie einfach keine weiteren Beiträge. Es besteht sonst die Gefahr, dass Sie sich verzetteln. Und dann bekommen Sie Aufmerksamkeit, die nicht zielführend ist.

Umfragen erstellen

Auch Umfragen zu aktuellen Themen funktionieren immer gut: »Wird sich der Ruf der Banken 2013 wieder verbessern?« »Welcher Stundensatz ist Ihrer Ansicht nach für einen externen Projektmanager angemessen?« Bei XING müssen Sie hierzu eine Freitextdiskussion erstellen; bei LinkedIn können Sie eine eigene Umfrage starten (allerdings nicht in jeder Gruppe – es hängt davon ab, ob der Gruppenmoderator diese Möglichkeit aktiviert hat oder nicht).

Eigene Gruppe gründen

Eine weitere sinnvolle Alternative, wenn Sie sich als Experte und Spezialist für ein Thema etablieren möchten, ist die Gründung einer eigenen Gruppe. Es gibt zwar bereits sehr viele Gruppen, aber viele davon sind entweder leer oder tot. Als Gruppengründer und Moderator nutzen Sie die Kompetenzvermutung in den sozialen Netzwerken für Ihre eigene Zwecke. Sie werden sofort als Experte für Ihr Thema angesehen! Eine eigene Gruppe zu Ihrem Fachthema stellt Sie und Ihre Expertise in den Mittelpunkt.

Vor allem zu Beginn ist ein wenig Engagement notwendig, bis sich Ihre Gruppe etabliert hat. Wenn die Gruppe andererseits erst einmal läuft, können Sie die zum Erhalt der Gruppe notwendige Energie verringern. Ich selbst habe auf XING und LinkedIn zwei Gruppen zum Thema »Projektmanagement«. Es hat etwas Zeit gebraucht, diese aufzubauen. Nach etwa einem Jahr liefen die Gruppen selbstständig und zeigten ein organisches Wachstum: Ich musste keine Teilnehmer mehr einladen, diese fanden von alleine in meine Gruppe. Jetzt habe ich den Vorteil, dass ich direkt von Nutzern angesprochen werde; ich erhalte auch direkte Projektanfragen. Je nach Thema ist die Größe, ab der eine Gruppe von alleine wächst, unterschiedlich. Allgemeine Themen brauchen eher mehr Teilnehmer als Gruppen, die nur eine Nische besetzen.

Wenn Sie eine Fachgruppe gründen wollen, benötigen Sie zuerst ein Thema und einen Gruppennamen. Maßgeblich für diesen sollte das Ziel der Gruppe sein – wünschen Sie einen reinen Austausch unter Experten oder sollen Anfänger unterstützt werden (»SAP – Erste Schritte in der Architektur«)? Hier sind Neulinge ebenso willkommen wie Experten. Eine weitere Überlegung ist, ob die Gruppe öffentlich, also für alle sichtbar, oder geschlossen sein soll.

Als Nächstes überlegen Sie, auf welcher Plattform Sie die Gruppe gründen möchten. Es stehen Facebook, LinkedIn, Google+ und XING zur Auswahl:

Plattform	Vorteile	Nachteile
Facebook	■ höchste Gesamtreichweite	■ sehr abgeschottet (kein Zugriff über Google)

LinkedIn	■ Statistiken
	■ viel technische Unterstützung
	  ■ Crowdsourcing
	  ■ Spam-Button für Mitglieder
	  ■ Gruppenregeln
	■ die meisten Personen aus Konzernen erreichbar
		■ weniger Freiberufler und Freelancer
		■ schwieriger, Personen »kalt« einzuladen

XING	■ hohe Marktdurchdringung bei Experten und Spezialisten ■ Möglichkeit, Unbekannte »kalt« einzuladen	■ bereits viele dominante Gruppen vorhanden ■ technisch veraltet, kaum Hilfsmittel
Google+	■ sehr schnell erstellt ■ HangOuts: Videokonferenzen in der Gruppe	■ Communities noch nicht gut bekannt ■ wenig Möglichkeiten

Tipp

Erstellen Sie ein Logo für Ihre Gruppe, damit diese wiedererkannt wird. Denken Sie an fremde Markenrechte (im obigen Beispiel »SAP«), wenn Sie Grafiken aus dem Internet verwenden. Es gibt im Web gute Logo-Generatoren.

Denken Sie über die Gruppenbeschreibung und die Gruppenregeln nach. Beide sollten gut formuliert sein, weil sie Visitenkartencharakter für Ihre Gruppe haben. Die Beschreibung dient auch der besseren Auffindbarkeit der Gruppe. Verwenden Sie deshalb zentrale Begriffe, die nicht im Gruppennamen vorkommen.

In den Gruppenregeln sollten die folgenden Punkte geklärt werden:

- Ist Werbung erlaubt?
- Dürfen Stellenanzeigen gepostet werden?
- Sind Recruiter willkommen?
- Was wird als Spam definiert?
- Wie greifen Sie als Moderator durch?

Wenn Sie keine Zeit und Muße haben, sehen Sie sich die Regeln anderer Gruppen an und nutzen Sie diese als Textbaustein. Wichtig ist Transparenz, nicht Kreativität.

Sobald die Gruppe gegründet (Facebook und LinkedIn) bzw. beantragt und genehmigt (XING) wurde, kommt viel Arbeit auf Sie zu:

- Laden Sie Nutzer in die Gruppe ein. Im ersten Schritt bietet sich natürlich das persönliche Netzwerk an.
- Stellen Sie die ersten Diskussionen ein, um den neuen Mitgliedern die Möglichkeit zu geben, sich zu äußern. Auch mit Fachartikeln, die Sie mit einem Kommentar versehen haben, können Sie zur Diskussion einladen.
- Verbreiten Sie die Diskussionen auch über andere Netzwerke, um Ihre Gruppe bekannter zu machen.

Dies ist die anstrengendste Phase, wenn Sie eine eigene Gruppe betreiben wollen. Der Vorteil für Sie: Sichtbarkeit. Als Moderator fallen Sie vielen schnell auf. Auch in der Gruppe selbst können Sie sich immer wieder in den Mittelpunkt rücken. Ein gutes Hilfsmittel ist ein Newsletter, den Sie den Mitgliedern zusenden. Informieren Sie sie mit Hilfe des Gruppen-Newsletters über die aktuellen Geschehnisse und interessante Diskussionen in Ihrer Gruppe. Mit Eigenwerbung sollten Sie dabei sparsam sein: Zu viel davon würden die Gruppenmitglieder möglicherweise als Spam identifizieren. Normalerweise ist ein guter Footer ausreichend (»Herzliche Grüße – Ihr Max Mustermann – Firmenname – Link zum Profil«). Der Werbeeffekt kommt mit der Kontinuität.

Die Moderation der Gruppe an sich ist bei fachspezifischen Gruppen eher die geringere Arbeit. Die Nutzer der sozialen Netzwerke scheinen sich eher in politischen und Hobbygruppen auszutoben. In den reinen Fachgruppen sind nur selten Ausfälle und entgleiste Diskussionen zu beobachten.

7.6 Checkliste

7.6.1 Wie werde ich Meinungsführer?

- Haben Sie eine Profession?
  - Welches Thema?
  - Können und wollen Sie sich zum Oberbegriff etablieren?
  - Gibt es Unterkategorien, die noch nicht besetzt sind, aber Ihrer Kernkompetenz entsprechen?

- Wie stellen sich andere Personen in dieser Profession dar?
  - Gibt es bereits Meinungsführer oder ist das Gesamtbild eher heterogen?
  - Können Sie sich von eventuell vorhandenen Meinungsführern abgrenzen?

- Eröffnen Sie einen eigenen Nachrichtenkanal zu Ihrem Thema.
  - Haben Sie Zugang zu guten Informationen zu Ihrem Thema?
    - Nutzen Sie die technischen Möglichkeiten wie Google News, Blog-Aggregatoren, Yahoo, bing.
    - Folgen Sie anderen Meinungsführern zu Ihrem Thema.

  - Teilen Sie gute Informationen, kommentieren Sie beim Teilen dieser Informationen selbstbewusst und bewerten Sie sie.
  - Besetzen Sie das Thema, indem Sie sich darauf fokussieren.
  - Setzen Sie sich positiv ins Bild. (Posten Sie keine schlechten Informationen zu Ihrem Thema mit dem Hinweis, dass der Autor nicht nachgedacht oder keine Ahnung hätte.)
  - Gibt es Blogs zu Ihrem Thema? Fragen Sie nach, ob Sie einen Gastartikel schreiben sollen. Viele Blogger sind dankbar.

- Seien Sie ansprechbar!
  - Schauen Sie in Fachgruppen vorbei. Passen keine Diskussionen zu Ihrem Fokus, initiieren Sie selbst welche.
  - Nutzen Sie die »Fragen und Antworten«-Kanäle.
  - Ermuntern Sie Ihre Leser dazu, Ihnen Fachfragen zu stellen, und bieten Sie Ihre Meinung an.
  - Helfen Sie anderen. Besonders Studenten benötigen oft Unterstützung für Master- oder Bachelor-Arbeiten.
  - Versuchen Sie an Diskussionen, die Ihre Expertise betreffen, teilzuhaben. Vermeiden Sie aber den Auftritt eines Oberlehrers. Selbstbewusst: Ja – Streiten: Nein.

- Nutzen Sie Kontinuität.
  - Posten Sie regelmäßig. Kontinuität ist gefragt, damit Sie sich etablieren können.
  - Machen Sie ein Ritual daraus. Prüfen Sie beispielsweise zweimal pro Woche Ihre Kanäle und posten Sie passende Links. Bevorzugen Sie Kanäle, die über Google einsehbar sind (beispielsweise offene Gruppen).
  - Die Zeit arbeitet für Sie!

7.6.2 Gruppen für den Aufbau von Fachexpertise nutzen

- Haben Sie eine Profession? Wenn ja, welche?
- Wie lautet der zentrale Begriff für Ihre Profession?
- Gibt es Synonyme, die mit der Profession einhergehen?
- Wo wird dazu besonders viel diskutiert? (Suche über Google, bing und Yahoo, da die Ergebnisse voneinander abweichen können und Sie zusätzlich wertvolle Informationen erhalten).
- Kennen Sie interessante Personen, die schon in Gruppen Mitglied sind?
  - Meinungsführer aus Ihrer Profession?
  - Personen aus Ihrem Netzwerk:
    - Kollegen?
    - Mitbewerber?
    - Kunden?
- Gibt es bereits Fachgruppen zu dem Thema? (Verwenden Sie hierzu die zentralen Netzwerke – bei Facebook müssen Sie die allgemeine Suche verwenden und das Suchergebnis im Nachhinein nach Gruppen filtern; bei LinkedIn und XING befinden sich die Gruppen in eigenen Bereichen.)
  - Ja, auf Facebook
  - Ja, auf LinkedIn
  - Ja, auf XING
  - Ja, auf Google+
- Sind die Gruppen öffentlich?
- Sind die Gruppen anmeldepflichtig?
  - Wenn ja, haben Sie sich angemeldet?
  - Haben Sie sich vorgestellt?
  - Haben Sie eine Gruppenzusammenfassung abonniert?

- Finden Sie Diskussionen, die Ihrer Profession entsprechen?
  - Haben Sie daran teilgenommen?
  - Können Sie Ihre Meinung sinnvoll einbringen?
  - Haben Sie einen Footer, der Sie sinnvoll verlinkt?

- Können Sie interessante Diskussionen anstoßen?
  - Haben Sie interessante Artikel gelesen, die Sie als Diskussionsanlass verwenden können?
  - Haben Sie eine interessante Idee für eine Umfrage?

- Gibt es andere Meinungsführer, die bereits etabliert sind?
  - Können Sie diese in Ihre Diskussionen mit einbeziehen?
  - Nutzen Sie Mentioning, um Meinungsführer mit einzubinden.

7.6.3 Wie gründe ich eine Fachgruppe?

- Vorabanalyse: Wo finden Sie Ihre Zielgruppe, wo macht eine Gruppe Sinn?
  - Facebook
  - LinkedIn
  - XING
  - Google+
  - Wenn es bereits Fachgruppen zu Ihrem Thema gibt:
    - Haben diese eine starke Verbreitung?
    - Beschäftigen sich die Gruppen mit Oberthemen, so dass Sie sich mit einer Spezialisierung absetzen könnten?

- Vor der Gründung der Gruppe
  - Haben Sie ein Thema gefunden?
  - Haben Sie eine Plattform identifiziert, auf der Sie die Gruppe gründen könnten?
  - Mit wem könnten Sie starten? Gibt es eine Handvoll Personen, die Sie als »Influenzer« nutzen können?
  - Vorbereitung
    - Haben Sie einen Titel?
    - Haben Sie ein kleines Logo?
      - XING: 80 x 25 und 233 x 69 Pixel
      - LinkedIn: 60 x 30 und 100 x 50 Pixel
      - Facebook: standardisiertes Logo, dafür Titelgrafik
      - Google+: 250 x 200 Pixel, hochkant

        - Haben Sie eine kleine Auswahl an Artikeln oder Informationen, mit denen Sie Ihre Gruppe fürs Erste ausstatten können?
        - Grundüberlegung: Soll die Gruppe öffentlich zugänglich oder geschlossen sein?
        - Stellen Sie Gruppenregeln auf, damit Ihr Handeln auch transparent ist (Umgang mit Werbung, Job-Postings).
    - Legen Sie die Gruppe an (Facebook, LinkedIn) oder beantragen Sie sie (XING).
- Stellen Sie erste Inhalte bereit.
- Laden Sie Ihr Netzwerk in die Gruppe ein, wenn es geht, persönlich. Machen Sie Ihrem nahen Netzwerk bewusst, dass Sie gerade am Anfang viel Unterstützung benötigen. Die bloße Anwesenheit ist schon Unterstützung!
- Gibt es Meinungsführer, die Sie einladen können?
- Verbreiten Sie Inhalte.
    - Starten Sie Umfragen und laden Sie viele Nutzer ein, sich daran zu beteiligen.
    - Posten Sie Neuigkeiten zu Ihrem Thema.
- Mit der Zeit (je nach Professionsgrad bei zwischen 50 und 500 Mitgliedern) wird die Gruppe selbstständiger werden. Sie können sich auf die eigentliche Moderation beschränken.
    - Regelmäßige Newsletter bringen Sie in Erinnerung. Überfrachten Sie diese aber nicht mit Eigenwerbung.
    - Moderieren Sie konsequent. Insbesondere der Umgang mit Spammern erfordert Konsequenz!

Kapitel 8
Unternehmensnachrichten

Inhalt

- Was sind Unternehmensnachrichten?
- Unternehmensnachrichten posten
- Ungewöhnliche Aktionen nutzen

Unternehmensnachrichten sind für Sie eine Möglichkeit, auch außerhalb Ihres eigenen Netzwerks wahrgenommen zu werden. Sie sind ein zentrales Hilfsmittel für Ihren Auftritt in den sozialen Netzwerken.

Der Begriff lässt im ersten Moment an Großkonzerne denken. Tatsächlich ist jede Nachricht oder Information, die Sie im Rahmen Ihrer Berufstätigkeit nach außen geben, im Grunde eine Unternehmensnachricht – das gilt für die kleinen Status-Updates in den sozialen Netzwerken genauso wie für ganze Blog-Artikel. Die Nachricht kann Ihre Kanzlei bzw. Praxis oder Ihren Laden direkt betreffen, zum Beispiel, wann eine Praxis geschlossen ist bzw. wann Betriebsferien sind. Im Grunde genommen sind alle Informationen gemeint, die Sie unter Ihrem Namen publizieren oder teilen. Jede Kommunikation in den sozialen Netzwerken kann auf Ihre Unternehmung zurückgeführt werden. Alles sind Unternehmensnachrichten!

Ein großer Vorteil von Unternehmensnachrichten in sozialen Netzwerken ist, dass Sie sich preisgünstig positionieren können. Sie können mit geringem finanziellem Einsatz (Facebook) oder sogar ganz kostenlos Ihre Reichweite ausbauen. Freiberufler, Selbstständige und Kleinunternehmer können meist keine großen Budgets in Marketingaktionen oder Printwerbung stecken. Die fehlenden Geldmittel können

Sie durch Menschlichkeit und Kreativität wieder wettmachen. Wenn Sie interessante Artikel und Nachrichten teilen und diese je nach Zielgruppe mit kleinen persönlichen Geschichten oder auch Cat Content anreichern, werden Sie eine Reichweite erzielen, die zur Ausübung Ihres Berufs ausreichend ist.

8.1 Arten von Unternehmensnachrichten

Bei den Unternehmensnachrichten muss es sich auch nicht unbedingt um redaktionelle Texte handeln. Der Begriff ist wesentlich weiter gefasst – genauso denkbar sind Fotos, Videos oder Podcasts. Visuelle Inhalte wie Fotos verteilen sich besser als reine Textnachrichten.

- **Eigene Unternehmensnachrichten** können Produktinformationen sein, Informationen zu Angeboten oder auch Benachrichtigungen, wann eine Praxis geschlossen ist bzw. wann Betriebsferien sind.
- **Eigene Inhalte** haben nicht zwingend mit dem eigentlichen Betrieb zu tun; es können auch Artikel über Ihre Region bzw. Fachartikel oder Blogbeiträge sein.
- **Fremde Inhalte:** Sie können und sollen in den sozialen Netzwerken fremde Artikel teilen. So bauen Sie mit verhältnismäßig wenig Aufwand Ihren eigenen Nachrichtenkanal auf.
- **Cat Content** sind alle Inhalte, die in irgendeiner Form niedlich wirken und die Sie vor allem einer breiten Zielgruppe zur Verfügung stellen.

Hinweis

Ausführliche Informationen über den Einsatz von Cat Content erhalten Sie in Kapitel 5, »Kundenbindung«.

Über solche Informationen kommen Sie in den sozialen Netzwerken mit Ihren Kunden ins Gespräch bzw. bleiben im Gespräch. Für Kleinunternehmer, Selbstständige und Freiberufler haben die Unternehmensnachrichten sogar eine noch größere Bedeutung als für große Unternehmen, weil für Sie die Alternativen wie Printmarketing oder TV-Spots aus Budget-Gründen oft nicht in Frage kommen.

Unternehmensnachrichten haben zudem den Vorteil, dass Sie sie an die Zielgruppe anpassen können. Damit vermeiden Sie Streuverluste und setzen Ihre knappe Zeit und/oder Ihr knappes Geld sinnvoll ein, um bei denjenigen im Gedächtnis zu bleiben, die Sie wahrscheinlich beauftragen werden. Schließlich benötigen Sie als kleiner Unternehmer kein bundesweites, flächendeckendes Marketing, um eine Marke aufzubauen – Sie benötigen vielmehr einen Namen im Kreis Ihrer Zielgruppe.

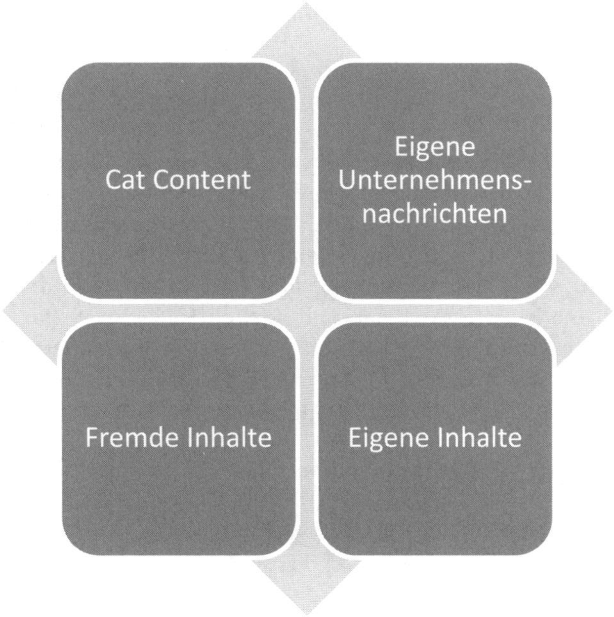

Abbildung 8.1 Arten von Unternehmensnachrichten

Wie erwähnt, müssen Unternehmensnachrichten nicht zwingend über Ihr eigenes Unternehmen informieren. Wenn Sie Projektleiter sind und als externer Berater arbeiten, verbieten sich Informationen aus Ihrem Kundenkreis von selbst. Ähnliches gilt auch für Ärzte. Und als Handwerker werden Sie wahrscheinlich kein starkes Interesse erzeugen, wenn Sie ausschließlich über Ihren lokalen Betrieb berichten.

Wenn Sie kein klares Ziel vor Augen haben, kann ein Blick auf die Mitbewerber durchaus helfen. Lokale Anbieter wie Handwerker, Zahnärzte, Rechtsanwälte oder ein kleiner Blumenladen haben einen strategischen Vorteil: Sie können sich erfolgreiche Auftritte von Mitbewerbern ansehen und unter Umständen Strategien adaptieren oder sogar kopieren. Wenn ein Zahnarzt aus München eine erfolgreiche Facebook-Kampagne hatte, werden Sie (wenn Sie nicht gerade ebenfalls in München praktizieren) mit dieser Strategie kaum Widerstand erzeugen.

Schwieriger wird es, wenn Sie sich als Experte für ein bestimmtes Thema etablieren wollen. Wenn es schon einen Experten für dieses Thema gibt, müssen Sie sich entweder absetzen oder bessere Inhalte zur Verfügung stellen. Ob kopiert oder kreativ erdacht: Die Unternehmensnachrichten müssen für Ihre Zielgruppe von Interesse sein.

Tipp

Nutzen Sie Visualisierungen Ob es sich um eine mit Powerpoint erstellte Infografik zu Ihrer Profession handelt oder um eine Aufnahme Ihrer Unternehmung, Kanzlei oder Praxis: Nutzen Sie Grafiken und Fotos. Illustrierte Unternehmensnachrichten verteilen sich wesentlich besser. Nutzen Sie bildliche Elemente auch, um sich lokal abzugrenzen. Machen Sie Fotos vom Sonnenuntergang über Ihrer Stadt, von der zentralen Fußgängerzone oder markanten Gebäuden und streuen Sie diese in Ihre Artikel mit ein. Auch Fachartikel oder Tipps von Handwerkern und Ärzten profitieren von solchen Bildern, weil sie einen Bezug zu Ihrer Region herstellen. Wenn Sie keine Scheu vor der Benutzung einer Kamera haben – ein Smartphone reicht meist auch schon aus –, sollten Sie gegebenenfalls auch Pinterest als Unterstützung nutzen. Fotos Ihrer Stadt oder Ihrer Region, richtig getaggt, werden über Pinterest schnell weiterverbreitet.

8.2 Regeln für Unternehmensnachrichten

Egal, für welche Strategie Sie sich entscheiden: Machen Sie sich mit einigen Regeln vertraut.

8.2.1 Die Netiquette

Denken Sie beim Publizieren von Unternehmensnachrichten daran, dass sich im Netz eigene Regeln herausgebildet haben. Der Begriff »Netiquette« ist ein Neologismus, der sich aus den Begriffen Net (Netz) und Etiquette (Verhaltensregeln) zusammensetzt. Bei der Netiquette handelt es sich nicht um formaljuristische Aspekte, sondern um allgemeine Verhaltensregeln, die sich mit der Zeit durchgesetzt haben. Sie hat keine einheitliche Form und auch die Akzeptanzkriterien variieren etwas. Wesentliche Merkmale sind:

- Seien Sie höflich. Verhalten Sie sich in Bezug auf Höflichkeit nicht anders als im wahren Leben auch!
- Respektieren Sie Ihre Diskussionspartner.

- Bleiben Sie sachlich. Die meisten Diskussionen gleiten ab, wenn persönliche Anfeindungen ins Spiel kommen.
- Achten Sie auf Ihre Rechtschreibung.
- Kennzeichnen Sie fremde Inhalte als Zitat. Bietet das jeweilige soziale Netzwerk keine Zitatfunktion, setzen Sie vor den Zitatbeginn das >-Zeichen.
- Übertriebene Großschreibung wird als SCHREIEN interpretiert und gilt als unhöflich.
- Sonderzeichen sollten sparsam verwendet werden. Beliebt sind Sonderzeichen, um Aufmerksamkeit zu erzeugen, *e*t*w*a* mit Sternchen oder auch allen anderen Zeichen des ASCII-Baukastens.
- Vermeiden Sie mehrere Ausrufe- oder Fragezeichen hintereinander.
- Denken Sie daran, dass Sie ohne Hilfe von Gestik und Mimik kommunizieren. Setzen Sie deshalb gegebenenfalls sogenannte Emoticons ein:

Emoticon	Bedeutung
;-)	Augenzwinkern
:-)	Lächeln, Freude
:-(	Traurig
:-O	Überrascht
<3	Herz, Liebe

Tabelle 8.1 Die gängigsten Emoticons und ihre Bedeutung

Einige soziale Netzwerke übersetzen diese Emoticons automatisch in Smiley-Grafiken.

Warnung ✕

Vermeiden Sie englische Wörter zur Superlativierung wie »MEGA-TOP«, »POWER« o. ä. (eventuell noch, wie hier, kombiniert mit übertriebener Großschreibung). Auch auf Wortkreationen wie »Ihr Verkaufsturbo« sollten Sie verzichten. Es ist mehr als fragwürdig, ob solche marktschreierischen Begriffe zur Förderung der Aufmerksamkeit und zur Verkaufssteigerung beitragen können.

8.2.2 Du oder Sie?

Sollen Sie Ihre Leser mit »Du« oder »Sie« ansprechen? Es gibt Hardliner, die in allen sozialen Netzwerken das »Du« verwenden. In Wirklichkeit hängt es jedoch stark von der Plattform ab: In Facebook wird eher geduzt; bei LinkedIn und XING liegen Sie mit dem distanzierteren »Sie« eher richtig. Allgemein sollten Sie sich an die Gepflogenheiten Ihres Umfeldes halten. Wenn in den Diskussionen das »Sie« zu finden ist, bleiben Sie auch dabei.

8.2.3 Ausufernde Diskussionen

Es gibt einige Themengebiete, beispielsweise rund um Politik und Religion, die Sie eher meiden sollten. Leider kommt es immer wieder vor, dass Sie angefeindet werden. Bleiben Sie in diesem Fall höflich und steigen Sie aus der Diskussion aus. Es ist sinnlos, mit jemanden zu diskutieren, der die Form nicht wahren kann. Falls solche Anfeindungen überhand nehmen, sollten Sie Ihre Zeit nicht mit Menschen vergeuden, die Ihnen wahrscheinlich nicht weiterhelfen können – viele Netzwerke bieten deshalb die Funktion, einen bestimmten Nutzer auszublenden.

Auch bei der Beteiligung an fachlichen Diskussionen sollten Sie sich nicht auf Streitgespräche einlassen. Diskutieren Sie nur auf sachlicher Ebene. Versuchen Sie, Emotionen aus der Diskussion auszublenden. Man sieht immer wieder, dass es in fachlichen Diskussionen zu persönlichen Streitigkeiten kommt. Ein sicheres Signal ist es zum Beispiel, wenn ein Kontrahent Ihre berufliche Position oder Ihren Stand für Argumentationszwecke missbraucht (»Sie als Freiberufler sollten eigentlich wissen ... «). In diesem Moment sollten Sie sich aus der Diskussion zurückziehen: Jedes Streitgespräch ist mindestens über die Gruppe, an der Sie teilhaben, oder sogar über das gesamte Internet nachvollziehbar. Auch wenn Sie inhaltlich Recht haben, würden Sie eine negative Außenwirkung erzielen.

Vorsicht ist bei Zeitgenossen geboten, die immer und überall etwas mitzuteilen haben. Oft bieten diese Nutzer einen Einstieg in Diskussionen, aber kaum praktischen Mehrwert. Und dann gibt es noch die sogenannten »Trolle« – Nutzer, die durch meist destruktive Postings die Kommunikation absichtlich stören und bewusst provozieren. Oft sind diese Personen unter Pseudonym in den sozialen Netzwerken unterwegs, selbst auf Plattformen, die eigentlich Klarnamen für das Profil vorsehen. Auch hier ist die Missachtung das Beste, was Sie für sich und das Netz tun können. Was diese Menschen zu ihrem Verhalten treibt, ist wissenschaftlich nicht belegt. Die Vermutung liegt nahe, dass es sich um eine persönliche Form des Freizeitvergnügens handelt. Trolle sind gar nicht selten und wahrscheinlich werden Sie früher oder später beim Durchforsten der sozialen Netzwerke auf sie stoßen.

8.2.4 Positive Ausstrahlung

Bei allen Nachrichtenkommentaren und bei allen Diskussionen, an denen Sie teilnehmen, können Sie steuern, wie Ihre Umwelt Sie wahrnimmt. Achten Sie stets auf eine positive Ausstrahlung. Denken Sie daran: Wenn jemand nach Fachinformationen, einem Produkt oder einer Dienstleistung sucht und auf Sie stößt, wird er viele Diskussions- und Informationselemente von Ihnen finden. Die sozialen Netzwerke und das Internet ganz allgemein haben ein langes Gedächtnis; einmal veröffentlichte Informationen können teilweise auch noch nach Jahren abgerufen werden.

Hinweis

Die Ausstrahlung, die Sie auf Ihr Netzwerk und Ihre Kunden haben, steuern nur Sie!

8.2.5 Andere Nutzer positiv erwähnen

Wenn Sie Artikel oder andere Informationen teilen, sollten Sie den Autor lobend hervorheben. Betonen Sie, was Ihnen gefallen hat und begründen Sie dies auch. Immer wieder werden geteilte Artikel mit kritischen Kommentaren versehen oder ein Aspekt wird negativ hervorgehoben. Dabei kann die Kritik durchaus sachlich sein, ein Bereich eines Artikels sogar falsch. Die Frage ist dann, warum er überhaupt geteilt wurde. Die bloße Diffamierung des Autors oder die Dokumentation eines höheren Wissensstands sollte kein Argument sein. Verzichten Sie in solchen Fällen auf die Publikation. Ihr Netzwerk und andere Nutzer, die Ihnen folgen, könnten Sie sonst als Besserwisser wahrnehmen.

Identifizieren Sie Meinungsführer, um Ihre eigene Reichweite mit Hilfe dieser Personen auszubauen. Sobald sie mit Ihnen interagieren, steigt Ihre Reichweite durch die Kreise, in der diese Meinungsführer bekannt sind.

Auch Ihre Mitbewerber können Ihnen nützlich sein. Wenn Ihr Mitbewerber eine Information veröffentlicht, die auch für Ihr Netzwerk interessant ist, teilen Sie sie. Auch hier gilt: Sie verschenken Aufmerksamkeit und werden diese zurückerhalten. Teilen Sie die Informationen Ihrer Mitbewerber nicht nur, sondern kommentieren Sie sie auch oder weisen Sie auf einen besonderen Aspekt hin. Auch wenn ein Mitbewerber gerade einen Auftrag oder einen Preis gewonnen hat, sollten Sie sich nicht scheuen, ihm zu gratulieren.

Nutzen Sie dazu Techniken wie das Mentioning (siehe Kapitel 6, »Kundenakquise«). Sie können auch einzelne Absätze hervorheben. Betonen Sie, was an einem Artikel besonders gelungen ist, was Sie beeindruckte oder was Sie berührte. Sie wirken dadurch positiv und hilfsbereit. Damit erleichtern Sie es anderen Nutzern, Sie anzusprechen – es ist einfacher, jemanden anzusprechen, der für andere da ist. Wer viel kritisiert, wirkt hingegen schnell arrogant. Ihre Wirkung auf andere ist in den sozialen Netzwerken noch wichtiger als Ihre Sachkenntnis.

Sobald Sie jemanden per Mentioning erwähnt haben, erhält dieser eine Benachrichtigung. Missbrauchen Sie diese Technik in Ihren Unternehmensnachrichten jedoch nicht für Werbung. Zu groß ist die Gefahr, als Spammer zu gelten und damit in Misskredit zu kommen.

Tipp

Wenn Sie einen Kommentar finden, der Sie ärgert, lassen Sie die Antwort einfach einen Tag liegen. Mit etwas zeitlichem Abstand werden Sie automatisch sachlicher.

8.2.6 Sarkasmus und Ironie vermeiden bzw. kennzeichnen

Ein schwieriges Thema in der Kommunikation über die sozialen Netzwerke ist der Einsatz von Sarkasmus oder Ironie. Selbst wenn Sie damit einige Smileys ernten – nicht alle Leser verstehen Sarkasmus und Ironie; Missverständnisse sind vorprogrammiert und können zu einem unangenehmen Diskussionsverlauf führen.

Wenn Sie Ironie als Stilmittel einsetzen, sollten Sie dies kenntlich machen, beispielsweise durch sogenannte Ironie-Tags, die sich von der HTML-Syntax ableiten: Setzen Sie vor Ihren Kommentar das öffnende Tag *<Ironie>*, dahinter das schließende Tag *</Ironie>*. Damit verdeutlichen Sie, dass Sie etwas überspitzt dargestellt haben.

8.2.7 Kunden mit einbeziehen

Sie sollten sich immer wieder vor Augen führen, für wen die Unternehmensnachrichten bestimmt sind. Sie sollen Ihre Zielgruppe erreichen und dort für Interesse sorgen. Versuchen Sie deshalb so oft wie möglich, Ihre Kunden ins Gespräch zu ziehen. Interaktion mit Kunden ist eine wertvolle Unterstützung für Sie und Ihr Unternehmen; jede Kommunikation bringt Ihnen Sichtbarkeit und Reichweite in den sozialen Netzwerken. Sie werden als Dienstleister oder Produzent wahrgenommen, der sich um die Belange seiner Kunden kümmert. Es gibt die verschiedensten Anlässe, die Sie dazu nutzen können. Gratulieren Sie Ihren Kunden nicht nur zum Kauf Ihrer Dienstleistung oder Ware, sondern fragen Sie auch nach ihrer Zufriedenheit und ob etwas besser laufen könnte. Versuchen Sie, mit Ihren Kunden in Kontakt zu kommen und zu bleiben.

Warnung

Aber auch hier gilt: Übertreiben Sie es nicht. Wenn Sie nahezu täglich Einzelpersonen mit einbeziehen, so wird das Interesse sinken, da Ihre Kontakte einfach zeitlich überfordert sind. Nach einer Studie aus der Absatzwirtschaft fühlt sich ein Großteil der Nutzer sozialer Netzwerke durch zu aufdringliche Marketingaktivitäten gestört. Dann sinkt sogar die Bereitschaft, einen neuen Auftrag zu erteilen oder ein Produkt wieder zu erwerben. Die Kommunikation mit den »Freunden« hat bei vielen Nutzern Vorrang.

Wenn Sie Ihre Kontakte mit einbeziehen, werden diese zu Markenbotschaftern: Sie tragen Ihren Namen in Ihr Netzwerk. Er wird auch bei den Kontakten Ihrer Kontakte bekannt und erzeugt dort Aufmerksamkeit. Sie nutzen damit virale Effekte: Gute und interessante Kommunikation breitet sich aus und auf Dauer wird sich Ihr Netzwerk vergrößern.

Tipp

Die Reaktionen Ihrer Kunden sind jedoch nicht immer vorhersehbar. Seien Sie auch auf Antworten vorbereitet, die nicht zur geplanten Vorgehensweise passen. Nutzen Sie alle Chancen, im Zweifel mit Humor. Das Magazin Brigitte hatte einen Contest ausgerufen, in dem sich das schönste Mädchen für das Titelbild bewerben sollte. Ein junger BWL-Student aus Koblenz machte mit, mit Perücke und lasziv auf einer Couch lümmelnd. Der junge Mann bekam auf Facebook so viele Stimmen, dass er gewann. Brigitte nahm es mit Humor, lud ihn zum Fotoshooting ein und veröffentlichte die Fotos.

8.2.8 Wie sieht ein Posting aus?

Ihre Postings sollten so lang sein, dass Sie Ihr Thema darin darlegen können, aber auch nicht zu lang. Eine gute Richtlinie sind etwa 100 bis 1.000 Zeichen.

Tipp

Wenn Sie nicht abschätzen können, wie viel 1.000 Zeichen sind, so können Sie dies über Word oder OpenOffice schnell herausfinden. Diese Programme liefern Ihnen bei Bedarf eine Statistik über Ihren Text. Die »erweiterte Statistik« gibt die Anzahl der Zeichen aus. Mit der Zeit wird sich ohnehin ein Gefühl für die Länge eines Postings einstellen.

Der günstigste Zeitpunkt

Schwieriger ist die Frage zu beantworten, wann der günstigste Zeitpunkt für ein Posting ist. Dies können Sie nur mit der Zeit und nur für sich alleine herausfinden. Zu viele für Ihr Netzwerk spezifische Faktoren sind zu berücksichtigen. Als grober Anhaltspunkt lässt sich sagen:

- Rein geschäftliche oder berufliche Informationen sollten Sie eher morgens posten.
- Cat Content bzw. Informationen mit Unterhaltungselementen posten Sie ruhig am späten Nachmittag oder in den frühen Abendstunden.
- Der Samstag ist für fast alle Informationen und Postings am wenigsten geeignet.

Auch die Frequenz müssen Sie auf Ihre Zielgruppe und Plattform abstellen. Soziale Netzwerke ohne gute Suchfunktion, bei denen Ihre Nachrichten in Vergessenheit geraten, sobald Sie aus der Timeline Ihrer Leser herauswachsen, benötigen eine höhere Frequenz. Am höchsten sollte diese bei Facebook sein, da Facebook unregelmäßige Nutzer über den Edgerank abstraft. Genauso verhält es sich bei XING. Zwar gibt es keinen limitierenden Edgerank, aber Ihre Nachrichten werden in kurzer Zeit vergessen sein, da sie durch keine Suchfunktion wieder sichtbar gemacht werden können. Google+, LinkedIn, So.Cl und Pinterest sind in dieser Hinsicht klar im Vorteil.

Wenn Sie unsicher sind, starten Sie zu Beginn mit Ritualen: Am Montag bringen Sie einen kleinen Artikel über Ihre Profession oder einen Tipp für Ihre Zielgruppe, am Freitagnachmittag das Video der Woche mit den besten Wünschen für das bevorstehende Wochenende und zwischendurch die Nachrichten, die Ihre Unternehmung oder den laufenden Betrieb betreffen. Das Netzwerk wird diese Rituale dankbar aufnehmen. Oft erhalten Sie dann sogar Rückfragen, ob etwas passiert ist, wenn Sie sich einmal nicht an Ihr Ritual halten.

Die Kraft der Hashtags (#)

Hashtags (siehe auch Kapitel 5, »Kundenbindung«, helfen Ihnen, von anderen gefunden zu werden. Sie funktionieren wie eine vorgefertigte Suche. Schreiben Sie zum Beispiel auf Twitter »Ich probiere gerade die Funktion von #Hashtags aus« und klicken Sie später auf den Begriff mit dem Lattenzaun, werden alle Tweets mit dem Inhalt »#Hashtag« ausgegeben. Genauso funktioniert es auch in den anderen Netzwerken, die Hashtags unterstützen, etwa auf Google+, So.Cl, LinkedIn und Pinterest.

Wenn Sie Ihr Produkt oder Ihre Dienstleistung lokal anbieten, können Sie sich mit Hilfe von Hashtags gut regional abgrenzen. Ob es nun »die Grippeimpfungen in

#Hamburg« ist oder Sie der »beste Imker in #Hannover« sind – mit Hashtags können Sie wesentlich schneller Ihrer Region oder Ihrem Ort zugeordnet werden. Beispiele für einige Berufsgruppen:

Berufsgruppe	Beispiele für Hashtags
Unternehmensberater, Fachexperte	Hashtags aus der Profession, zum Beispiel #Projektmanagement, #Bank, #Kreditprozess oder #ERP
Handwerker, lokal tätig	Hashtags für die Gewerke, für Arbeiten (#Parkett), aber auch lokal (#Hamburg oder #HH)
Steuerberater, Anwalt, Arzt	Hashtags aus der Profession (#StGB bei einem Anwalt), besser Begriffe, die die Zielgruppe nutzen könnte (#Grippe bei einem Arzt, #Klage bei einem Anwalt), aber auch lokal (#Hamburg oder #HH)
Kleiner Produzent einer Ware	Hashtags für die Warengruppe (bei einem kleinem Produzenten für Kosmetika etwa #Makeup oder #Styling)

Tabelle 8.2 Nützliche Hashtags für verschiedene Berufsgruppen

Abbildung 8.2 Hashtags bei Twitter, Google+, So.Cl und Pinterest.

In den sozialen Netzwerken werden Hashtags häufig verwendet, um sich Meinungen oder Informationen zu einem Produkt oder einer Dienstleistung bzw. einen schnellen Überblick über ein Thema zu verschaffen. Das Wertvolle an den Hashtags ist, dass Sie damit ins Blickfeld von Personen rücken, die nicht direkt nach Ihnen gesucht hätten. Sie werden stattdessen über Ihr Thema gefunden.

Warnung ✕

> #Passen #Sie #auf, #dass #Sie #es #mit #den #Hashtags #nicht #übertreiben – ein zu starker Einsatz von Hashtags führt dazu, dass Sie eher als Spammer wahrgenommen werden und dass die Lesbarkeit Ihrer Postings stark einschränkt wird.

8.2.9 Hilfsbereitschaft und Dankbarkeit zeigen

Es ist niemals verkehrt, anderen zu helfen. Sie werden die Hilfsbereitschaft in derselben Währung zurückerhalten, die Sie diesen Menschen oder Unternehmen geboten haben – nämlich Aufmerksamkeit.

Wenn jemand aus Ihren Kreisen, Kontakten oder Followern etwas sucht, Unterstützung für seine Master- oder Bachelor-Arbeit benötigt, teilen Sie es. Bei Twitter hat sich der Begriff »Followerpower« etabliert: Sie fragen etwas – oft eine Banalität – und fügen am Schluss das Hashtag #Followerpower hinzu. Dann weiß das Netzwerk, dass Sie schon allein durch das Teilen helfen möchten. Hilfsbereitschaft bedeutet aber nicht nur, auf solche Wünsche einzugehen, sondern auch, anderen aktiv zu helfen.

Sitzen Sie beispielsweise in einem schönen Café, das selbst eine Facebook-Seite betreibt? Liken Sie dieses Café und loben Sie den Kuchen, die Bedienung, das Interieur usw. Der Café-Betreiber wird es im Regelfall dankbar zur Kenntnis nehmen. Auch hier sollten Sie an die Zielgruppe denken: Sind Sie überregional tätig, können Sie das Café natürlich gerne loben; interessanter ist es für Ihre Leser jedoch, wenn Sie Dinge loben, die im Zusammenhang mit Ihrem Fachgebiet stehen. Bei Experten bieten sich Fachtagungen oder Konferenzen an. Sie erhalten mehr Authentizität, wenn Sie persönlich auf einen Artikel eingehen und diesen loben (oder auch kritisieren), als wenn Sie nur einfach auf den Button »Teilen« klicken.

Genauso verhält es sich mit Geschäftskontakten. Wenn jemand Mitarbeiter, Lieferanten oder Kunden sucht und Sie Unterstützung bieten können, dann sollten Sie dies tun. Dabei hilft es dem Geschäftskontakt bereits, wenn Sie seine Anfrage in Ihrem Netzwerk teilen und damit Aufmerksamkeit verschenken. Diese Unterstützung muss oft gar viel Zeit in Anspruch nehmen – vielleicht kennen Sie jemanden, der Hilfe leisten könnte. Wenn Sie Kontakte zusammenbringen, kann das Ihrem Geschäftskontakt schon durchaus weiterhelfen.

Tipp

Bilden Sie den Mittelpunkt Ihres Netzwerks. Wenn Sie Verbindungen zwischen Ihren Kontakten aufbauen können, helfen Sie Ihrem Umfeld ohne großen Aufwand. Dies werden Ihre Kontakte zu schätzen wissen.

Nicht nur mit Hilfsbereitschaft, sondern auch mit Dankbarkeit können Sie viel erreichen. Hierzu gibt es viele Anlässe. Bedanken Sie sich bei anderen, die für Sie nützliche Informationen geteilt haben. Bedanken Sie sich auch, wenn jemand Sie zitiert. Auch in den Diskussionen ist oft Platz für ein paar Dankesworte. Wenn jemand Sie kritisch kommentiert, können Sie etwas Schärfe herausnehmen und die Diskussion wieder in positive Bahnen lenken, indem Sie sich zuerst für den Kommentar bedanken und dabei herausstellen, dass dieser etwas sehr Wichtiges angesprochen hat.

8.3 Ungewöhnliche Aktionen erzeugen Aufmerksamkeit

Besondere Chancen bieten die sozialen Medien, wenn die Maßnahmen vom Standard und von den normalen Vorgehensweisen abweichen. Wenn Sie auffallen möchten, können Sie das mit Aktionen tun, die Sympathie erzeugen und sich damit viral – von Kontakt zu Kontakt – weiterverbreiten. Mit dieser Verbreitungsform und einem kreativen Grundgedanken können Sie unter Umständen viele tausend Menschen bei vergleichsweise geringem finanziellem und zeitlichem Einsatz erreichen.

Das Schweizer Dorf Obermutten begann mit einer kleinen Kampagne zur Unterstützung seines Facebook-Auftritts: Jeder neue Fan wurde vom Bürgermeister des kleinen Touristendorfes mit einem persönlichem YouTube-Video begrüßt. Später wurde jedem neuen Fan versprochen, dass er als Dankeschön für die Aufmerksamkeit einen persönlichen Aushang im Dorf erhalte. Die Kampagne entwickelte sich so gut, dass bald auch das Gemeindehaus nicht mehr ausreichte. Also taten sich die Einwohner zusammen und tapezierten Scheunenwände und alles, was sie an beklebbaren Flächen fanden, mit Dankesschreiben an jeden Fan der Facebook-Seite. Mittlerweile hat Obermutten über 80.000 Fans – mehr als die größte Stadt der Schweiz. Das kleine Dorf hat damit eine überregionale Bedeutung bekommen.

Besucher und Touristen kommen aus der ganzen Welt, um ihren persönlichen Anschlag zu begutachten. Heute erhält jeder Tourist eine Urkunde als Beweis, dass er wirklich da war. Die ursprüngliche Idee, Obermutten überregional bekannter zu machen, wurde nicht nur erreicht, sondern auch konsequent weitergeführt.

Was zeigt diese Geschichte? Vorrangig zwei Aspekte: Zum einen erkennen Sie daran, dass Sie mit Kreativität manchmal mehr erreichen können als mit dem bloßen Einsatz von Geld. Es muss nicht immer ein großes Preisrätsel mit dem obligatorischen iPad als Gewinn sein – oft werden auch kleine Gesten dankbar angenommen.

Sind Sie Zahnarzt? Versprechen Sie doch jedem neuen Fan oder Follower eine Tube Zahncreme und eine Zahnbürste, die natürlich persönlich abgeholt werden müssen. Sie machen Betriebsurlaub? Schön! Lassen Sie Ihre Kunden daran teilhaben und versprechen Sie den nächsten 10 Followern eine handgeschriebene Postkarte von Ihrem Urlaubsort. Haben Sie in Ihrem Büro einen Hund? Lassen Sie doch jedem neuen Follower ein Begrüßungsbellen via YouTube zukommen.

Kinderbilder wirken immer. Versprechen Sie den Einsendern der schönsten drei Kinderbilder eine Überraschung. Ähnliches gilt für Hunde- oder Katzenfotos. Sie können auch die Fans Ihrer Seite mit einbeziehen: Lassen Sie diese doch abstimmen. So nutzen Sie die Kraft der Netzwerke für Ihre Bekanntheit: Viele Teilnehmer werden ihre Freunde mobilisieren, um möglichst viele Stimmen zu erhalten. Und das wiederum sorgt für Aufmerksamkeit und für neue Follower, Kontakte oder Freunde.

Warnung ×

Bei Kinderfotos sollten Sie jedoch stets den Datenschutz im Auge behalten und die Namen nur anonymisiert (bzw. nur den Vornamen) und mit Zustimmung der Eltern veröffentlichen.

Seien Sie kreativ; lassen Sie sich was einfallen. Und wenn kein Budget da ist, werden auch nett verpackte Kleinigkeiten von Ihrem Publikum dankbar aufgenommen. Dadurch erhalten Sie genau das, was Sie gerade zu Anfang benötigen: Aufmerksamkeit. Solche sympathischen kleinen Aktionen verbreiten sich gut und in Kombination mit der Aufmerksamkeit können Sie auch regional eingreifen, im Beispiel des Zahnarztes durch die persönliche Abholung der Zahnbürste. Wenn jemand 200 km für eine Zahnbürste anreist, ist er natürlich ebenfalls willkommen. Sie können aber davon ausgehen, dass das kaum passieren wird.

8.3.1 Riskant?

Ein typisch deutsches Dilemma hierbei ist das Risiko. Einige von Ihnen mögen im Kopf rechnen, was die Aktion des Zahnarztes wohl kosten würde, wenn er 20.000 Fans bekommen würde. Hier sollten Sie nicht zu lange zögern, sondern es einfach ausprobieren. Bei allen großen Netzwerken können (und sollten) Sie die Benachrichtigungen aktiviert lassen, um den Überblick zu behalten. Wenn Sie innerhalb von einer Stunde mehrere hundert oder tausend Klicks/Fans erhalten: Denken Sie daran, dass Sie dafür eine Aufmerksamkeit erhalten, die jenseits eines bezahlbaren Betrages in klassischen Medien wie etwa einer Tageszeitung liegt. Stattdessen sollten Sie die Gunst der Stunde nutzen und diese Welle gleich noch der Lokalzeitung mitteilen.

Denken Sie nicht zu viel über das Risiko nach, sondern über den maximalen Gewinn, den Sie mit solchen Aktionen erzielen können. Nutzen Sie die Chancen, die in den jungen sozialen Netzwerken liegen. Diese überwiegen die Risiken deutlich.

Warnung ×

> Natürlich müssen Chancen und Risiken in einem realistischen Verhältnis liegen. Wenn Sie jedem neuen Follower oder Fan ein iPhone versprechen, ist Ihnen eine hohe Reichweite gewiss. Diese wäre jedoch wahrscheinlich kaum bezahlbar.

8.3.2 Storytelling

Hat Ihnen die Geschichte vom Dorf Obermutten gefallen? Die erste Lehre aus dieser Geschichte ist, dass man mit kleinen, aber kreativen Ideen eine gute Verbreitung erzielen kann. Die zweite ist einen eigenen Abschnitt wert: Die Geschichte ließ sich gut lesen. Die Menschen lieben Geschichten. Geschichten funktionieren besonders gut, wenn Sie an scheinbar allgemeingültigen Grundsätzen rütteln. So werden großen Marketing-Ergebnissen auch großen Budgets zugeschrieben. Im Beispiel von Obermutten macht jedoch eine sehr kleine Gemeinde den Mangel an Geld durch Kreativität wieder wett. Diese Geschichte zeigt, wie ein David gegen viele Goliaths besteht. Solche Geschichten gefallen Ihrem Publikum. Und Geschichten, die gut aufgenommen werden, werden gerne geteilt und weiterverbreitet. So können Sie die Kraft der viralen Effekte für sich nutzen. Denken Sie daran, dass jedes Teilen Ihre Sichtbarkeit erhöht und Ihren Namen in den sozialen Netzwerken bekannter macht.

Gerade die Geschichte von Obermutten hat gezeigt: Man braucht keine kritische Größe für Unternehmensnachrichten. Tatsächlich ist es sogar so, dass oftmals die Nachrichten und Postings von kleineren Unternehmern, Selbstständigen oder Freiberuflern einen größeren Reiz haben als die von Konzernen. Konzerne nutzen das Instrumentarium der sozialen Netzwerke, um ihre Nachrichten wie gewohnt zu verteilen. So werden die Funktionen der Status-Updates dafür genutzt, um den neusten Quartalsbericht zu publizieren oder dem neuen Vorstandsmitglied zu seinem Amtsantritt zu gratulieren. Zwar gibt es keine festen Regeln, was man veröffentlichen sollte, aber wer liest so etwas mit Spannung? Die sozialen Netzwerke leben von den Menschen, von deren Leben und ihren Geschichten.

Tipp

Nutzen Sie die menschlichen Aspekte der sozialen Netzwerke.

Sie haben gegenüber dem Großkonzern einen großen Vorteil: Sie besitzen keine Rahmenrichtlinien, wie Sie mit der Öffentlichkeit kommunizieren müssen. Nutzen Sie diesen Vorteil! Haben Sie einen Azubi? Binden Sie diesen mit ein und gratulieren Sie zu bestandenen Zwischenprüfung und ähnliches. Diese Art der Wertschätzung wird auch Ihr Umfeld anzuerkennen wissen.

Besonders gut funktionieren Unternehmensnachrichten, wenn sie Ihre Leser auch emotional berühren. Selbst wenn Sie als Spezialist zahlreiche professionelle Artikel publizieren, sollte Sie sich zwischendurch als Mensch zeigen und sich zu Ihren Hobbys oder Ihrer Familie äußern. Diese Menschlichkeit hilft Ihnen, sich vom einheitlichen PR-Standard der großen Unternehmungen und Konzerne abzusetzen.

Kapitel 9
Ihr eigener Blog: Mit wenig Aufwand langfristig Interessenten binden

Inhalt

- Vorteile des eigenen Blogs
- Blog einrichten
- Bloggen

Der Begriff Blog ist ein Kunstwort, das sich aus den Begriffen »Web« und »log« (Tagebuch) zusammensetzt. Der oder auch das Blog ist also ein Internet-Tagebuch. Der Begriff ist international üblich und hat sogar Einzug in den Duden gehalten. Grundsätzlich werden Blogs endlos untereinandergeschrieben. Bei einem Blog steht oft der Autor im Mittelpunkt; der Blog wird in der »Ich«-Form betrieben.

Es gibt keine exakten Zahlen darüber, wie viele Blogs im Internet publiziert werden. Aber nach Schätzungen

- betreiben ungefähr 8 % aller deutschen Internet-Nutzer einen Blog,
- soll es weltweit etwa 173 Millionen Blogs geben,
- gibt es über 200 Anbieter allein für kostenfreie Blogs.

Blogs gibt es mittlerweile für die verschiedensten Lebensbereiche – traditionelle Blogs, deren Betreiber einfach aus ihrem Alltag berichten, Fachblogs, Reiseblogs, Kriegsblogs, Metablogs, Kunstblogs und viele mehr. Interessant ist, dass Blogs auch mehr und mehr für unternehmerische Zwecke eingesetzt werden. Mittlerweile haben fast alle großen Unternehmen eigene Blogs. Werden die Websites der Unternehmen durch PR oder Marketing geprägt, so haben Blogs häufig einen erzählerischen Charakter. Erzählt wird aus dem Leben der Mitarbeiter und der Produktentwicklung oder es gibt kleine Anekdoten aus dem Leben der Kunden mit dem Produkt oder der Dienstleistung. Damit soll wieder eine menschliche Note Einzug finden. Die Interaktion mit den Lesern ist erwünscht; der Dialog wird gefördert. Regelmäßige Leser dürfen sogar Gastbeiträge schreiben. Egal welchen Aspekt man hervorhebt: Der Blog ist ein Mittel, um näher am Kunden zu sein.

Einige Unternehmen haben sogar ein Redaktionsteam und Angestellte, die den Blog pflegen, Artikel schreiben und mit den Lesern interagieren. Sie können Ihren eigenen Blog aber auch gut alleine betreiben. Der Betrieb eines Blogs bindet Sie an nur wenige Konventionen. Wie immer ist ein Impressum notwendig, meist auch die Berücksichtigung von Datenschutz und Urheberrecht. Diese Bedingungen, die wir in Kapitel 12 näher betrachten, sind bei Auftritten in der Öffentlichkeit grundsätzlich zu beachten und keine Besonderheit des Blogs.

Tipp ✕

Ihren Blog können Sie gestalten, wie Sie wollen. Am besten orientieren Sie sich jedoch an Ihrer Zielgruppe. Die Vorgehensweise ähnelt den Unternehmensnachrichten: Bieten Sie einen Mix aus Artikeln, die für Ihre Zielgruppe sinnvoll ist. Als Unternehmensberater mit einem Spezialgebiet eröffnen Sie einen Fachblog über dieses Thema. Führen Sie ein Blumengeschäft, ist ein Blog über Blumen das Richtige. Als Kosmetikhersteller schreiben Sie über Frauenthemen im Allgemeinen und Schminktipps im Besonderen. Sind Sie lokal tätig, sollten Sie den regionalen Charakter mit einfließen lassen. Wenn Sie Ihre Fachthemen und Lokales verbinden, ist das perfekt. Auch wenn dies nicht möglich ist, können Sie trotzdem hin und wieder Lokales bringen, um den Bezug zu Ihrer Region herzustellen: Als Steuerberater könnten Sie das örtliche Finanzamt mit einbinden, als Arzt über regionale Probleme berichten. Wenn nicht viele Verbindungen möglich sind, lassen Sie regionale Artikel mit einfließen. Denken Sie daran: Ein Blog soll die subjektive Komponente betonen. Sie können gerne über eine Baustelle berichten, über die Sie sich ärgern, oder über ein gelungenes Straßen-/Stadtfest.

Am besten funktioniert ein Blog in Kombination mit einem Profil in mindestens einem sozialen Netzwerk. Darüber können Sie die Verbreitung Ihres Blogs über Ihr Netzwerk steuern. Es finden sich immer Bekannte, Freunde und Geschäftspartner, die Ihre Geschichte weitertragen. Allein ein Klick auf den »Gefällt mir«-Button sorgt für Aufmerksamkeit. Das Netzwerk spiegelt automatisch Ihre Zielgruppe wider: Sind Sie ein Unternehmensberater, der als Projektleiter arbeitet, werden Sie viele Kontakte aus Ihrer Profession in Ihrem Netzwerk haben. Teilen diese nun Ihren Blog, werden viele Nutzer mit einer ähnlichen Profession oder aus demselben Umfeld erreicht. Diese Verteilung funktioniert bei einem lokalen Anbieter, einem Geschäft oder einem Steuerberater genauso: Wenn Sie zum Beispiel einen Artikel über Ihre Tätigkeit in Ihrer Stadt schreiben, werden diesen vor allem Personen teilen, die ebenfalls aus Ihrer Stadt kommen oder mit ihr verbunden sind. Damit werden Sie vor allem regional wahrgenommen und steigern Ihre Bekanntheit im lokalen Umfeld. So sprechen Sie durch die Inhalte gezielt Ihre Zielgruppe an, steigern bei dieser Ihre Bekanntheit und erhöhen die Wahrscheinlichkeit neuer Kunden.

Dies »erkaufen« Sie sich aber mit eigenen redaktionellen Inhalten. In den sozialen Netzwerken können Sie sich als Fachmann, Spezialist oder Experte etablieren, ohne eigene Inhalte zu erstellen. Dies gelingt ganz leicht, indem Sie immer wieder fremde Inhalte zu Ihrem Fachgebiet teilen. Dadurch können Sie sich in den sozialen Netzwerken sehr effizient einen Namen machen, ohne dass Sie eigene Texte erstellen müssen.

Dennoch lebt ein Blog von eigenen Inhalten, die auch erstellt werden müssen. Zwar bieten die Blogs die Möglichkeit des »Rebloggens«, also das erneute Bloggen von fremden Inhalten im eigenen Blog – im deutschsprachigen Raum ist dies aufgrund des Urheberrechtes allerdings umstritten. Der Aufwand für eigene Inhalte ist jedoch überschaubar und Sie müssen auch nicht jeden Tag etwas bloggen. Ich selbst blogge im Schnitt zweimal pro Woche und manchmal zwischendurch, wenn es die aktuelle Lage im Umfeld der sozialen Netzwerke erfordert (wenn es zum Beispiel eine große Panne gibt oder ein neues Feature bzw. neue Statistiken vorliegen). Das hat ausgereicht, um auf mehrere hunderttausend Leser zu kommen.

9.1 Vorteile des eigenen Blogs

Sie können Ihren Blog wie ein Tagebuch nutzen – berichten Sie von sich und Ihrem Unternehmen und/oder Ihrer Profession. Die subjektive Ich-Perspektive macht den Charme eines Blogs aus und erleichtert Anfängern den Einstieg in die »Blogosphäre«, wie das Umfeld der Blogger auch genannt wird. Ein Blog erhebt keinen Anspruch auf journalistische Höchstleistungen und pulitzerpreisverdächtige Artikel. Vielmehr steht die Person des Bloggers bzw. sein Thema oder sein Fachgebiet im Mittelpunkt des Blogs. Die meisten Leser wissen es zu schätzen, dass die Artikel einen eher persönlichen Charakter haben. Der eigene Blog bietet Ihnen mehrere Vorteile:

- Sie sind Herr im Haus und nicht mehr abhängig von einem Betreiber wie Facebook, Google+ oder einem anderen sozialen Netzwerk. Selbst wenn Sie sich zu Beginn für einen Freehoster entscheiden, ist Ihr Blog Ihr eigenes Reich: Sie können schreiben, was Sie wollen, Kommentare zulassen oder auch deaktivieren. Sie haben die Kontrolle über den Redaktionsplan, entscheiden selbst, wann was veröffentlicht wird. Ein kontinuierliches Schreiben in Ihrem Blog ist zwar sinnvoll, aber nicht zwingend notwendig. Wie riskant es ist, von einem einzigen Betreiber abhängig zu sein, hat Facebook mit der Einführung des Edgeranks gezeigt: Auf einmal sollen die Betreiber einer Fanseite Geld dafür bezahlen, dass die Unternehmensnachrichten jedem Fan an geeigneter Stelle gezeigt werden. So etwas kann Ihnen mit einem Blog nicht passieren.
- Der Blog kann als Ersatz für eine Website verwendet werden. Wenn Sie ihn mit Auftritten in den sozialen Netzwerken kombinieren, ergibt sich unter Umständen ein sehr wirkungsvolles Gespann für Ihre unternehmerische Präsenz.
- Ein Blog bietet zudem einigen Gestaltungsspielraum. Sie können eigene Grafiken besser einbinden und zwischen verschiedenen Stilen, sogenannten Themes, wählen. Solche Themes können Sie käuflich erwerben (Premium-Themes). Die meisten Blog-Plattformen bieten jedoch eine Auswahl von kostenfreien Themes, die zumindest für den Anfang völlig ausreichend sind.
- Nicht nur aus einem Unternehmensprofil in einem sozialen Netzwerk, sondern auch aus einem Blog können Sie einen Nachrichtenkanal machen. Wenn Sie ihn auf Ihre Zielgruppe abstimmen, wird er mit der Zeit seine Freunde finden.

9.1.1 Mit einem Blog erhalten Sie Aufmerksamkeit

Ein Blog bietet Ihren Kunden und Interessenten einen Anlaufpunkt. Diese können sich über Ihre Produkte und Dienstleistungen, über Ihre Methoden und über Hintergründe informieren. Sie können dadurch Vertrauen aufbauen, ohne Sie persönlich zu kennen. Im Umfeld von professionellen Auftritten und Netzzeitungen wird gerade die Subjektivität beim Bloggen zum Vorteil. Gerade wegen seines persönlichen Charakters hebt sich der Blog von anderen Medien ab und zieht die Internet-Nutzer an.

Sie können einen Blog mit relativ wenig Einsatz von Zeit und Geld betreiben. Er ist damit eine ressourcenschonende Möglichkeit, Ihre Bekanntheit zu steigern und potenzielle Kunden auf sich aufmerksam zu machen. Nutzen Sie Ihren Blog wie einen Nachrichtenkanal, den Ihre Zielgruppe gerne einschaltet. Berichten Sie aus Ihrem Leben, bringen Sie Anekdoten und Erfolgsgeschichten oder auch kleine

Geschichten von Ihren Kunden. Gerade Geschichten können viel Aufmerksamkeit bekommen. Hier schließt sich der Kreis: Wenn Sie mehr Aufmerksamkeit erhalten, wird Ihr Blog weiterempfohlen, andere Nutzer twittern den Link oder teilen ihn über soziale Netzwerke wie Facebook, Google+, LinkedIn oder XING und machen auf diese Weise Werbung für Sie.

9.1.2 Mit einem Blog werden Sie zum Blogger und damit in den sozialen Netzwerken bekannt

Blogger sind mittlerweile im Internet anerkannt. Mit Ihrem eigenen Blog werden Sie Teil der Blogosphäre. Auf Dauer werden nicht nur Kunden und Interessenten auf Sie aufmerksam. Mit dieser Reichweite werden Sie nicht nur über die sozialen Netzwerke, sondern auch über andere Suchfunktionen im Internet gefunden. Wenn Sie den Titel des Blogs und passende Artikel publizieren, werden Sie schnell gefunden.

Tipp ×

Visualisierungen sind eine gute Hilfe, um Ihre Reichweite zu verbessern. Ein paar Fotos von Ihrer Unternehmung, bei einem Fachblog eine Skizze oder eine PowerPoint-Präsentation oder eine Grafik über eine Entwicklung sind schnell erstellt und helfen den Leser, die Informationen besser aufzunehmen. Solche Grafiken dienen in den sozialen Netzwerken auch als Vorschaubild und fördern somit das Interesse anderer Leser, Ihren Artikel zu lesen oder ihn im besten Fall im eigenen Netzwerk zu teilen. Von einem Blog erwarten die meisten Leser kein hochprofessionelles Material. Wenn Sie eine Videokamera oder ein aktuelles Smartphone besitzen, können Sie auch kleine Videos mit Tipps für Anfänger oder zu einer bestimmten Problemlösung drehen und über YouTube einbinden.

9.1.3 Langfristigkeit

Blogartikel sind in der Welt der sozialen Netzwerke sehr langlebig. In meinem eigenen Blog werden regelmäßig noch Beiträge gelesen und kommentiert, die teilweise schon mehrere Jahre alt sind. Diese lange Lebensdauer von Artikeln ist besonders dann reizvoll, wenn Sie Artikel schreiben, die Zeit in Anspruch nehmen. Während Informationen in den sozialen Netzwerken schnell veralten und eine höhere Frequenz benötigen, kann ein Blog auch einmal ein paar Wochen liegen bleiben, ohne dass die Leserschaft vollständig abreißt. Ein guter Blog wird mit der Zeit zum Selbstläufer.

Die Langfristigkeit hat den Vorteil, dass Sie nicht von einzelnen Plattformen abhängig sind. So kann ein soziales Netzwerk in ein paar Jahren einfach »out« sein. Zwar ist dies bei Facebook oder Google+ kurzfristig nicht zu erwarten, aber die Geschichte der sozialen Netzwerke zeigt, dass es dort ein Auf und Ab gibt.

Bei den Business-Netzwerken beispielsweise gab es Ende der 1990er Jahre den ersten Anbieter Ryze, der heute nahezu unbekannt ist. Ein weiterer Fall ist MySpace. Diese Plattform wurde 2003 gegründet und bereits nach zwei Jahren für 580 Millionen Dollar an den amerikanischen Verlag News Corporation verkauft. In dieser Zeit war MySpace eine Erfolgsgeschichte mit einer Dynamik, die bis dahin in der Welt der sozialen Netzwerke unbekannt war. MySpace fokussierte sich vor allem auf Musik, Bands und Stars und ermöglichte erstmals eine direkte Interaktion zwischen Künstler und Fans. In dieser Zeit meldeten sich teilweise bis zu 230.000 neue Nutzer in diesem Portal an – pro Tag. 2008 wurde MySpace hinsichtlich der Nutzerzahlen von Facebook überflügelt. Über die Gründe ist man sich nicht einig; aber vieles spricht dafür, dass die Facebook-Architektur mit den Anwendungen, die jeder selber programmieren kann, einen Großteil dazu beisteuerte. So wurde MySpace immer weniger genutzt. Letztendlich verkaufte der Verlag MySpace für 35 Millionen Dollar. Heute wird die Plattform so wenig besucht, dass sie auch in diesem Buch keine Rolle spielt.

Die Geschichte von Ryze und MySpace zeigt, dass für die sozialen Netzwerke noch keine Prognosen über ein oder zwei Jahre hinaus möglich sind. Ein Blog ist jedoch ein längerfristiges Medium. Selbst wenn es *Wordpress.com* oder *Blogger.com* in zehn Jahren nicht mehr geben sollte, können Sie den gesamten Blog exportieren und mit ihm auf eine andere Plattform umziehen. Diese Hoheit über die selbst erstellten Inhalte bieten die übrigen Social-Media-Plattformen nicht.

9.1.4 Suchmaschinen lieben Blogs

Mit der Zeit sind die Suchmaschinen immer besser geworden, allen voran Google mit einem Marktanteil von über 90 %, aber auch bing und Yahoo. Sie versuchen, zu den eingegebenen Suchwörtern passende Inhalte zu finden und zu präsentieren. Google hat mit in den Suchergebnissen präsentierten Anzeigen und Werbeflächen im Jahr 2011 über 36,5 Milliarden US-Dollar verdient. Früher wurden einfach nur Stichwörter gesucht. Mittlerweile haben die Suchmaschinen aber eine eindrucksvolle Evolution hinter sich. Heute ist jedes Suchergebnis eine Herleitung aus verschiedenen Algorithmen. Die Relevanz, also die Darstellung innerhalb der Suchergebnisse, wird von Einflussgrößen wie der Häufigkeit des Stichworts und dem Kontext der Gesamtartikel bestimmt. Noch wichtiger ist es, wie oft auf einen

Artikel verwiesen wurde und von wem. Blogs haben sich als gut zu verlinkende Inhalte herausgestellt. Dies verstärkt sich, wenn die Inhalte viel von anderen Nutzern geteilt wurden.

Viele Unternehmungen beschäftigen Mitarbeiter oder Agenturen damit, dass ihr Onlineshop, ihre Website oder ihr Angebot in den Suchmaschinen auf der ersten Seite oder sogar an erster Stelle gelistet wird. Dies ist eine Garantie für viel Verkehr (»Traffic«) auf der Seite. Die bekanntesten Beispiele dürften wohl Zalando, ein deutscher Versandhändler für Schuhe und Mode, oder das amerikanische Online-Kaufhaus Amazon sein. Beide haben ihren Erfolg konsequentem Marketing und konsequenter Suchmaschinenoptimierung (SEO) zu verdanken.

Möchten Sie bei Keywords (Schlüsselwörtern) wie »Monitor« oder »Reise günstig« ganz oben in den Suchmaschinenergebnissen vertreten sein, können Sie gut und gerne einen sechsstelligen Betrag veranschlagen. Ein Blog hingegen ist für Sie eine Chance, »SEO für Arme« zu betreiben. Wahrscheinlich hätten Sie nicht die Mittel, sich bei den obigen prominenten Begriffen durchzusetzen. Das ist aber auch gar nicht notwendig. Sie als Steuerberater müssen nicht über das Keyword »Steuerberater« gefunden werden. Wenn jemand nach »Steuerberater« sucht und Sie findet, wird er Sie wahrscheinlich nicht konsultieren, wenn er aus München kommt, Sie aber in Hameln Ihre Kanzlei betreiben. Es ergibt also wenig Sinn, wenn Sie weltweit gefunden werden. Vielmehr wollen Sie gefunden werden, wenn jemand die Keyword-Kombination »Steuerberater Hameln« eingibt.

Hinweis

Blogs bieten also die Möglichkeit, sich in der (beispielsweise regionalen) Nische zu positionieren, die für Ihre Kunden interessant ist.

Wenn Sie einen Blog betreiben, werden Sie schnell zumindest ein paar Leser finden. Wenn Ihr Blog *ihr-steuerberater-in-hameln.wordpress.com* heißt, wird die URL (Uniform Resource Locator – Ihre Internet-Adresse) weit oben in den Suchmaschinenergebnissen platziert: Der Blog erhält Traffic und Sie werden hier und da zitiert und verlinkt. Wegen dieses Verkehrs werden Sie ganz oben in den Trefferlisten der verschiedenen Suchmaschinen rangieren, wenn künftig jemand nach »Steuerberater Hameln« sucht. Der Trick besteht also darin, durch Artikel Traffic auf Ihre Seiten zu ziehen.

Tipp

Hierbei sollten Sie sich zwar an Ihr Fachgebiet halten, es kann jedoch nichts schaden, gelegentlich Artikel einzustreuen, die für mehr Aufmerksamkeit sorgen.

Sobald jemand über eine Suchmaschine auf Ihren Blog kommt, sollte er schnell einen Reiter oder Link »Über uns« oder »About« sehen, damit er sich genauer über die von Ihnen angebotene Dienstleistung informieren kann. Der gesamte Blog dient als einzige große SEO-Maßnahme für die Schlüsselwörter Ihres Geschäftsbetriebs.

Der Blog-Name

Der Name des Blogs ist äußerst wichtig für seine Auffindbarkeit. Um beim Beispiel des Steuerberaters zu bleiben: Sie würden Potenzial verschenken, wenn Sie Ihren Blog beispielsweise »steuerberatungskanzlei-koss« nennen würden. Wenn jemand konkret nach der Kanzlei Koß sucht, wird er diese auch finden. Von Interesse sind aber nicht die Nutzer, die konkret nach Ihrem Namen suchen, sondern diejenigen, die nach Ihrem Gewerbe suchen und Sie dabei noch nicht kennen. Wenn diese Nutzer zu Ihnen finden, ist das wesentlich mehr wert.

9.2 Wo bloggen?

Sie können den Blog entweder auf Ihrem eigenen Server bereitstellen (hosten) oder einen Blog-Anbieter (Provider) in Anspruch nehmen. Der Betrieb eines eigenen Servers kommt vor allem dann in Frage, wenn Sie bereits einen Server betreiben, etwa für Ihre Mail-Kommunikation. Auf diesem können Sie mit Standardsoftware (zum Beispiel WordPress) Ihren eigenen Blog installieren. Diese Variante bietet Ihnen am meisten Flexibilität. So können Sie bei einem selbstbetriebenen Blog Google AdSense nutzen, also Werbefläche für Google vermieten und so Ihren Blog refinanzieren.

Außerdem gibt es sogenannte Freehoster, bei denen Sie kostenlos einen Blog anlegen können. Dafür müssen Sie akzeptieren, dass der Blogbetreiber Werbung einblendet, die Sie nicht vergütet bekommen, und dass Sie Google AdSense nicht nutzen können. Jedoch können Sie bei vielen Freehostern für ein paar Euro im Monat Werbefreiheit erkaufen. Der bekannteste Betreiber ist wohl *Wordpress.com*.

Hinweis

> WordPress ist die Blogger-Software, die Sie installieren können; *Wordpress.com* ist das Freehosting-Modell, mit dem Sie kostenfrei einen Blog betreiben können. Ich selbst habe einen Blog bei *Wordpress.com* und bin sehr zufrieden. Die anderen Blogbetreiber genießen aber einen ähnlich guten Ruf. Bei WordPress können Sie sich Ihre gesamten Inhalte herunterladen und im Nachgang auf einem eigenen Server betreiben. Falls Ihr Blog Millionen Leser bekommt, können Sie also nachträglich umziehen und den Blog selbst betreiben.

In der Grundvariante werden nicht allzu viele Möglichkeiten geboten; sie reichen jedoch für einen kleinen Unternehmensblog aus. So gibt es beispielsweise bei den Themes, den Layoutvarianten für den Blog, zahlreiche Premium-Varianten, die Geld kosten. Die Standardvarianten sind jedoch im Regelfall vielfältig genug. Ein anderes Beispiel ist die URL Ihres Blogs. In der Basisvariante müssen Sie damit rechnen, dass Sie die URL nicht völlig frei wählen können. Bei *Wordpress.com* enthält die kostenfreie Variante beispielsweise immer *Wordpress.com* in der URL, etwa *http://linkedinsiders.wordpress.com*. Für einen Aufpreis von zurzeit 18 US-Dollar im Jahr können Sie eine völlig eigene URL auswählen, falls diese noch frei ist, zum Beispiel *http://Ihr-Steuerberater-in-Hameln.com*.

Tipp

Mit den richtigen Techniken können Sie Ihren Blog refinanzieren oder sogar Geld mit ihm verdienen. Sicherlich lohnt es sich nicht, deswegen einen Blog zu betreiben; aber ein paar hundert Euro nebenher sind durchaus reizvoll: Es motiviert einfach, den Blog weiterzuführen, wenn Sie sich Werbung bezahlen lassen. Mehr darüber erfahren Sie am Ende des Kapitels im Exkurs »Einen Blog refinanzieren«.

Sie haben nun mehrfach von WordPress gelesen, denn dies ist in der Blogosphäre der Quasi-Standard. Mit einem Blog bei *Wordpress.com* können Sie kaum einen Fehler machen. Die bekannteste Alternative dürfte der Google-Dienst *Blogger.com* sein. Es gibt jedoch noch wesentlich mehr Anbieter, beispielsweise:

- *www.user-blog.de*
- *www.tumblr.com*
- *www.zamanda.de*
- *www.twoday.net*
- *www.blogigo.de*
- *www.bloghostr.de*
- *www.blog.de*

9.2.1 Ein eigener Blog ist schnell erstellt

Sobald Sie sich für einen Anbieter entschieden haben, können Sie Ihren Blog einrichten. Ein Blog erscheint im ersten Moment recht arbeitsintensiv. Der Schein trügt jedoch; der administrative Aufwand hält sich in überschaubaren Grenzen. Die Angebote der bekanntesten Freehoster *Wordpress.com* und *Blogger.com* sind mittlerweile so einfach anzuwenden wie ein E-Mail- oder Textverarbeitungs-

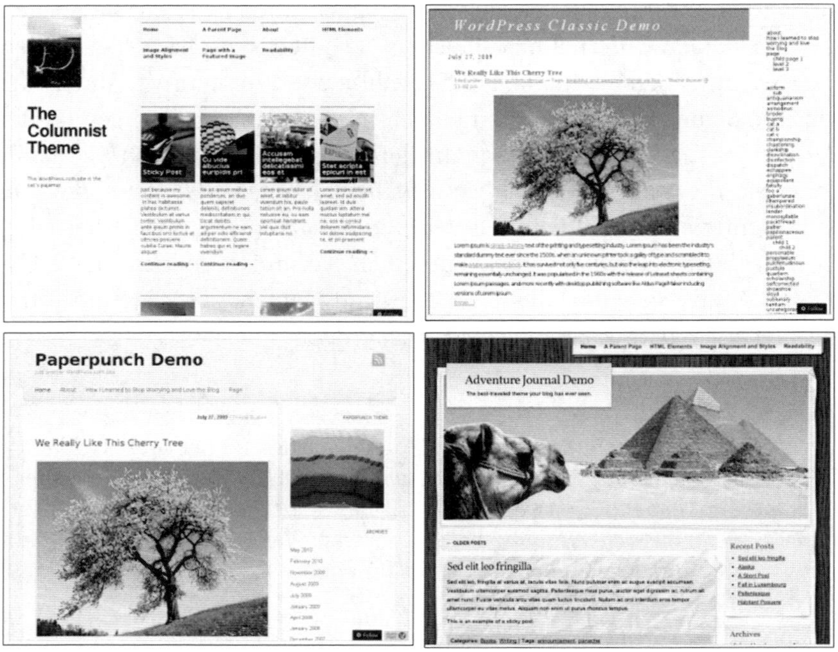

Abbildung 9.1 Ein paar Beispiele für kostenlose Themes bei Wordpress.com

programm. Wenn Sie mit Programmen aus dem Office-Umfeld umgehen können (ohne ein Experte für diese zu sein), reichen Ihre Kenntnisse auf jeden Fall aus. Selbst multimediale Inhalte lassen sich leicht einbinden.

Um dies zu demonstrieren, habe ich testweise einen neuen Blog bei *Wordpress.com* angelegt. Ich benötigte dafür nur wenige Minuten. Das Foto hatte ich allerdings schon (es ist mein Header bei Facebook).

Wenn Sie gut vorbereitet sind, wird die Einrichtung schnell vonstattengehen. Überlegen Sie sich einen guten Namen. Dieser sollte so gewählt sein, dass er Ihre Kernkompetenz und – wenn Sie ein lokaler Anbieter sind – Ihre Stadt oder Region in den Vordergrund stellt. Vermeiden Sie Begriffe, die nicht in die Suchmaschinen eingegeben werden (»Steuerberatende-Zunft«). Verwenden Sie vielmehr die Begriffe, die ein Interessent bei der Suche verwenden würde.

Als Nächstes sollten Sie sich ein passendes Theme aussuchen. So gut wie alle Anbieter bieten hier eine große Auswahl. Achten Sie auf »Premium-Themes«. Diese kosten etwa 50-100 US-Dollar im Jahr. In den wenigsten Fällen ist ein Premium-Theme notwendig, auch wenn sein Vorteil auf der Hand liegt: Sie werden nur wenige andere Blogger finden, die dasselbe Theme verwenden. Ein kostenloses Theme werden Sie hin und wieder bei anderen Bloggern sehen. Die Abgrenzung findet über die Titelgrafik statt (sofern Sie eine solche nutzen).

Das Theme sollte einige Rahmenkriterien erfüllen. Auch wenn sie schick wirken, sollten Sie Themes mit schwarzem Hintergrund oder generell zu dunkle Themes vermeiden. Viele Nutzer assoziieren damit Gefahr und Virenbefall und meiden solche Blogs. Im Regelfall ist ein Blog chronologisch; der neuste Artikel findet sich an erster Stelle. Zusätzlich sollte der Blog aber auch die Möglichkeit bieten, zwei oder drei statische Seiten für das Impressum, die Datenschutzerklärung und eine »Über uns«-Seite (Unternehmung, Kanzlei, Praxis, Geschäft) bzw. »Über mich«-Seite (Fachblog, persönlicher Blog) anzulegen. Sobald ein Nutzer Ihren Blog gefunden hat, soll er möglichst schnell Zugriff auf Ihre Kontaktdaten erhalten. Ein schneller Zugriff auf Impressum und Datenschutzerklärung ist sogar vom Telemediengesetz vorgeschrieben.

Die »Über uns«- oder »Über mich«-Seite sollte nicht nur zentral erreichbar, sondern auch ansprechend gestaltet sein. Am besten setzen Sie dazu einen festen Link in den oberen oder seitlichen Bereich Ihres Blogs. Ihre Leser sollen ja nicht nur über die Inhalte zu Ihrem Blog, sondern auch den Weg zu Ihrem Geschäft, Ihrem Produkt oder Ihrer Dienstleistung finden. Deshalb müssen Sie Ihrem Leser einen schnellen und komfortablen Weg anbieten, mehr über Sie zu erfahren und Ihre Kontaktdaten, ggf. auch einen Lageplan und eine Anfahrtskizze, zu finden.

Tipp ✕

Apropos Datenschutzerklärung: Freehoster-Angebote enthalten fast immer Funktionen wie »Bei neuen Kommentaren benachrichtigen« oder »Blog abonnieren«. Diese Funktionen lassen eine Datenschutzerklärung notwendig erscheinen. Im Internet finden Sie Texte für die Datenschutzerklärung sowie Generatoren, die für den jeweiligen Blogtyp die richtige Erklärung einschließlich der Adressen der Freehoster-Anbieter ausgeben.

Nachdem Sie den Blog eingerichtet haben, sollten Sie unbedingt Social Plug-ins installieren. Diese kleinen Buttons mit den Abbildungen der sozialen Netzwerke bieten Ihren Lesern die Möglichkeit, Ihre Artikel schnell und unkompliziert zu teilen.

Weiterhin bieten Blogs kleine Standardanwendungen für die Seitenleiste, sog. Widgets. Diese können Sie direkt aktivieren. Hierbei handelt es sich meistens um Navigationselemente für den Blog. Bekannt ist zum Beispiel die Schlagwortwolke, die in Form mehrerer Wörter in unterschiedlicher Größe dargestellt wird. Je größer das Wort angezeigt wird, desto häufiger wurde die entsprechende Kategorie verwendet. Klickt der Leser das Wort an, erhält er eine Liste mit allen Artikeln, die unter dieser Kategorie abgelegt wurden. Weitere Widgets gibt es zum Beispiel für die meistgelesenen oder für die zehn neusten Artikel. Oft findet sich unter den Widgets auch ein RSS-Feed. RSS steht für »Really Simple Syndication« und bietet Lesern die Möglichkeit, Ihren Blog zu abonnieren. Diese Hilfestellung sollten Sie Ihren Lesern unbedingt mitgeben.

Hinweis

Trotz der einfachen Einrichtung ist ein Blog etwas zeitaufwändiger als die reine Pflege eines Netzwerkes oder Unternehmensprofils. Sie benötigen jedoch keine Programmier- oder besonderen Internet-Kenntnisse. Rechnen Sie bei einem Blog mit einer Stunde Arbeitszeit pro Artikel. Mindestens einmal die Woche sollten Sie einen Artikel publizieren, in einem reinen Fachblog reichen auch alle zwei Wochen.

9.2.2 Nutzen Sie die Blog-Statistiken

Beim Betrieb eines Blogs bekommen Sie automatisch Statistiken vom Betreiber geliefert (siehe Abbildung 9.2). Mit Hilfe dieser Statistiken erkennen Sie, welcher Ihrer Beiträge besonders beliebt ist, über welche Suchmaschinen und Keywords Sie gefunden werden. Gerade die Suchwörter bieten viel Potenzial. Wie oft im Leben gilt auch beim Betrieb eines Blogs: Wer sich auf das Ausmerzen seiner Schwächen konzentriert, wird bestenfalls Mittelmaß. Durch die Konzentration auf Ihre Stärken können Sie wesentlich mehr erreichen. Auf einen Blog übertragen bedeutet das für Sie: Starten Sie nach logischen Mustern und bloggen Sie über Themen, die Sie für relevant halten und die zu Ihrem Fachgebiet passen. Mit Hilfe der Statistiken können Sie Ihre Vorgehensweise überprüfen und erkennen, was erfolgreich ist und was weniger verbreitet wird. So können Sie sich verbessern und die eigene Vorgehensweise hinterfragen. Trotzdem sollten Sie sich innerhalb einer bestimmten Bandbreite bewegen. Wenn Sie sich ausschließlich auf allgemeine Trends beziehen, kann Ihr Blog zwar erfolgreich sein, der Bezug zur Zielgruppe verschwindet jedoch. Diese sollte jedoch immer in Ihrem Fokus liegen.

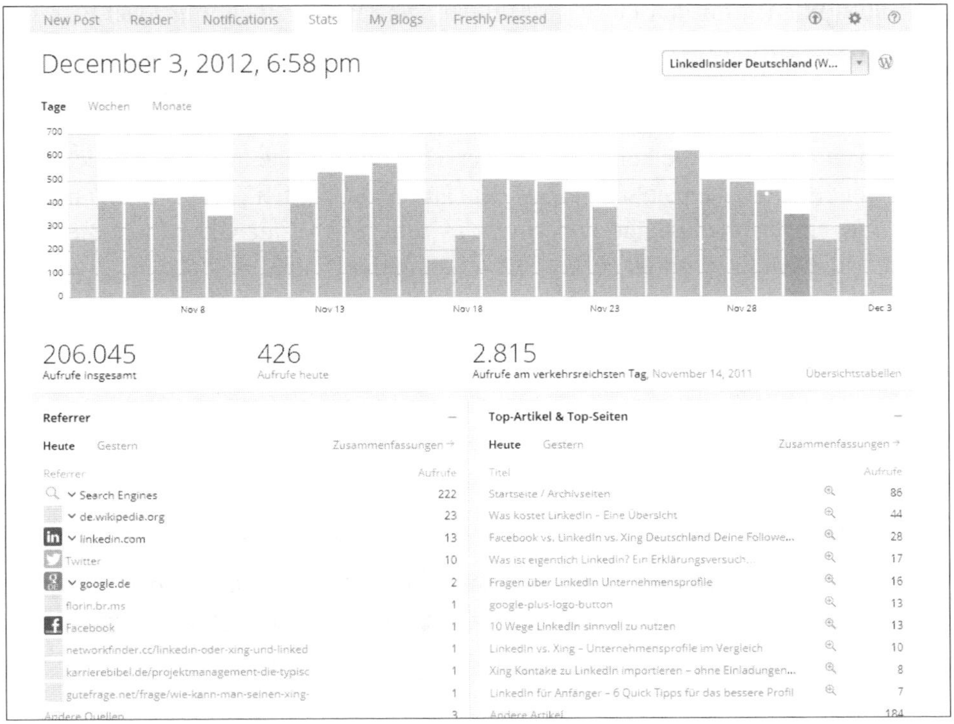

Abbildung 9.2 Blogs (hier zum Beispiel Wordpress.com) liefern Ihnen automatisch Statistiken. Oben sehen Sie die Aufrufe im Zeitverlauf pro Tag, unten links, von welchen Webseiten Ihre Leser gekommen sind, und unten rechts, was sie bei Ihnen gelesen haben.

9.3 Was bloggen?

Bevor Sie nun richtig loslegen, sollten Sie sich ein paar strategische Gedanken machen: Was wollen Sie bloggen? Hier kommen drei Hauptkategorien in Frage:

- Der Fachblog
- Der Unternehmensblog
- Der rein persönliche Blog

9.3.1 Der Fachblog

Beim Fachblog steht ein Thema im Mittelpunkt. Diese Art von Blog ist besonders dann sinnvoll, wenn Sie sich als überregionaler Spezialist für ein bestimmtes Thema präsentieren möchten. Sind Sie beispielsweise ein Unternehmensberater, der sich auf Projektmanagement spezialisiert hat, könnte dies eine sinnvolle Idee sein.

Kapitel 9

Dasselbe gilt auch für den Rechtsanwalt, der seine Kanzlei nicht nur lokal betreibt, sondern sich auf ganz bestimmte Fachbereiche spezialisiert hat. Im Mittelpunkt steht dabei, wo und wie Sie tätig sind. Beschäftigen Sie sich etwa mit Scheidungsrecht, sollten Sie trotzdem keinen reinen Fachblog anbieten: Es ist unrealistisch, dass Kunden aus München Sie konsultieren, wenn Sie Ihre Kanzlei in Hameln oder Berlin betreiben. Hier müssen Sie selbst abwägen. Für einen kleinen Produzenten kann ein Fachblog hingegen durchaus von Interesse sein. Sie können das Interesse über Artikel rund um Ihr Produkt auf Ihre Unternehmung lenken.

9.3.2 Der Unternehmensblog

Die Bezeichnung lässt im ersten Moment an einen großen Konzern denken. Geeignet ist diese Form vor allem, wenn Sie ein Geschäft, ein Lokal, ein Restaurant, eine Kanzlei oder eine Praxis haben. Sie können in diesem Blog die Themen so mischen, dass Ihre Zielgruppe sich für Sie interessiert. Streuen Sie lokale Themen ein, um für Nutzer in Ihrer Region interessant zu sein. Wenn Sie etwa Steuerberater sind, mag dies schwierig erscheinen – aber berichten Sie doch hin und wieder von der Zusammenarbeit mit dem zuständigen Finanzamt. Auch bietet der Unternehmensblog die Möglichkeit, Ihr Geschäft in den Mittelpunkt zu stellen. Kleine Geschichten über die Menschen, die in Ihrem Unternehmen arbeiten, können spannend sein, weil sie sich von den Mainstream-Nachrichten des Tages abheben.

9.3.3 Der rein persönliche Blog

Diese Art des Blogs bietet sich an, wenn Sie als Person im Mittelpunkt stehen. Besonders interessant ist ein persönlicher Blog für Künstler oder Menschen, die ihren Lebensunterhalt durch eine besondere Begabung verdienen. Hier erzählen Sie vorrangig über sich als Person und auch über die von Ihnen angebotene Dienstleistung.

9.3.4 Welche Blog-Kategorie ist richtig?

Die erläuterten Kategorien sind nur eine grobe Einteilung; die Formen können sich auch durchmischen. Gerade der persönliche Aspekt kann und soll in einem Blog immer wieder in den Mittelpunkt rücken. Das Thema sollte ansonsten durch Ihre berufliche Tätigkeit und Ihre Zielgruppe bestimmt werden. Wenn Sie eine bestimmte Profession haben, ist ein Fachblog am besten geeignet. Bei Blogs, die eher das Unternehmen repräsentieren, müssen Sie das Thema auf Ihre Zielgruppe abstimmen. Überlegen Sie, was Ihre Zielgruppe interessiert. Genau wie bei den Unternehmensnachrichten passt das Beispiel vom Steuerberater: Fachartikel über Details im Steuerrecht werden für Kollegen interessant sein – also für andere Personen, die auf Augenhöhe über die Profession diskutieren können –, aber nicht für Laien. Diese interessieren sich für kleine Tipps: Wie kann ich als Angestellter das heimische Arbeitszimmer absetzen? Wie kann ich legal die steuerlichen Abgaben für den Dienstwagen reduzieren?

Vielleicht ist es Ihnen aufgefallen: Die Themen sind so gewählt, dass sie vor allem von Personen mit höherem Einkommen wahrgenommen werden. So können Sie steuern, wer Ihre Artikel liest. Wenn Ihr Geschäft gut läuft, haben Sie unter Umständen gar keine Kapazitäten frei, um viele neue Kunden zu bearbeiten. Dann können Sie den Blog nutzen, um eine bestimmte Zielgruppe zu bedienen, die einen hohen Gewinn verspricht. Wenn Sie als Steuerberater am besten an Ärzten oder Mitarbeitern einer bestimmten Unternehmung verdienen, kreieren Sie doch einen Blog für genau diese Zielgruppe und liefern Sie kleine Artikel, die genau sie ansprechen. Mit einer solchen Spezialisierung können Sie Ihre Zeit in Zukunft besser nutzen, so dass sich der Blog auf diese Weise wieder rentiert.

Hinweis

Ähnliches gilt für Handwerker: Wenn Sie eine Tischlerei betreiben, die auch Parkettverlegung anbietet, schreiben Sie kleine, für einen Laien gut verständliche Anleitungen, wie man dies selbst macht. Als Handwerker haben Sie überdies den Vorteil, dass Sie Fotos und Visualisierungen schnell selbst erstellen können. Visualisierungen sind äußerst wichtig und helfen, dass sich Ihre Artikel verbreiten!

Anders als der Fachblog soll der Unternehmensblog Ihr Unternehmen repräsentieren. Sie können beispielsweise immer wieder kleine Geschichten aus dem Unternehmensbetrieb bringen. Es gibt viele Anlässe, über die Sie nette kleine Artikel schreiben können.

Ist etwas passiert? Hatten Sie einen Stromausfall? Haben Sie eine neue Garderobe bekommen? Hat der Azubi die Zwischenprüfung gut hinter sich gebracht? Loben Sie den Azubi für die Leistung bei der Zwischenprüfung, bedanken Sie sich bei der alten Garderobe für zwölf Jahre treue Dienste. Solche Artikel sollten nicht zu lang sein; eine halbe Bildschirmseite und ein nettes Foto genügen.

Auch sollten Sie immer wieder lokale Artikel einstreuen. Wenn Sie keinen Bezug von Ihrem Betrieb zu Ihrer Region oder Stadt herstellen können, schreiben Sie hin und wieder nur über die Stadt. Ein Artikel, der Ihre Region und Ihren Betrieb kombiniert, ist jedoch besser. Vielleicht haben Sie mit Ihrer Praxis, Kanzlei oder Ihrem Geschäft den Weihnachtsmarkt besucht oder dem örtlichen Kinderheim eine Sachspende überreicht? Solche Geschichten setzen Sie positiv in Szene und stellen den Bezug zur Region her.

Wenn Sie ein Geschäft, eine Praxis oder eine Kanzlei führen, können Sie auch die Mitarbeiter mit einbeziehen (natürlich nur, wenn diese zustimmen). Entweder Sie berichten über Ihre Mitarbeiter oder lassen diese selbst hin und wieder kleine Artikel schreiben.

9.4 Wie bloggen?

Das Schöne am Bloggen: Kaum jemand erwartet literarische Qualität von Ihren Texten. Ein persönlicher Anstrich ist nicht nur angemessen, sondern erwünscht. Finden Sie einen eigenen Stil. Beginnen Sie am besten mit einer Recherche: Informieren Sie sich darüber, was andere schreiben. Achten Sie auf möglichst individuelle Beiträge. Themen, die selten von anderen Bloggern aufgegriffen werden, bieten bessere Möglichkeiten, gefunden zu werden.

Mit diesem Wissen schreiben Sie Ihren ersten Blog-Beitrag. Er sollte nicht zu kurz (unter 100 Wörter) und nicht zu lang (über 1.000 Wörter) sein. Binden Sie auch grafisches Material mit ein. Dieses peppt Ihren Blog auf und bringt Material für die Vorschaubilder in den sozialen Netzwerken. Ein ganz wichtiges Stilelement ist das Verlinken. Wenn Sie einen interessanten Artikel eines anderen Bloggers gesehen haben, verlinken Sie ihn in Ihrem Artikel. Das funktioniert am besten, wenn Sie einen anderen Blog lobend erwähnen und dabei den Namen des Blogs als Hyperlink auf den Artikel definieren. Links sind äußerst wichtig, weil sie die Blogs miteinander verknüpfen. Der Autor des zitierten Blogs bekommt eine Nachricht und wird Sie vielleicht in Zukunft ebenfalls zitieren, wenn Sie interessante Artikel publizieren.

Tipp

Bei den meisten Blog-Programmen sieht die Funktion zum Einfügen eines Hyperlinks wie ein Kettensymbol aus.

Denken Sie daran, nach dem Erstellen eines Artikels Schlagworte zu vergeben und Kategorien zu pflegen. Das hilft Ihren Lesern, sich zurechtzufinden.

Tipp

Achten Sie auf die Rechtschreibung! Auch wenn jeder Kommentar wertvoll ist – wenn Sie Rechtschreibfehler machen, können Sie auf jeden Fall mit Kommentaren rechnen! Und diese können nerven. Es gibt Browser-Plug-ins, die eine Rechtschreibprüfung vornehmen. Wenn Sie kein solches Plug-in installieren möchten, können Sie auch den gesamten Text mit [Strg]+[A] (Windows) bzw. [Cmd]+[A] (Macintosh) markieren, ihn dann mit [Strg]/[Cmd]+[C] kopieren und anschließend mit [Strg]/[Cmd]+[V] in Ihr Textverarbeitungsprogramm einfügen. Dort können Sie bequem eine Rechtschreibprüfung vornehmen.

Lesen Sie auch in anderen Blogs und hinterlassen Sie dort Kommentare. Die Blogs leben von den Kommentaren anderer Autoren und man lernt sich dadurch untereinander kennen. Dazu bieten die Blogbetreiber auch »Reader«, in denen Sie Themen abonnieren können. Tragen Sie hier die zentralen Begriffe ein und verfolgen Sie, was Ihre Kollegen zu demselben Thema zu sagen haben. Jede E-Mail, jeder Kommentar, jedes Feedback hilft Ihnen. Bedanken Sie sich, wenn Sie gelobt oder von anderen Blogs zitiert werden.

Und vor allem: Lesen Sie auch die Blogs Ihrer Mitbewerber. Was bewegt Ihre Zielgruppe? Was funktioniert, was nicht? Sie werden auf Dauer ein Bauchgefühl dafür entwickeln, welche Artikel gut ankommen und welche nicht. Dazu benötigen Sie aber ein wenig Ausdauer. Posten Sie nicht zu viel, dafür aber kontinuierlich.

Hinweis

Exkurs: Einen Blog refinanzieren Wenn Sie wegen des Geldes bloggen wollen, müssen Sie sehr viel Zeit, Geduld und Ausdauer mitbringen. Wer behauptet, dass Sie mit einem Blog sehr schnell viel Geld verdienen können, will Ihnen in der Regel die berühmten zehn besten Tipps verkaufen. Sie sollten zumindest Spaß am Bloggen bzw. Schreiben mitbringen und das Ziel haben, Ihr Produkt oder Ihre Unternehmung/ Dienstleistung damit voranzubringen.

Allerdings geht vom Bloggen ein ganz spezieller Reiz aus, wenn man damit noch etwas Geld einnimmt. Viel ist es nicht, aber es steigert die Motivation: Während man für Werbung normalerweise Geld ausgeben muss, ist es schon nett, wenn man damit auch noch Einkünfte erzielt. Es gibt auch Wege, von denen ich abrate: Zum Beispiel werden manche (meist erfolgreichen) Blogger gebeten, gegen Entgelt Artikel zu platzieren. Wenn Sie Ihren Blog selbst hosten, können Sie zum Beispiel mit Google AdSense-Werbeflächen vermieten. Hierfür werden verschiedene Plug-ins angeboten, die Sie auf Ihrem Server installieren können. Bei den Freehostern ist die Platzierung von AdSense-Anzeigen nicht möglich.

Es gibt jedoch noch weitere Möglichkeiten, um etwas Kapital aus Ihrem Blog zu schlagen:

- **VG Wort**: Wenn Ihre Artikel über 1.800 Zeichen lang sind, können Sie über die VG Wort Tantiemen erhalten. Die VG Wort verwaltet die Gelder, die beispielsweise für kopierte Inhalte usw. an die Urheber abgegeben werden müssen. Hierzu müssen Sie sich bei der VG Wort als Autor anmelden und ein kleines Zählpixel (eine kaum sichtbare Grafik, die nur aus einem Pixel besteht) in Ihren Artikel einbinden. Sobald Sie über eine gewisse Anzahl von Seitenabrufen kommen (im Jahr 2011 lag die Schwelle beispielsweise bei 1.500 Aufrufen) erhalten Sie eine kleine Vergütung für Ihren Artikel (im Jahr 2011 waren es 10 Euro). Es kommt übrigens nicht darauf an, wo Sie ansässig sind, sondern woher Ihre Leser stammen. Wenn Sie Schweizer oder Österreicher sind, kann eine Anmeldung bei der deutschen VG Wort trotzdem Sinn machen. Am besten fragen Sie dort direkt nach.
- **Donate Button**: In der Blogger-Szene werden meist Anglizismen verwendet. Ein Spenden-Button wird in der Blogger-Szene »Donate Button« genannt. Einen solchen Button können Sie beispielsweise mit Hilfe von PayPal in Ihren Blog einbinden. Dazu benötigen Sie nur einen gewerblichen Account bei PayPal und bekommen dann alles Notwendige zur Verfügung gestellt, um den Button in Ihren Blog einzubinden. Ich habe zum Beispiel einen kleinen Text gewählt, dass mein Blog werbefrei ist, ich mich aber über eine Einladung zu einem Kaffee freuen würde, wenn ein Artikel gefallen hat. Und tatsächlich: Hier und da kommen mal 2 Euro in die Kasse. Ein Donate Button ist vor allem dann sinnvoll, wenn Sie kleine Tipps, Tutorials oder Anleitungen veröffentlichen.
- **Flattr**: Ähnlich wie ein Spenden-Button funktioniert auch Flattr. Hierbei handelt es sich um einen Micropaymentdienst, der sich auf Blogs spezialisiert hat. Die Nutzer können sich bei Flattr anmelden und einen monatlichen Kleinbetrag abbuchen lassen (zum Beispiel 2 Euro). Dieser Betrag wird auf die Blogs und Artikel verteilt, die der Nutzer anklickt. Diese Methode hat einen gewissen Charme, scheint aber nur unter Nerds (computeraffinen Nutzern) bekannt zu sein. In anderen Bereichen wird Flattr noch kaum genutzt.

Reichtümer lassen sich mit den genannten Techniken nicht verdienen. Wenn Sie mit Ihrem Blog vorwiegend Ihr Geschäft, Ihr Produkt oder Ihre Dienstleistung bekannter machen wollen, dann behalten Sie dieses Ziel im Fokus. Die aufgezeigten Wege sind nur als nette Ergänzung zu sehen.

9.5 Checkliste: Was brauche ich für meinen eigenen Blog?

- Haben Sie Ihre Zielgruppe identifiziert?
  - Welche Art Artikel könnte sie interessieren?

- Wollen Sie den Blog auf Ihrem eigenen Server betreiben?
  - Ja
  - Nein: Haben Sie einen Freehoster ausgewählt?

- Haben Sie einen Namen für Ihren Blog?
  - Überlegen Sie, wie Sie gefunden werden möchten.
  - Suchen Sie zentrale Begriffe, über die potenzielle Kunden Sie suchen würden.
  - Haben Sie einen lokalen Bezug? Bauen Sie diesen in den Blogtitel mit ein.

- Welche Art Blog wollen Sie betreiben?
  - Fachblog
  - Unternehmensblog

- Welche Art Inhalte wollen Sie zur Verfügung stellen/schreiben?
  - Lokales
  - Tipps für Laien, Anleitungen
  - Informationen über Ihr Unternehmen
    - Informationen über die Praxis, über Ihre Mitarbeiter
    - Bezug zur Region herstellen (Stichwort Spenden – unterstützen Sie einen Förderverein oder einen Kindergarten?)
  - Profession unterstützen

- Denken Sie über Ihren Redaktionsplan nach.
  - Wie oft können Sie bloggen?
  - Langfristige Kontinuität ist wichtiger als möglichst viele Inhalte am Anfang. Machen Sie sich einen Plan, wann Sie einen Artikel erstellen. Ritualisieren Sie die Erstellung; schreiben Sie z. B. jeden Freitagabend einen Artikel. Sie müssen ihn nicht immer zum gleichen Termin publizieren: Sie können ihn auch fertigstellen und am Montagmorgen publizieren.

- Melden Sie sich an/richten Sie den Blog ein (wenn Sie ihn auf einem eigenem Server betreiben möchten).
- Schalten Sie den Blog zuerst auf »private« oder »unsichtbar« (aber vergessen Sie nicht, ihn wieder zu aktivieren, wenn Sie ihn fertig aufgesetzt haben).
- Suchen Sie sich ein Theme aus.
  - Es sollte nicht zu dunkel oder gar schwarz sein.
  - Ein Bezug zur Zielgruppe ist empfehlenswert.
  - Es sollte eine eigene Titelgrafik unterstützen.

    - Es sollte auch ein paar statische Seiten unterstützen, die Sie oben verlinken können. Diese benötigen Sie für eine »Unser Geschäft«- oder »Unsere Praxis«-Seite (mit der Sie Ihre Unternehmung oder Profession einschließlich Kontaktdaten vorstellen), ein Impressum und die Datenschutzerklärung.

- Richten Sie den Blog ein.
    - Verwenden Sie eine ansprechende Titelgrafik.
        - Bei lokalem Geschäft bzw. lokaler Unternehmung oder Kanzlei: Verwenden Sie ein Foto davon.
        - Bei einem Fachblog verwenden Sie ein Motiv, das Ihre Profession auf den ersten Blick visualisiert.
        - Achten Sie auf das Urheberrrecht!
    - Schreiben Sie fest verankerte »Artikel« für
        - Impressum
        - Datenschutzerklärung
        - Geschäftliche Kontaktseite (»Über uns«)
- Schreiben Sie Ihren ersten Artikel.
    - Enthält er mindestens eine Grafik oder ein Foto?
    - Haben Sie die Rechtschreibung geprüft?
- Vergessen Sie nicht, den Blog wieder öffentlich zu schalten.
- Teilen Sie den Artikel über die Ihnen zur Verfügung stehenden Kanäle (E-Mail, soziale Netzwerke).
- Ab jetzt ist Kontinuität gefragt. Seien Sie nicht enttäuscht, wenn Sie zu Beginn nur 10 oder 20 Leser haben. Die Leserschaft muss erst wachsen und die Suchmaschinen müssen auf Sie aufmerksam werden. Das geht nicht in wenigen Stunden.
- Sehen Sie sich andere Blogs an. Schreiben andere Personen zu ähnlichen Themen (oder aus derselben Stadt)?
    - Verlinken Sie andere Blogs.
    - Kommentieren Sie in anderen Blogs.
    - Machen Sie sich bekannt!

Kapitel 10
Recruiting 2.0 für Kleinunternehmer

Inhalt

- Recruiting in den sozialen Netzwerken
- Neue Mitarbeiter finden
- Kreative Beispiele

Die Suche nach qualifizierten Mitarbeitern wird immer schwieriger: Die Menschen sind flexibler geworden und wechseln ihren Wohnort häufiger; die Loyalität der Mitarbeiter (aber auch der Arbeitgeber) ist geringer geworden. Sie sind eher bereit, ihren Arbeitgeber zu wechseln, als noch die Generation unserer Eltern. Gerade Konzerne sind stets auf der Suche nach Talenten und haben sich Social Media schon lange als Recruiting-Werkzeug erschlossen. Es gibt bereits Trends zum »Mobile Recruiting«, der Nutzung mobiler Endgeräte und Smartphones für die Suche nach Mitarbeitern.

Social Media ist aber auch für Freiberufler, Freelancer, Selbstständige und kleine Unternehmer ein guter Weg, um neue Mitarbeiter zu finden. Das hat mehrere Gründe:

- **Social Media ist ein junges Instrument.** Das hat vor allem dann Vorteile, wenn Sie vorrangig nach jüngeren Talenten Ausschau halten. Bei diesen ist Social Media weit verbreitet und es bestehen nur wenige Berührungsängste.
- **Social Media ist günstig:** Für die verschiedenen Arten der Mitarbeitersuche müssen Sie bei aktiver Nutzung der Ihnen offenstehenden Kanäle nur wenig Geld ausgeben. Auch eine völlig kostenlose Mitarbeitersuche kann gute Ergebnisse bringen. Mit dem Budget für eine Anzeige in einer kleinen Tageszeitung

können Sie in den sozialen Netzwerken eine Stellenanzeige für vier Wochen schalten und diese bewerben und werden wahrscheinlich immer noch etwas Geld übrig haben.

- **Social Media ist Mainstream:** Vor allem Konzerne, aber auch immer mehr Arbeitgeber aus dem mittelständischen Bereich, nutzen Social Media zum Recruiting. Bei der Nutzung Ihrer eigenen Netzwerke sind Sie häufig im Vorteil, da große Unternehmen Social Media oft sehr statisch einsetzen: Sie schalten zwar Stellenanzeigen, nutzen ihr Netzwerk aber nicht aktiv.

Als Kleinunternehmer oder Freiberufler werden Sie die geringen Kosten für das Recruiting über Social Media zu schätzen wissen. Der Hauptvorteil liegt in der professionellen Nutzung Ihres Netzwerkes und des Netzwerkes Ihres Unternehmens, Ihrer Praxis, Kanzlei oder Ihres Geschäftes.

Die sozialen Netzwerke sind im Recruiting keine neue, bahnbrechende Erfindung. Das Netzwerk ist gleichzusetzen mit dem »Hören-Sagen«, die Gruppen entsprechen den traditionellen Vereinen und die Online-Stellenanzeige ist die konsequente Fortführung der Annoncen in Tageszeitungen und Magazinen. Die sozialen Netzwerke sind die technische Fortführung dieser traditionellen Kanäle.

Schon früher hatte vor allem bei kleinen Unternehmern das traditionelle Netzwerk einen erheblichen Einfluss auf die Suche nach neuen Mitarbeitern: Mitarbeiter, Kunden und Freunde verbreiteten vakante Positionen per Mundpropaganda in der Region oder im persönlichen Umfeld und sorgten damit für eine Verbreitung des Stellenangebots. Interessenten, die davon hörten, meldeten sich oder ließen den Kontakt zum potenziellen Arbeitgeber über einen direkten Ansprechpartner oder eine Personenkette herstellen.

Die sozialen Netzwerke geben diesem alten, bewährten Verfahren eine ganz andere, technologische Dimension. Der Mundpropagandaeffekt wird durch Social Media professionalisiert und gesteuert. Der Zufall wird dabei durch Technik ersetzt. Früher war man früher stärker darauf angewiesen, dass eine geeignete Position zufällig vakant war. Die sozialen Netzwerke nutzen den Wirkmechanismus des Weitersagens effizienter. Die Verbreitung ist schneller und besser steuer- und kontrollierbar. Die sozialen Netzwerke machen die Verbreitung sogar erst sichtbar, während sie sich früher nur erahnen ließ. Sie systematisieren den Zufall zu Ihren Gunsten.

Auch wenn Sie noch nicht ganz überzeugt sind – probieren Sie es einfach einmal aus. Auch mit einer Null-Euro-Strategie können Sie bereits Aufmerksamkeit für eine freie Stelle erzeugen. Wenn es funktioniert, gewinnen Sie einen Mitarbeiter, wenn nicht, haben Sie höchstens etwas Arbeitszeit verloren. Schon die Kosten für Zeitungsannoncen oder Anzeigen in Online-Stellenbörsen dürften ein Anreiz für diese Vorgehensweise sein. Eine gute Anzeige bei Monsters, dem Marktführer unter den Online-Stellenbörsen, kann schnell einen vierstelligen Euro-Betrag kosten.

10.1 Wie funktioniert Recruiting in den sozialen Netzwerken?

Im Social-Media-Bereich gibt es verschiedene Möglichkeiten, eine vakante Position auszuschreiben. Die wichtigsten sind:

- Suche über eine Stellenanzeige
- Suche über die verschiedenen Gruppen
- Suche über das Netzwerk

Alle drei Wege haben Vor- und Nachteile. Die erste Möglichkeit kostet Geld, die beiden anderen sind größtenteils kostenlos. Wenn Sie zusätzliche Marketingmaßnahmen nutzen (beispielsweise bei Facebook die Sichtbarkeit erhöhen oder kleine Werbeanzeigen bei Facebook oder LinkedIn schalten), müssen Sie auch hier etwas Geld investieren. Allerdings können schon ein paar Euro ausreichend sein. Solche Marketing-Maßnahmen sind jedoch nur begleitend zu sehen und können die Stellenanzeige oder den Post mit der ausgeschriebenen Position nicht ersetzen. Deshalb habe ich sie nicht gesondert aufgeführt.

Auch für Recruiting-Maßnahmen gilt: Wenn Sie ein gutes und gepflegtes Netzwerk besitzen, wird Ihre Suche nach neuen Mitarbeitern wesentlich besser funktionieren. Mit einem einzelnen Profil ohne Netzwerk aus Kunden, Mitarbeitern, Kollegen und den Menschen, mit denen Sie in der Vergangenheit zu tun hatten, wird es wesentlich schwieriger. Ihr mit der Zeit gewachsenes Netzwerk ist das beste Kapital, dass Sie in den sozialen Netzwerken besitzen. Und auch hier gilt: Empfehlungen sind viel wert. Wenn Sie viele Empfehlungen haben, so sieht das für sich allein genommen schon gut aus – die Wahrscheinlichkeit steigt, dass ein potenzieller Bewerber sich entweder über Sie informiert oder die Person kontaktiert, von der die Empfehlung stammt. Dieser Kontaktpfad bietet den Vorteil, dass die Person, die Sie weiterempfiehlt, für ihre Empfehlung bürgt (wenn auch nicht im juristischen Sinne): Wenn dieser Nutzer von Ihnen als Arbeitgeber oder von dem Interessenten für die vakante Position nicht überzeugt ist, wird sie wahrscheinlich den Kontakt nicht herstellen wollen. Damit nutzen Sie das Vertrauen Ihres Netzwerks für die Besetzung der Position.

Zu guter Letzt gibt es die Möglichkeit, gezielt auf geeignete Kandidaten zuzugehen und sie konkret zu fragen, ob sie sich einen neuen Arbeitgeber vorstellen könnten. In den Netzwerken XING und LinkedIn, eingeschränkt auch bei Google+, können Sie nach Personen suchen, die Ihren Anforderungen entsprechen. Wenn Sie in den Profilen dann noch Hinweise finden wie »Auf der Suche nach neuen Herausforderungen« oder »Offen für Neues«, steht einer gezielten Ansprache nichts entgegen.

10.1.1 Stellenanzeigen

Die bekannteste Methode zum Rekrutieren von Mitarbeitern ist die klassische Stellenanzeige, die es in Tages- und überregionalen Zeitungen schon immer gab. Dieses Modell wurde Ende der 1990er Jahre auf die Web-Technologie übertragen. Seitdem wuchsen die Online-Stellenbörsen stetig. Die bekannteste dürfte Monsters sein, aber es gibt noch weitere Anbieter wie Stepstone. Die größte Online-Stellenbörse dürfte das Angebot der Agentur für Arbeit sein. Ende 2012 waren über 716.000 Stellen ausgewiesen.

Sowohl die Online-Stellenbörsen als auch die klassischen Anbieter wie etwa die Frankfurter Allgemeine Zeitung nehmen für eine vierwöchige Stellenanzeige einen vierstelligen Betrag – und auch eine Anzeige in einer kleinstädtischen Tageszeitung mit einer Auflage von 30.000 Exemplaren kommt schnell auf 1.000 oder 2.000 Euro. Deshalb bieten Stellenanzeigen in den sozialen Netzwerken schon aus preislichen Gründen eine recht sinnvolle Alternative:

- Schon für 49 US-Dollar können Sie bei BranchOut (einem Facebook-Anbieter mit weltweit 30 Millionen Mitgliedern) ein Stellenangebot schalten. Zum Testen können Sie auch eine kostenfreie Stellenanzeige schalten, die nur für Ihre eigenen Kontakte sichtbar ist. Facebook selbst bietet momentan noch keinen Stellenanzeigen an.
- Bei LinkedIn kostet Sie eine Stellenanzeige 139 Euro (inklusive Mehrwertsteuer), beim deutschen XING momentan 470 Euro (mit Logo und inklusive Mehrwertsteuer). Bei keinem der Anbieter benötigen Sie ein Unternehmensprofil. Auch als Basismitglied können Sie bei XING und LinkedIn eine Stellenanzeige veröffentlichen.
- XING bietet eine Pay-per-Click-Variante für 0,94 Euro pro Klick an (inklusive Mehrwertsteuer).

- Wenn Sie Studenten oder Azubis suchen, können Sie bei XING seit Ende 2012 sogar völlig kostenfrei eine Stellenanzeige posten.
- LinkedIn bietet sogenannte Slots (Staffelpreise) an. Möchten Sie zu verschiedenen Zeitpunkten mehrere Anzeigen veröffentlichen, kann dies eine Alternative darstellen: Der Bruttopreis sinkt bei Abnahme von 10 Anzeigen bereits auf 89,50 Euro pro Stellenanzeige (inklusive Mehrwertsteuer).

Die Preise sollten für Ihre Entscheidungsfindung nicht ausschlaggebend sein. Am wichtigsten ist, ob Sie Ihre Zielgruppe erreichen können, denn hier unterscheiden sich die Netzwerke gewaltig. Wenn Sie in einer kleineren Stadt oder Gemeinde leben und nicht gerade einen hochqualifizierten Spezialisten suchen, ist Facebook das beste Netzwerk für eine Stellenanzeige. Suchen Sie hingegen einen Akademiker oder einen räumlich flexiblen Mitarbeiter (Unternehmensberater, Consultant, Wirtschaftsprüfer), ist LinkedIn eine gute Option. Bei allen anderen müssen Sie abwägen, ob Facebook oder XING besser geeignet ist. Bei XING liegt der Fokus auf qualifizierten Fachkräften. Da im Bereich Sales viele Mitglieder bei XING sind, ist es sinnvoll, gerade dort nach Vertrieblern zu suchen.

Wichtig ist aber nicht nur die Zielgruppe, sondern auch die Nutzung des eigenen Netzwerkes: Wenn Sie stark bei Facebook, LinkedIn oder XING vertreten sind, sollten Sie Ihre neuen Mitarbeiter auch dort suchen. Dies hat zwei Gründe:

- Weil gerade beim Recruiting das Netzwerk wichtig ist, kann sich die Suche nach einem neuen Mitarbeiter schneller verbreiten. Stellenanzeigen werden erfahrungsgemäß gerne geteilt.
- Der zweite Grund ist Ihre Authentizität: Wenn Sie über ein großes Netzwerk oder – besser noch – über Empfehlungen oder ein Unternehmensprofil verfügen, wird ein Interessent Ihrer Anzeige wahrscheinlich eher vertrauen, als bei einem nur rudimentären Profil.

Optisch ähneln sich die Stellenanzeigen aller drei Anbieter. In Abbildung 10.1 sehen Sie eine nahezu identische Anzeige, die parallel bei zwei großen Anbietern geschaltet wurde. LinkedIn und XING binden auch Ihr Logo in die Anzeige ein, BranchOut/Facebook hat dies zwar angekündigt, zum jetzigen Zeitpunkt aber noch nicht umgesetzt.

Auf LinkedIn kann sich der Interessent direkt auf der Seite mit dem Stellenangebot bewerben und Dateien wie Zeugnisse oder Lebenslauf anhängen; Sie wiederum können die eingehenden Bewerbungen verwalten. Wenn Sie nicht nur einzelne, sondern hundert Bewerbungen erwarten, kann sich dies als sinnvoll erweisen.

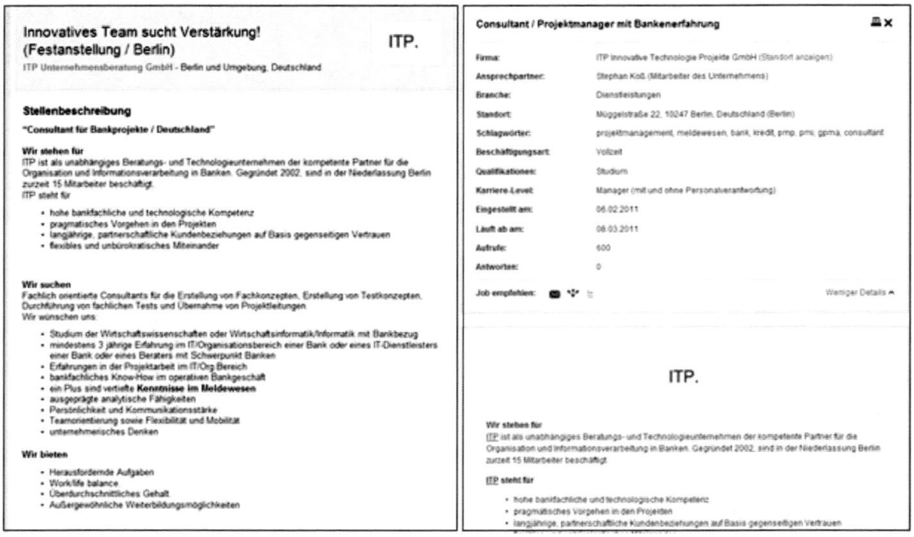

Abbildung 10.1 Stellenanzeigen bei LinkedIn (links) und XING (rechts) im Vergleich

> **Tipp**
>
> Wenn Sie keine Reaktionen von Personalberatern wünschen, sollten Sie dies in Ihrer Stellenanzeige explizit zum Ausdruck bringen. Anderenfalls können Sie davon ausgehen, dass Sie gefragt werden, ob Sie Hilfe benötigen bzw. Interesse an Zeitarbeit haben, oder dass Sie von freiberuflichen Profiloptimierern angesprochen werden. Mit einem entsprechenden Satz im Stellenangebot können Sie diese Flut zumindest ein wenig eindämmen.

10.1.2 Anzeigen in Gruppen

Eine gute Möglichkeit, (kostenfreie) Anzeigen zu publizieren, bieten die Gruppen bei Facebook, LinkedIn und XING. Die Google+-Communities gibt es erst seit Ende 2012. Sie haben sich noch nicht etabliert, finden zurzeit aber starken Zulauf. Auch in den öffentlichen Communities können Sie das Posten einer Stellenanzeige in Erwägung ziehen. Der entscheidende Vorteil gegenüber anderen sozialen Netzwerken ist die Nähe von Google+ und der Suchmaschine Google.

Suchen Sie sich Gruppen, die am ehesten Ihren Zielpersonen entsprechen. Je nachdem, welche Qualifikation die Bewerber mitbringen müssen, sollten Sie zwischen Fach- und regionalen Gruppen unterscheiden. Bei einem Stellenangebot für hochqualifizierte Mitarbeiter sind die Fachgruppen auf XING und LinkedIn zu empfehlen.

Auch auf Facebook gibt es Fachgruppen. Diese sind jedoch oft kleiner als die entsprechenden XING- und LinkedIn-Gruppen. Örtliche Gruppen finden Sie hingegen häufiger auf Facebook, bei XING weniger und bei LinkedIn nahezu gar nicht.

Hinweis ×

Bevor Sie Ihre Stellenanzeige in einer Gruppe posten, sollten Sie sich mit dieser vertraut machen. Einige Gruppen wünschen keine Stellenanzeigen und stellen dies auf der Gruppenstartseite, im Code of Conduct (CoC = Verhaltensregeln für die Gruppe) oder in den Gruppenregeln klar. Das sollten Sie respektieren.

Meist müssen Sie Mitglied in einer Gruppe sein, wenn Sie dort posten möchten. Melden Sie sich bei den zu Ihrer Zielgruppe passenden Gruppen an. Achten Sie beim Einstellen auf das korrekte Board bzw. Unterforum, damit Ihre Anzeige an der richtigen Stelle positioniert wird. Wenn möglich, sollten Sie nicht die üblichen Textbausteine posten, die man überall findet. Versuchen Sie vielmehr, einen Bezug zur Gruppe herzustellen. Eine Stellenanzeige in einer Gruppe erhält wesentlich mehr Aufmerksamkeit, wenn ihr Text interessant und auf die Gruppe zugeschnitten ist. Es lohnt sich also auf jeden Fall, Ihren Standardtext ein wenig anzupassen.

Achten Sie beim Posten Ihrer Stellenanzeige in verschiedenen, ähnlichen Gruppen auf etwas zeitliche Streuung – auch dies kann Ihre Sichtbarkeit erhöhen. Viele Nutzer sind in mehreren ähnlichen Gruppen Mitglied. Durch die zeitliche Streuung erreichen Sie mehr Interessenten.

Halten Sie auch Ausschau nach Foren, die hier nicht aufgeführt sind, in Ihrer Branche aber eine Rolle spielen, beispielsweise *Motortalk.de* für Themen rund ums Auto oder *Brigitte.de* für Themen rund um Mode oder Kosmetik.

Bei XING können Sie kein grafisches Material verwenden, wenn Sie etwas in einer Gruppe posten; Sie sind auf reinen Text angewiesen. Wenn Sie auf Facebook oder LinkedIn eine Stellenanzeige veröffentlichen, können Sie einen Artikel verlinken. Besitzen Sie dort ein Unternehmensprofil oder eine Fanseite, können Sie diese gut als Ziel verwenden: Publizieren Sie in den Gruppen den Link zu Ihrem Unternehmensprofil oder Ihrer Fanseite und schreiben geben Sie in einem individuellen Text bekannt, dass eine Stelle vakant ist. Wenn Sie eine Website besitzen und die Stellenanzeige dort geschaltet haben, können Sie in den Gruppen den Link zu Ihrer Website posten und den individuellen Text etwas kürzer halten.

Warnung

Bei den meisten Gruppen können Sie eine Stellenanzeige nicht mehr löschen. Dies geht im Regelfall nur durch das Einschalten des Moderators. Machen Sie deshalb im Posting unbedingt klar, bis zu welchem Datum Sie die Bewerbungen benötigen.

10.1.3 Suche über das Netzwerk

Die dritte Variante gilt für alle Netzwerke, also nicht nur für Facebook, XING und LinkedIn, sondern auch für Google+ und die unterstützenden sozialen Netzwerke wie Twitter, Pinterest und So.Cl. Gehen Sie von der Plattform aus, die Sie am meisten nutzen und auf der Sie das größte Netzwerk haben. Posten Sie Ihre Stellenanzeige über das Unternehmensprofil und – falls vorhanden – die Unternehmensseite bzw. die Fanseite. In diesen Fall nutzen Sie zusätzlich Ihre persönlichen Profile, um in Ihrem Netzwerk auf die Stellenanzeige aufmerksam zu machen. Wenn Sie die Stelle in den Status-Updates weiterempfehlen, bitten Sie unbedingt explizit um das Liken/Weiterleiten. Hier hat sich »Please RT« durchgesetzt – angelehnt an Twitter: »Bitte weiterzwitschern«. Alternativ schreiben sie konkret: »Bitte weitersagen« oder »Bitte teilen«. Wenn Sie diesen Hinweis nicht gerade täglich überstrapazieren, wird er von Ihrem Netzwerk wohlwollend aufgenommen und wird zu einer wesentlich besseren Verteilung führen. Haben Sie kein Unternehmensprofil, keine Unternehmens- oder Fanseite, können Sie direkt über die persönliche Profile suchen. Auch machen in diesen Fällen Cross-Postings Sinn: Wenn Sie über Google+ suchen und gleichzeitig über einen Twitter-Account verfügen, können Sie dort zusätzlich auf Ihr Angebot hinweisen.

Bei Netzwerken, die das Hashtag unterstützen (LinkedIn, Google+, Twitter, So.Cl), sollten Sie Begriffe wie #Job mit einpflegen und mit Begriffen kombinieren, die für die Stellenanzeige typisch sind. Bei regionalen Suchabfragen sollten Sie auch den Ort mit einem Hashtag versehen, zum Beispiel »Region #Hannover« oder »in #Hameln«.

Wenn Sie bei Google+ sind, sollten Sie Ihre Stellenanzeige dort unbedingt veröffentlichen, da das Job-Posting auch über Google indiziert wird. Damit kann die Stellenanzeige auch über die Google-Suchmaschine gefunden werden.

Sie können aber auch Kanäle nutzen, die ich noch nicht direkt angesprochen habe. Sehr gut geeignet ist Pinterest, wenn Sie dort ein Profil besitzen. Machen Sie gute Aufnahmen von Ihrem Geschäft, Ihrer Kanzlei oder Praxis und stellen Sie sich mit einem Schild mit dem Text »Ich stelle ein« davor. Denken Sie sich ruhig etwas Witziges oder Originelles aus. Posten Sie das Foto bei Pinterest und verlinken Sie eine Seite, auf der Sie beschreiben, wen Sie genau suchen.

10.2 Wie suche ich effektiv neue Mitarbeiter?

Sie haben nun unterschiedliche Techniken kennengelernt, wie Sie die sozialen Netzwerke zum Recruiting neuer Mitarbeiter nutzen können. Die Möglichkeiten erscheinen vielfältig; deshalb erhalten Sie nun Hinweise, wie Sie Ihre Mitarbeitersuche möglichst effizient gestalten können.

Die sozialen Netzwerke bieten neben den klassischen Stellenanzeigen zahlreiche Werkzeuge, die Sie einsetzen können.

10.2.1 »Post & Pray«-Technik

Bei *Post & Pray* (Veröffentlichen und Beten) handelt es sich um die »Technik«, eine Stellenanzeige zu schalten und dann einfach zu warten. Sie können diese nutzen, wenn mit erheblichem Rücklauf zu rechnen ist. Aber selbst dann sollten Sie andere Techniken mit einfließen lassen. Die sozialen Netzwerke haben zwar mittlerweile eine recht starke Verbreitung; Sie erreichen aber noch längst nicht alle in Frage kommenden Interessenten. Nur durch eine Stellenanzeige werden Sie wahrscheinlich nicht besonders viele Rückläufe bekommen.

Diesen Mangel an Reichweite können Sie durch die aktive Einbindung Ihres Netzwerkes und die konsequente Nutzung aller möglichen Kanäle mehr als ausgleichen. Und diese Technik hat einen weiteren Nachteil: Sie sprechen damit ausschließlich aktive Kandidaten an, also Menschen, die momentan über die Jobbörsen nach einer neuen Arbeitsstelle Ausschau halten. Passive Kandidaten, also Personen, die zwar wechselwillig sind, aber noch nicht aktiv nach vakanten Positionen suchen, erreichen Sie auf diese Weise nicht.

Eine Möglichkeit, die Reichweite in den sozialen Netzwerken zu erhöhen, sind die Facebook Ads oder LinkedIn Ads. Mit diesen kleinen Anzeigen können Sie auch weniger aktive Kandidaten auf Ihr Angebot aufmerksam machen. Sie sind schon mit einem vergleichsweise kleinen Budget nutzbar. Wenn Sie es mit den Kosten für die Anzeigen in traditionellen Medien vergleichen, sind 200 bis 300 Euro für eine unterstützende Kampagne nicht viel.

10.2.2 Werden Sie kreativ

Durch den Einsatz von Originalität und Kreativität erreichen Sie viel mehr Menschen, und zwar nicht nur diejenigen, für die akut ein Jobwechsel ansteht.

Beim Posten von Online-Stellenangeboten müssen Sie sich nicht daran halten, wie eine Stellenanzeige traditionell auszusehen hat. Im Gegenteil: Durch Kreativität können Sie eine erhöhte Reichweite erzeugen und damit die Wahrscheinlichkeit steigern, dass sich mehr und/oder bessere Kandidaten auf die vakante Position melden. Wenn Sie einen Azubi zum Bauzeichner suchen, schreiben Sie einen kleinen Wettbewerb aus: Wer sich vorstellen kann, diesen Beruf zu erlernen, soll auf Pinterest oder Facebook die Zeichnung einer Traumvilla posten. Die besten drei Einsendungen werden zum Vorstellungsgespräch eingeladen. Eine solche Technik funktioniert besonders gut, wenn Sie sie als Abstimmung gestalten. Dann werden die Teilnehmer ihren Bekannten-, Freundes- und Familienkreis aktivieren, für sie zu stimmen. Dadurch kommt es zu einen viralen Effekt: Die Ausschreibung wird sich weiterverbreiten und das Interesse weiterer Bewerber auf sich ziehen. Die Kreativität können Sie auch auf den Bewerbungsprozess ausweiten: Lassen Sie sich Videoclips zusenden, in denen die Bewerber Sie in drei Minuten davon überzeugen müssen, warum sie der geeignete Kandidat für eine vakante Position sind.

Gerade Pinterest und YouTube bieten Ihnen viele Möglichkeiten, mit originellen Fotos oder Videos auf sich aufmerksam zu machen. Posten Sie auf Pinterest eine Fotoserie, mit der Sie sich vorstellen und als attraktiven Arbeitgeber positionieren. Die Bob-Dylan-Technik, bei der nacheinander Pappschilder hochgehalten werden, aus denen sich der Text zusammensetzt, ist dabei nur eine Idee. Auf jeden Fall sollten die Ideen witzig oder einzigartig sein, so dass sich das Material verbreitet. Videos für YouTube müssen nicht professionell gedreht sein – ein kleiner Clip über die anstehenden Aufgaben, die Örtlichkeiten und eine Vorstellung des Chefs und/oder der Kollegen kann für potenzielle Kandidaten aufschlussreich sein. Durch Kreativität können Sie Reichweiten erzielen, die Sie selbst in der örtlichen Zeitung nicht schaffen können.

Wie im vorigen Abschnitt bereits angesprochen – mit den geschilderten Techniken erreichen Sie zudem auch passive Kandidaten oder sogar Personen, die bisher noch gar nicht über einen Jobwechsel nachgedacht haben. Es ist für Sie vorteilhaft, diese Kandidaten zu erreichen, weil sich gerade hier viel Potenzial verbirgt.

Tipp ×

Pinterest ist sehr frauenlastig. Wenn Sie in einer Branche mit einer vorwiegend weiblichen Zielgruppe tätig sind, kann diese Information für Sie wertvoll sein.

Ironie oder Sarkasmus funktionieren bei Stellenanzeigen nicht. Ich selbst spielte in einer Stellenanzeige einmal auf die teilweise überzogenen Anforderungen des Arbeitsmarktes an. Die Anzeige begann mit den Worten »Sie sind 23, haben einen Doktortitel sowie jahrelange Auslandserfahrung und sprechen mindestens vier Sprachen? Dann bewerben Sie sich doch. Für alle anderen: Wir suchen normale Menschen mit folgenden ... «. Ich ging davon aus, damit Aufmerksamkeit zu erzeugen. Aber wahrscheinlich haben die meisten Bewerber nicht weitergelesen – eine derartig schlechte Rücklaufquote hatte ich nie wieder.

10.2.3 Techniken kombinieren

Die besten Ergebnisse beim Recruiting über soziale Netzwerke werden Sie erzielen, wenn Sie die verschiedenen Techniken miteinander kombinieren. Beginnen Sie beispielsweise mit einer Stellenanzeige bei XING oder LinkedIn. Dann stellen Sie das Angebot bei verschiedenen Gruppen ein und verlinken dabei auf die Stellenanzeige. Zusätzlich nutzen Sie Kanäle wie Twitter, Pinterest, So.Cl oder YouTube. Machen Sie über alle greifbaren Kanäle auf sich aufmerksam. Vergessen Sie bei den Kanälen, die dies unterstützen, die Hashtags nicht. Machen Sie dabei immer wieder auf zentrale Punkte aufmerksam, zum Beispiel auf Ihre Region, bei überregionalen Angeboten auf die Kernkompetenzen wie Vertrieb, SAP oder Projektmanagement.

Am wichtigsten jedoch: Binden Sie Ihr Netzwerk mit ein. Wenn Sie Kontakte mit starker Verbreitung haben und diese Ihnen nahe stehen, bitten Sie sie persönlich um Unterstützung und ein paar »Gefällt mir«-Angaben oder das Teilen Ihrer Stellenanzeige. Gerade bei Stellenanzeigen ist die Bereitschaft zur Unterstützung groß. Nutzen Sie dieses Potenzial.

10.2.4 Beispiele für den effektiven Einsatz sozialer Netze zum Recruiting

Die folgende Tabelle zeigt Ihnen Beispiele, wie Sie eine freie Stelle in den sozialen Netzwerken ausschreiben könnten. Verstehen Sie die Vorschläge nicht als »Best Practice«, sondern als Denkanstöße und konstruktive Grundlage zur Entwicklung eigener Ideen und zum Aufbau der Kampagne.

Wer sucht was	Konventionelle Beispiele	Kreative Beispiele
Steuerberater sucht Auszubildenden	Stellenanzeige auf Unternehmensseite Fokus Facebook/evtl. Google+ Posten über das Netzwerk Nutzung lokaler Gruppen	Lassen Sie sich von den Bewerbern auf einem Foto zeigen, wie sie sich einen Finanzbeamten vorstellen. Laden Sie dazu auf Pinterest ein.
Geschäft sucht einen Verkäufer	Stellenanzeige Unternehmensseite Fokus Facebook/evtl. Google+ Posten über das Netzwerk Nutzung lokaler Gruppen	Lassen Sie von Interessenten ein Video zusenden, wie sie sich ein Verkaufsgespräch vorstellen.
Unternehmensberater sucht Angestellten	Stellenanzeige Unternehmensseite Fokus LinkedIn/evtl. XING Posten über das Netzwerk Nutzung von Fachgruppen	Sie können Slideshare oder Pinterest nutzen: Bitten Sie um eine dreiseitige Präsentation zum Kernthema.
Architekt sucht Bauzeichner	Stellenanzeige Unternehmensseite Fokus Facebook/evtl. Google+ oder XING Posten über das Netzwerk Nutzung lokaler Gruppen	Lassen Sie können die beste Zeichnung, die Sie zu einer von Ihnen gestellten Aufgabe erhalten, von einem Publikum bewerten lassen.
Kleiner Betrieb sucht Vertriebler	Stellenanzeige Unternehmensseite Fokus XING/evtl. Google+ oder Facebook Posten über das Netzwerk Nutzung lokaler Gruppen	Bitten Sie um Videos, in denen der Vertriebler in fünf Minuten erklärt, warum er der Richtige für die vakante Position ist.

Tabelle 10.1 Konventionelle und kreative Ideen für Stellenausschreibungen in sozialen Netzwerken

Kapitel 11
Social Media Monitoring: Kann ich den Nutzen messen?

Inhalt

Social Media Monitoring ist streng genommen die Überwachung und Auswertung der von den Nutzern erstellten Web-Inhalte. Es gibt ausgefeilte Techniken, die nicht nur die zu einem Thema oder einer Unternehmung erstellten Inhalte rein quantitativ messen, sondern sogar den Tonfall mit erfassen: Sind die Inhalte freundlich gesinnt? Oder wird das Thema bzw. Unternehmen in den sozialen Netzwerken viel kritisiert? In diesem Zusammenhang fällt oft der Begriff »Social Media Intelligence«. Dieser beschreibt, dass sich aus den Meinungen und Aussagen einer großen Anzahl Nutzer eine künstliche Gesamtintelligenz ableiten lässt.

Ausgefeiltere Methoden arbeiten dabei mit Technologien, die als Webtracking-Systeme (Netzverfolgung) bekannt sind. Sie analysieren den Verkehr in den sozialen Netzwerken hinsichtlich eines bestimmten Bezugspunktes. Dies kann eine Marke, ein Name oder auch ein Thema sein. Die Bandbreite der Techniken und Werkzeuge ist hierbei riesig – man könnte ein ganzes Buch nur darüber schreiben, wie sich das Social Media Monitoring gezielt zur Kampagnensteuerung, zur Steuerung von Marketing-Maßnahmen oder als begleitende Funktion zu Marketing-Maßnahmen in den klassischen Medien einsetzen lässt. So kann man die Wirkung eines TV-Spots im Umfeld der sozialen Netzwerke messen, wodurch die Unternehmen erfahren können, ob ein bestimmter TV-Spot von der breiten Masse der Konsumenten überhaupt wahrgenommen wurde und – wenn ja –, wie er ankam.

Hier etablieren sich die sozialen Netzwerke gegenüber der GfK (Gesellschaft für Konsumforschung), die die Wirkung von Marketing-Kampagnen bis jetzt vorrangig über ihre Testgebiete und Befragungen gemessen hat. Von Unternehmen wird Social Media Monitoring gern eingesetzt, da die Rohdaten (im Gegensatz zum kommerziellen Anbieter GfK) für jedermann frei verfügbar sind. Bei manchen Anbietern, etwa Facebook, kann man die Daten für die Fanseite, zum Beispiel die Aufrufe, bereits im Excel-Format herunterladen. Die sozialen Netzwerke haben gegenüber anderen Medien den Vorteil, dass man genau herausfinden kann, wer eine bestimmte Seite aufgerufen hat. Bei den klassischen Medien wie Fernsehen, Fach- oder Tageszeitung kann man nur vermuten, wer die Leser genau sind. So können Sie herausfinden, ob eine bestimmte Altersgruppe Ihre Fanseite besucht hat oder ob Nutzer aus einer bestimmten Region eine höhere Affinität zu Ihrem Auftritt haben. Auch Auswertungen über die Wochentage oder die Uhrzeit der Besuche lassen sich problemlos erstellen.

Solche Techniken sind besonders dann reizvoll, wenn Sie dadurch Rückschlüsse auf gestartete Kampagnen oder neulich lancierte Produkte bzw. Dienstleistungen ziehen können. So erkennen Sie schnell, wie der Markt oder die Kunden darauf reagieren und ob die Idee funktioniert.

Gerne werden die Daten auch mit den internen Daten aus Verkauf und Vertrieb kombiniert. In diesem Fall spricht man von »Business Intelligence«, da man dabei Rückschlüsse aus den Social-Media-Aktivitäten und den traditionellen Kennzahlen eines Unternehmens intelligent verknüpft und versucht, daraus weitere Rückschlüsse zu ziehen. Für Unternehmen sind solche Daten überlebenswichtig, weil damit der Erfolg gemessen werden kann. Kampagnen im Marketingumfeld werden vergleichbar und man kann verschiedene Kennzahlen ermitteln, die zur Optimierung weiterer Kampagnen beitragen.

Hier gibt es verschiedene Ansätze: Möchten Sie eine höhere Bruttoreichweite haben (interessant für Konsumgüter)? Oder möchten Sie die Kosten pro Klick auf Ihre Website oder Fanseite verbessern? Auch ist es denkbar, Ihre Kampagnen genauer zu gestalten und nur bestimmte Zielgruppen anzusprechen, um bessere Reichweiten zu erzielen.

Wenn Sie zum Beispiel eine Anzeige im SPIEGEL oder in der ADAC Motorwelt schalten möchten, muss diese auf Ihre Zielgruppe abgestimmt sein. Trotzdem erreicht die Anzeige mehrere hunderttausend oder sogar Millionen von Menschen gleichzeitig. Über Social Media Monitoring können Sie Ihre Anzeige hingegen den jeweiligen Zielgruppen entsprechend variieren. Im Marketing nennt man diese Vorgehensweise Targeting (vom englischen Target = Ziel). Sie entspricht genau dem, was Einzelhändler und Verkäufer intuitiv schon immer getan haben: sich auf den möglichen Kunden einzustellen.

Bis jetzt ging es im Zusammenhang mit Social Media Monitoring nur um Unternehmen, die damit ihren Ruf bei den Kunden identifizieren oder ihre Marketingkampagnen steuern möchten. Der Begriff selbst wird von einigen Experten jedoch wesentlich enger gesehen und zielt auf die beschriebenen Techniken der Überwachung von Aktivitäten ab. Überwachung kann im technisch großen Stil ablaufen, aber auch in kleinem Maßstab.

Tipp ×

Social Media Monitoring kann auch Selbstständigen, Freiberuflern oder kleinen Unternehmen den wertvollen Dienst erweisen, mehr über sich selbst, den Markt und die Kunden zu erfahren.

Social Media Monitoring kann im großen Stil zum Beispiel Automobil- oder Konsumgüterherstellern helfen, neue Wege und Möglichkeiten für ihre Aktivitäten zu finden. Der große Vorteil, den diese Unternehmen haben, ist die freie Verfügbarkeit der Rohdaten. Genau dies ist jedoch das Argument, das den Einsatz von Social Media Monitoring nicht nur für große Konzerne, sondern für jedermann sinnvoll erscheinen lässt.

Als Freiberufler, Selbstständiger oder Kleinunternehmer können Sie Social-Media-Monitoring-Techniken anders einsetzen. Dies hat mehrere Gründe. Zum einen werden Sie wahrscheinlich keine großen Marketingkampagnen haben, die es zu optimieren gilt. Zum anderen werden Sie weder die Zeit haben, stundenlang alle Social-Media-Aktivitäten zu überwachen, noch das Geld, diese Aufgabe einer Agentur anzuvertrauen – ein vernünftiges Angebot kann schnell ein paar tausend Euro kosten. Für ein großes Unternehmen oder einen Konzern kann dies eine gute Investition sein. Für einen kleinen Betrieb steht das eingesetzte Kapital jedoch in keinem sinnvollen Verhältnis zum Wissensgewinn.

Social Media Monitoring muss auch nicht den großen, abstrakten Umfang haben, der technisch möglich wäre. Generell ist es aber sinnvoll, sich hin und wieder einen qualifizierten Überblick zu verschaffen. Damit ist nicht nur Ihr eigener Namen oder der Ihres Unternehmens gemeint – vielmehr erhalten Sie auch einen Eindruck von Ihren Kunden und Mitbewerbern sowie von Sachthemen.

Abbildung 11.1 Nicht nur den eigenen Namen, sondern auch den Markt sollten Sie hin und wieder sondieren.

Ihre Social-Media-Monitoring-Aktivitäten lassen sich in vier Bereiche gliedern:

1. **Eigener Name, Unternehmung**: Ein zentraler Punkt ist die Überwachung des eigenen Namens. In welchem Zusammenhang taucht er auf? Wenn Sie sich einen Überblick verschaffen, können Sie reagieren und sich auf neue Situationen einstellen. Daher sollte das Monitoring Ihres eigenen Namens bzw. des Namens Ihrer Unternehmung bei den Aktivitäten höchste Priorität haben.
2. **Kunden**: Am zweitwichtigsten ist die Überwachung von Kundenaktivitäten: Was tun meine Kunden und was nicht? Was bewegt sie? Im Vordergrund der Beobachtung sollte stehen, wie sich Ihre Kunden über das Umfeld Ihrer Dienstleistung oder Ihres Produktes äußern. Sind sie mit einem bestimmten Thema generell unzufrieden? Hier können Sie durch den Wissensvorsprung Ansätze finden, besser als Ihre Mitbewerber zu sein.
3. **Mitbewerber**: Ein weiterer Ansatz ist, Ihre Mitbewerber im Auge zu behalten. Vielleicht haben sie gute Ideen, die Sie adaptieren können. Klingt nach Kopieren? So ist es auch gemeint! Im deutschsprachigen Raum hat diese Vorgehensweise einen schlechten Ruf, während im angloamerikanischen Raum wesentlich liberaler damit umgegangen wird. Auch wenn Sie sich die Beziehungen

zwischen Kunden und Mitbewerbern anschauen, können Sie einen Mehrwert für Ihr Unternehmen generieren. Wenn Sie etwas generell besser leisten als Ihr Mitbewerber, dann machen Sie ruhig darauf aufmerksam. Setzen Sie Ihre Stärken gezielt dazu ein, bei Ihren Kunden auf positive Resonanz zu stoßen.

4. **Themen:** Der letzte Punkt sind die Themen. Besonders interessant ist diese Untersuchung, wenn Sie als Experte oder Spezialist eine bestimmte Dienstleistung anbieten oder wenn Sie bestimmte Produkte verkaufen. Hierbei ist es egal, ob Sie ein lokales Geschäft betreiben oder überregional tätig sind. Auch hier gilt es, Strömungen und Trends so rechtzeitig zu erkennen, dass Sie mit Ihrem Angebot schnell reagieren können. Social Media ist schnelllebig, weil Redaktion, Druck und Logistik – wie für Fachzeitschriften erforderlich – wegfallen. Deshalb können Sie Trends mit einem Vorsprung von Tagen, Wochen oder manchmal sogar Monaten gegenüber den klassischen Medien erkennen. Selbst Online-Magazine sind nicht so schnell wie die Meinungsbildung über soziale Netzwerke.

Konzentrieren Sie Ihre Social-Media-Monitoring-Aktivitäten auf diese vier Bereiche. Setzen Sie Prioritäten nach Ihrem geschäftlichen Umfeld. Gerade im Bereich »Themen«, also der Überwachung Ihrer Branche, müssen Sie selbst abschätzen, ob Sie zusätzliche Informationen benötigen oder nicht. Mitbewerber und Themen ersetzen sich im Social Media Monitoring teilweise. Wenn für Sie die Themen Priorität haben, kann es sein, dass Mitbewerber nur eingeschränkt von Interesse sind. Dies ist vor allem bei Freelancern und Freiberuflern der Fall. Die schiere Masse an Mitbewerbern lässt hier ein gezieltes Folgen nicht zu und macht, gemessen an der eingesetzten Zeit, nur wenig Sinn.

Wenn Sie Unternehmensberater mit der Kernkompetenz SAP sind, ist die Überwachung des Themengebietes für Sie von besonderer Bedeutung. Führen Sie jedoch ein Restaurant, ist es nicht so wichtig, was die Nutzer im Moment von der Gastronomie allgemein halten. Hier ist der Themenbezug nicht existenziell, sondern hat nur ergänzenden Charakter.

Hinweis ×

> Denken Sie ein paar Minuten über Ihr Kerngeschäft nach. Die wichtigsten Suchkriterien werden sich hieraus ergeben.

Social Media Monitoring können Sie schon mit einfachen Mitteln anwenden. Im Folgenden lernen Sie einige grundlegende Techniken, Hilfsmittel und Webseiten kennen, mit denen Sie auch mit wenig Zeiteinsatz das Wichtigste verfolgen können.

11.1 Einfaches Monitoring: Was die Suchmaschinen über Sie verraten

Wenn Sie Social Media Monitoring für neue Erkenntnisse einsetzen wollen, benötigen Sie Hilfsmittel. Das einfachste ist ein Werkzeug, dass Sie mit sehr großer Wahrscheinlichkeit bereits im täglichen Leben verwenden: Google. Die Suchmaschine bietet jedoch viel mehr als das kleine Eingabefenster, das Sie beim direkten Aufruf zu Gesicht bekommen. Haben Sie jemals eine sogenannte Ego-Search (*Eigensuche*), also eine Suche nach sich selbst, durchgeführt? Damit können Sie schon allerhand über sich erfahren. Nehmen Sie sich also etwas Zeit, nach sich selbst zu suchen.

- Wenn Sie einen einzigartigen Namen haben, geben Sie diesen direkt in das Google-Suchfeld ein.
- Wenn Sie einen Namen haben, der zwar nicht oft, aber doch hin und wieder vorkommt, setzen Sie Ihren Vor- und Zunamen in Anführungszeichen.
- Wenn Sie einen sehr weit verbreiteten Nachnamen haben und dazu noch einen ebenso gebräuchlichen Vornamen, suchen Sie nach »Vorname Zuname« und kombinieren Sie dies mit einem weiteren Begriff, zum Beispiel Ihrem Wohnort oder Ihrer Profession. In diesem Fall sollten Sie die Sucheingaben aber variieren, damit Sie ein Gefühl für die Ergebnisse bekommen.

Eine solche Ego-Search können Sie regelmäßig durchführen. Verwenden Sie dazu auch andere Suchmaschinen. Zumindest einmalig ist dies sinnvoll, um sich zu überzeugen, dass Sie damit keine anderen Ergebnisse erzielen. Wichtig sind außer Google vor allem die folgenden Suchmaschinen:

Suchmaschine	URL
bing (von Microsoft)	*www.bing.com*
Yahoo!	*http://de.yahoo.com*
Metager (deutschsprachige Suchmaschine)	*www.metager.de*

Tabelle 11.1 Die drei wichtigsten Suchmaschinen neben Google

Bei Bedarf nutzen Sie noch weitere Suchmaschinen, zum Beispiel (Quelle: Suchmaschinen im Dezember 2012, Erhebung von SEO-United):

Suchmaschine (Nach Häufigkeit der Nutzung absteigend sortiert)
T-Online (4 % Marktanteil im Dezember 2012)
Ask.com (2,1 % Marktanteil im Dezember 2012)
AOL Suche (0,8 % Marktanteil im Dezember 2012)
gmx.net (0,6 % Marktanteil im Dezember 2012)
MSN Live Search (0,5 % Marktanteil im Dezember 2012)
Search.com (0,4 % Marktanteil im Dezember 2012)
Web.de (0,3 % Marktanteil im Dezember 2012)

Tabelle 11.2 Weitere Suchmaschinen

Bei meinem eigenen Namen sind ungefähr 80 % der Suchergebnisse von Bing und Yahoo! identisch mit dem Google-Ergebnis. Die Nutzung anderer Suchmaschinen kann Ihnen helfen, weitere interessante Quellen zu finden.

Google bietet außerdem eine erweiterte Suchfunktion mit erheblich mehr Optionen. Sie können die einzelnen Suchparameter für bessere Ergebnisse anpassen. Diese Optionen sind umso wichtiger, je weiter verbreitet Ihr Name ist. Auf die erweiterte Suche greifen Sie über das Zahnradsymbol auf der Google-Suchergebnisseite zu. Die erweiterte Suche bietet folgende Filter:

Erweiterte Suchfunktion	Erläuterung
ALLE DIESE WÖRTER ENTHALTEN	Alle Wörter müssen sich im Ergebnis befinden.
EINES DIESER WÖRTER ENTHALTEN	Oder-Verknüpfungen
KEINES DER FOLGENDEN WÖRTER ENTHALTEN	Ausschluss eines Wortes
ZAHLEN ENTHALTEN IM BEREICH VON	
SPRACHE	
LAND	
LETZTE AKTUALISIERUNG	
WEBSITE ODER DOMAIN	Hier können Sie zum Beispiel auf Google+ oder Twitter eingrenzen.
BEGRIFFE ERSCHEINEN	Hier können Sie entscheiden, ob die gesuchten Begriffe im Text, in der URL, im Titel oder in eingebetteten Links erscheinen sollen.

Erweiterte Suchfunktion	Erläuterung
SAFESEARCH	Eine Art Kindersicherung. Immer auf »Aus« stellen
DATEITYP	Hier können Sie Dateitypen wie »Powerpoint-Präsentation« oder »Adobe PDF« einstellen.
NUTZUNGSRECHTE	Hier können Sie einstellen, dass nur Dokumente gezeigt werden, die unter bestimmten Lizenzbedingungen publiziert wurden.

Tabelle 11.3 Filter der erweiterten Suchfunktion bei Google

Darunter finden sich in kleiner Schrift ein paar weitere Links, wobei vor allem der erste besondere Aufmerksamkeit verdient:

- Seiten mit ähnlichen Inhalten oder einem Link zu einer URL finden
- Seiten finden, die Sie besucht haben
- Operatoren im Suchfeld verwenden
- Sucheinstellungen anpassen

Mit diesem Wissen können Sie die Suche wesentlich effektiver einsetzen und im Web nachsehen, wo Sie erwähnt oder zitiert wurden, von wem und warum. Wenn Sie noch nie eine Ego-Search durchgeführt haben, werden Sie wahrscheinlich erstaunt sein, was Sie dort alles finden. Außerdem wird Ihnen möglicherweise auch klar, wie langlebig das Internet ist und dass der Merksatz »Das Internet vergisst nie« zumindest in großen Teilen der Wahrheit entspricht.

11.1.1 Grundgerüst: der Google Alert

Sie können sich Termine legen, um sich regelmäßig über Ihren Namen zu informieren. Deutlich komfortabler ist es jedoch, diese Arbeit beispielsweise an Google zu delegieren. Google bietet dazu den Dienst Google Alert (Alarm) an.

Tipp

Den Google Alert finden Sie unter dem Link *www.google.de/alerts?hl=de* oder alternativ, wenn Sie in das Eingabefeld der Google-Suche die Wörter »Google« und »Alert« eingeben.

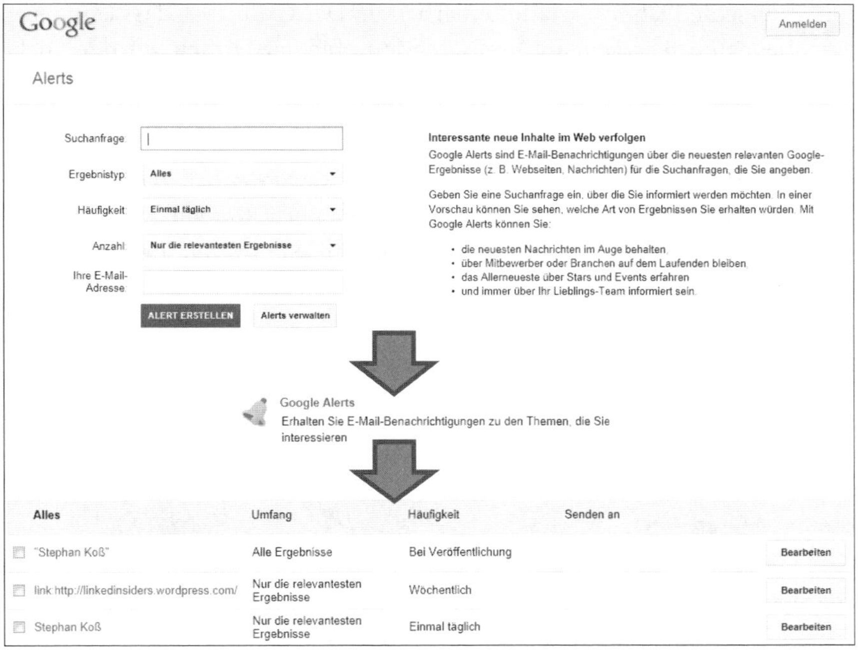

Abbildung 11.2 Der Google Alert ist Pflicht und zügig eingerichtet.

Damit Sie den Google Alert nutzen können, benötigen Sie kein Google-Profil; er arbeitet mit jeder beliebigen Adresse zusammen. Sie bekommen dann einen Bestätigungslink, mit dem Sie den Google Alert aktivieren. Bewahren Sie die E-Mail mit der Bestätigung gut auf, damit Sie den Alert zu einem späteren Zeitpunkt ändern oder löschen können. Ein Google-Profil macht die Vorgehensweise wesentlich komfortabler, da Sie mehrere Alarme besser verwalten können. Es ist gleichgültig, welchen Google-Dienst Sie verwenden. Egal ob Google Mail/Gmail, Google+, YouTube oder auch andere Google-Anwendungen – Google hat sein Anmeldesystem vereinheitlicht. Mehrere Alarme bieten sich dann an, wenn Sie einen häufig vorkommenden Namen bzw. eine häufig vorkommende Namenskombination besitzen. In diesem Fall sollten Sie Ihren Namen mit verschiedenen passenden Suchbegriffen kombinieren. Der Google Alert hat den Vorteil, dass Sie ihn nicht aktiv zur Arbeit bewegen müssen. Vielmehr erhalten Sie eine E-Mail, wenn Google ein Dokument mit der Kombination Ihrer Suchkriterien neu in den Index aufgenommen hat.

Selbstverständlich funktioniert der Google Alert nicht nur mit Personen, sondern auch mit Unternehmen. Statt Ihres Namens können Sie auch Alarme für »Restaurant Toscana Hameln«, »Anwaltskanzlei Schmidt Bochum« oder »Steuerberatung Evers« einrichten. Bei den Unternehmensnamen sollten Sie mit verschiedenen

Alarmen in unterschiedlichen Variationen arbeiten. Der Grund ist, dass Google es mit den Suchbegriffen sehr genau nimmt. Bei den obigen Alarmen würden Suchabfragen nach »Italiener Toscana Hameln« bzw. nach »Rechtsanwalt Schmidt Bochum« keinen Alarm auslösen.

Einen ähnlichen Dienst bietet auch Yahoo! an. Wenn Sie keine Yahoo-ID, also keinen Anmeldenamen bei Yahoo!, einrichten möchten, können Sie sich dort auch über Ihr Facebook- oder Google-Profil anmelden. Sie sollten diese Möglichkeit nutzen, damit Sie sich nicht ausschließlich auf einen Anbieter konzentrieren.

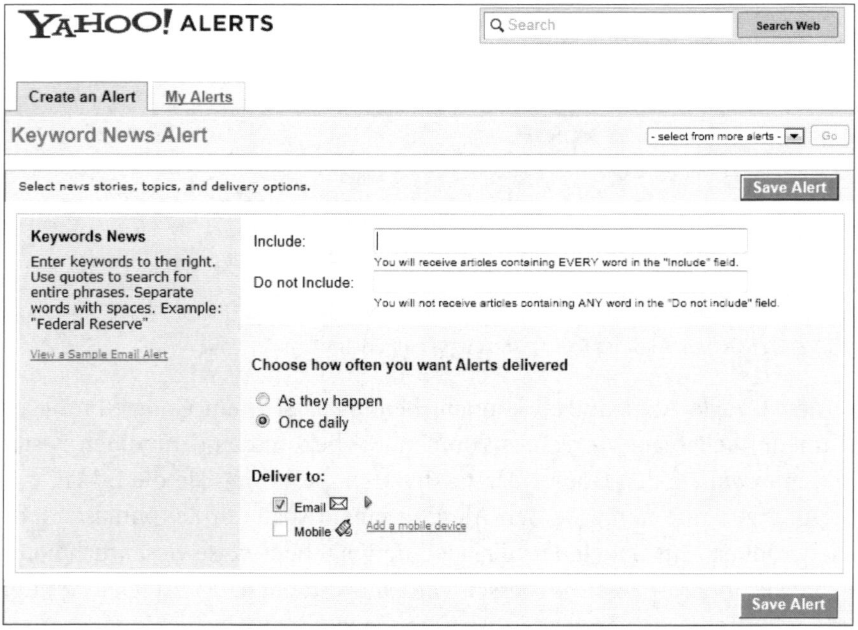

Abbildung 11.3 Auch Yahoo! bietet eine Alarm-Funktion an.

Bing bietet keinen direkten Alarm an. Hier müssen Sie die Suche entweder manuell durchführen, was weniger komfortabel ist, oder die bing-Toolbar, ein spezielles Werkzeug für Ihren Internet-Browser, herunterladen und installieren.

11.1.2 Personensuchmaschinen

Wenn Sie unter Ihrem realen Namen arbeiten, gibt es spezielle Personensuchmaschinen, die Ihnen gut als Werkzeug dienen können. Diese versuchen, alle personenbezogenen Informationen im Internet zu aggregieren und daraus ein Art Schattenprofil über Sie zu erstellen. Diese Quelle ist auch deshalb wichtig, weil bei einer Namenssuche im Internet die Personensuchmaschinen häufig oben in den Suchergebnissen angezeigt werden. Auch bieten diese Dienste zusätzliche Informationen, die von Google nicht berücksichtigt werden. So findet man über Personensuchmaschinen auch Einträge in den öffentlichen Telefonbüchern und ähnlichen Auskunftsdiensten, die Google wahrscheinlich bewusst aus den Suchergebnissen ausklammert. Zumindest bei der Personensuchmaschine Yasni können Sie analog zum Google Alert einen Suchauftrag anlegen. Die wichtigsten Personensuchmaschinen sind:

Personensuchmaschine	URL
Yasni	*www.yasni.de*
123people	*www.123people.de*

Tabelle 11.4 Personensuchmaschinen

Tipp

Auch nach Neukunden, Interessenten oder Bewerbern können Sie mit den Personensuchmaschinen suchen. Sie finden dort nahezu alle Personen, die jemals mit dem Internet in Berührung gekommen sind – also fast jeden.

Die Nutzung der Personensuchmaschinen ist auch ohne Anmeldung denkbar einfach. Sie enthalten Suchfelder, in die Sie Ihren Namen eintragen. Daraufhin präsentieren Ihnen die Personensuchmaschinen die Ergebnisse.

Wenn Sie unter Ihrem realen Namen arbeiten, sollten Sie regelmäßige Besuche einplanen. Agieren Sie hingegen als Firma oder juristische Person, können Ihnen die Personensuchmaschinen nicht weiterhelfen, da sie ausschließlich nach natürlichen Personen suchen.

Der Anbieter Yasni ist in Deutschland führend; er verzeichnete im Jahr 2010 über 50 Millionen Seitenaufrufe im Monat. Bei Yasni können Sie wie in den sozialen Netzwerken ein Profil anlegen. Wenn Sie als Freiberufler oder Freelancer unter Ihrem eigenen Namen arbeiten, sollten Sie dies in Erwägung ziehen. Die Tatsache, dass Yasni im deutschsprachigen Raum so viel genutzt wird, um etwas über Personen herauszufinden, bedeutet im Umkehrschluss, dass Ihre Kunden dies auch tun können und werden. Mit einem eigenen Profil können Sie sich dort positiv absetzen und das Risiko minimieren, dass durch Namensvetter bei Ihren Kunden falsche Vorstellungen über Ihre Person oder Ihre Fähigkeiten entstehen.

Warnung

> Denken Sie daran, dass nicht nur Sie Yasni kennen, sondern auch Ihre Kunden und Mitbewerber. Bleiben Sie deshalb informiert – ansonsten kann es passieren, dass ein Kunde, Interessent oder Konkurrent besser informiert ist als Sie!

Wenn Sie wissen, was über Sie im Internet publiziert wird, können Sie sich auf Gespräche besser vorbereiten und haben den gleichen Informationsstand wie Ihr Gesprächspartner. Gehen Sie im Zweifel davon aus, dass er diese Tools ebenfalls kennt.

Die Personensuchmaschinen werden von den Datenschützern stark kritisiert, weil hier personenbezogenen Daten gespeichert werden können, ohne dass der Nutzer davon Kenntnis bzw. zugestimmt hat. Die Betreiber berufen sich darauf, dass sie nur ohnehin öffentliche Daten zusammenführen. Noch sind die Dienste zugelassen.

Abbildung 11.4 Personensuchmaschinen arbeiten etwas anders als klassische Suchmaschinen.

11.1.3 Twitter

Im Vergleich zu den Personensuchmaschinen ist Twitter ein Allrounder. Wenn Sie sich für ein eigenes Profil bei Twitter entscheiden, wird Ihnen der Umgang mit der Suche vertraut sein. Falls nicht, holen Sie dies nach. Nicht jeder weiß, dass

- Twitter eine erweiterte Suche anbietet,
- die erweiterte Suche (genau wie die normale Suche) auch dann erreichbar ist, wenn Sie kein Twitter-Mitglied sind,
- Hashtags (#) bei Themengebieten eine interessante Auswahl an Ergebnissen bringen.

> **Tipp**
>
> Die erweiterte Suche ist nicht über einen einzigen Klick zu finden. Sie müssen zuerst eine normale Suche verwenden und dann auf das Zahnrad klicken, über das Sie zur erweiterten Suche gelangen. Sie können auch über die URL *https://twitter.com/search-advanced* dorthin navigieren.

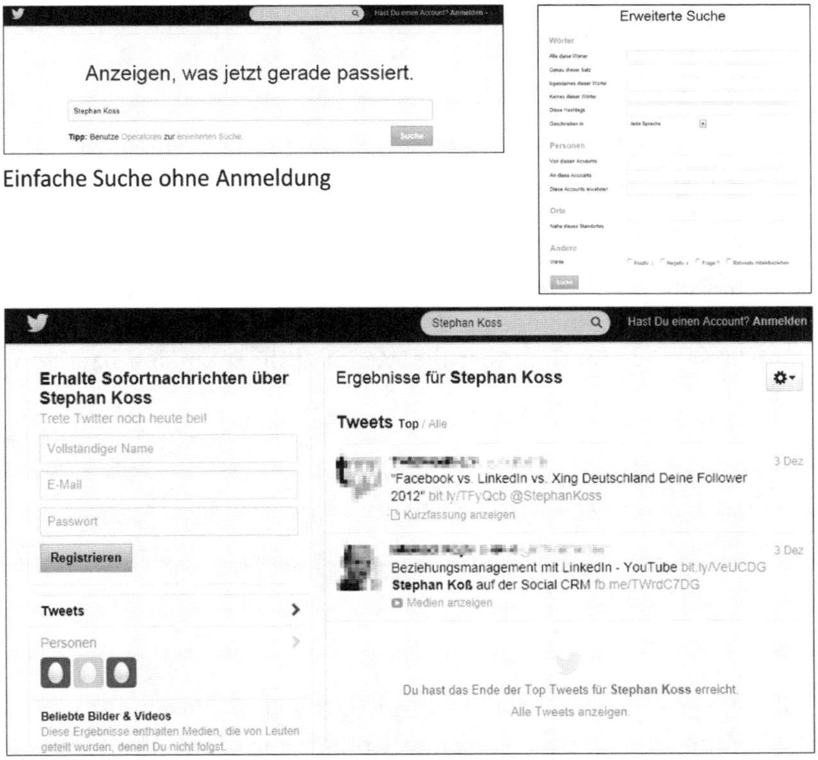

Abbildung 11.5 Die Suche über Twitter lässt sich auch ohne Anmeldung nutzen.

Zwar liegen die Hauptvorteile von Twitter in der Beschränkung auf das Wesentliche (140 Zeichen) und der enormen Geschwindigkeit, mit der sich Nachrichten verbreiten; durch seine Suchfunktion eignet sich Twitter jedoch auch ausgezeichnet für Recherchezwecke. Durch die Hashtags sind Sie in der Lage, Nachrichten zu relevanten Themen schnell aus der Flut der Twitter-Meldungen herauszufiltern.

Suchen Sie bei Twitter nach zentralen Begriffen und nach Nachrichten. Versuchen Sie nun die gleiche Suche, setzen Sie aber vor den zuvor verwendeten Suchbegriff ein Hashtag (suchen Sie also zuerst nach »Projektmanagement«, dann nach »#Projektmanagement«). Vergleichen Sie die Ergebnisse miteinander. Die Begriffe mit dem Hashtag sind in der normalen Twitter-Ansicht bereits mit einer Suche verknüpft. Klicken Sie darauf, erhalten Sie alle Ergebnisse zu dem Wort. Besonders interessant sind bei der erweiterten Suche einige zusätzliche Parameter. Neben normalen Booleschen Verknüpfungen mit UND bzw. ODER können Sie die erweiterte Suche verwenden, um

- Tweets mit negativen oder positiven Smileys zu bekommen,
- Tweets mit Fragen zu finden,
- die Suche nach Orten einzugrenzen.

Gerade für lokale Anbieter, beispielsweise Geschäftsinhaber, Zahnärzte, Handwerker oder Steuerberater, ist die Eingrenzung viel wert. So können Sie nach »Zahnarzt«, »Einkommenssteuererklärung« oder »Parkett« suchen und damit Kunden, Interessenten und Meinungen aus Ihrer Umgebung finden. Hierzu geben Sie zur Eingrenzung die Stadt im Klartext ein. Auch die Differenzierung nach positiven bzw. negativen Ansichten kann Ihnen bei der Sortierung der Kurznachrichten helfen. So können Sie sich ein Bild über die Meinung Ihrer Kunden bzw. Ihrer Zielgruppe machen.

Tipp

> Twitter-Suchabfragen lassen sich speichern, so dass Sie sie nicht immer wieder neu eintippen müssen.

11.1.4 Google+

Zur Überwachung eignet sich das soziale Netzwerk Google+ sehr gut. Es verfügt über eine gute Suchfunktion und die Ergebnisse können auch gespeichert werden.

Damit Sie die Google+-Suche verwenden können, müssen Sie dort Mitglied sein. Sie ist nicht ganz so komfortabel wie der Google Alert mit seinen Benachrichtigungen, aber dennoch gut geeignet, um Ihre Suchabfragen etwas effizienter zu gestalten. Ähnlich wie auf Twitter gibt es in Google+ die Möglichkeit, eine Suche örtlich einzugrenzen, indem Sie einen bestimmten Ort eingeben. Obwohl Google+ weniger Suchmöglichkeiten bietet als der große Bruder Google, ist es deshalb trotzdem eine interessante Alternative. Die ortsbasierten Suche bietet lokal agierenden Dienstleistern, Händlern und Freiberuflern die Möglichkeit, sich ein Bild von der Stimmung im geografischen Umfeld zu machen.

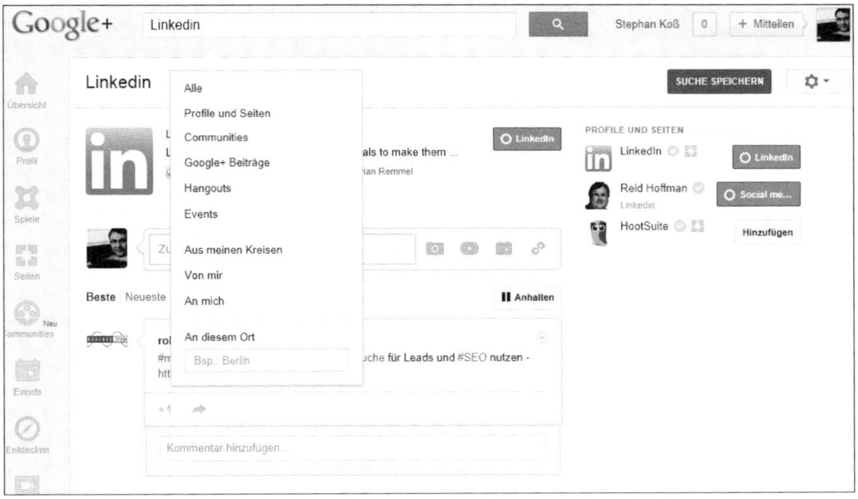

Abbildung 11.6 Die Google+-Suche können Sie nach Orten eingrenzen und auch speichern.

Ansonsten können Sie Google+ mithilfe von Hashtags effektiv zur Themensuche verwenden. Genau wie bei Twitter werden die mit einem Hashtag versehenen Wörter automatisch mit einem Link zur Suche nach genau diesem Begriff verknüpft. So können Sie schnell und komfortabel in der Suche navigieren und für Sie relevante Posts finden. Zusätzlich können Sie die Suchabfragen auf Einträge in Google+, Profile und Unternehmensseiten sowie Posts in den Google+-Gruppen (Communities) eingrenzen. Auf diese Weise können Sie nach Kommunikationsbeiträgen filtern, ohne dabei auch Profile mit dem Suchbegriff als Ergebnisse zu erhalten.

11.1.5 Statistiken

Oft bringen die sozialen Netzwerke schon von sich aus Statistiken mit, an denen Sie einiges ablesen können. Sie können die statistischen Zahlen mit Ihren Geschäftszahlen in Verbindung bringen. Am einfachsten ist das, wenn Sie Ihr Produkt so differenzieren können, dass Sie ableiten können, ob ein Kunde über soziale Netzwerke gekommen ist. In der Realität ist dies ist jedoch eher selten möglich. Wenn Sie Social-Media-Aktivitäten durchführen, können Sie bei vielen Anbietern mehrere Kennzahlen messen, zum Beispiel die Follower Ihres Unternehmens-

Abbildung 11.7 Verschiedene Statistiken am Beispiel von LinkedIn (Gruppenstatistiken, Statistik eines Stellenangebots und Statistik für die Follower eines Unternehmensprofils)

profils oder Ihrer Fanseite, die neuen Mitglieder in Ihrer Gruppe oder die Betrachter einer Stellenanzeige.

Die beiden großen US-amerikanischen Anbieter LinkedIn und Facebook bieten am meisten Material. Sie können die verschiedensten Statistiken abrufen, die oft schon nach demografischen Clustern vorgearbeitet sind. Bei LinkedIn-Stellenanzeigen können Sie sich ansehen, wann sie von Besuchern aufgerufen wurden und nach welchen Stichwörtern diese gesucht haben, um Ihre Anzeige zu finden. Auch das Gruppenwachstum oder die Follower eines Unternehmensprofils können Sie genauer betrachten. Facebook bietet ähnliche Statistiken an.

Google+ hat sich hingegen auf die Kommunikation konzentriert: Sie können die Verbreitung von geteilten Beiträgen analysieren und wichtige Personen ausfindig machen, die Beiträge teilen. Diese Verteilungsanalysen werden auch *Ripples* genannt.

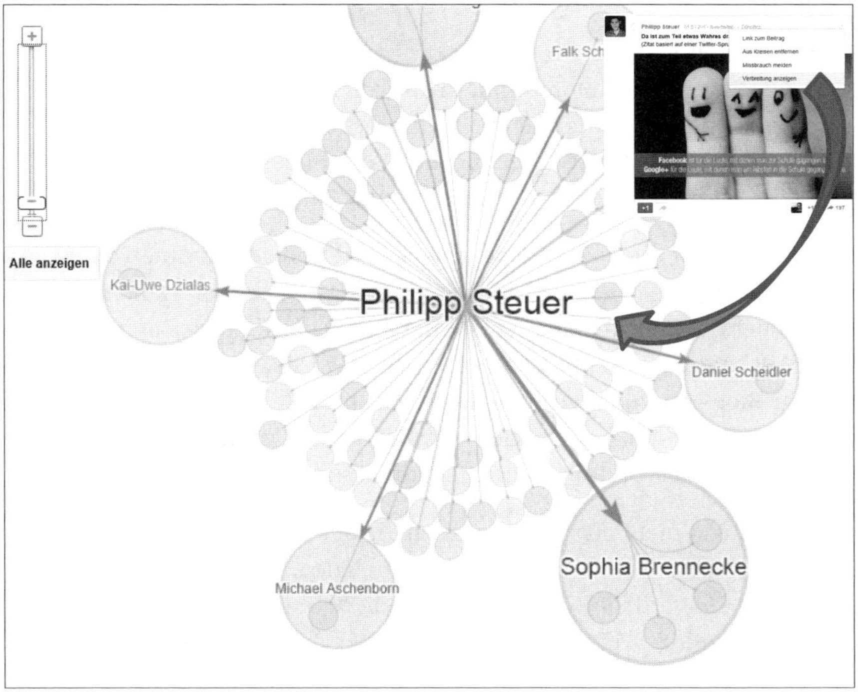

Abbildung 11.8 Verbreitung von Beiträgen auf Google+

Über den Schieberegler können Sie in die Verbreitung eines Beitrages hineinzoomen und so die besonders hilfreichen Verknüpfungen ausfindig machen. Wenn es sich bei diesen nicht um direkte Freunde oder Bekannte handelt, können Sie mit ihnen eine verstärkende Beziehung aufbauen und den Austausch fördern.

Interessant sind diese Verteilungsanalysen auch bei Mitbewerbern: Vielleicht identifizieren Sie Personen, die Ihre Mitbewerber stark stützen, sogenannte Influenzer. Möglicherweise können Sie diese auch für Ihre Themen/Posts gewinnen.

Zusätzlich gibt es verschiedene Social-Media-Monitoring-Tools. Diese sind teilweise komplex und können durchaus 500 US-Dollar pro Monat kosten. Kostenfreie Alternativen sind unter anderem:

Social-Media-Monitoring-Tool	URL
Addict-o-matic	*www.addictomatic.com*
Social Mention	*www.socialmention.com*
Icerocket	*www.icerocket.com*

Tabelle 11.5 Kostenlose Social-Media-Monitoring-Tools

Alle drei Tools eignen sich gut für den Einstieg und sind leicht zu bedienen. Sie suchen nicht nur Daten zusammen, sondern enthalten auch einfache Analysefunktionen. Zusammen mit den Werkzeugen, die die Betreiber der sozialen Netzwerke von sich aus anbieten, haben Sie so genügend Werkzeuge, um sich einen qualifizierten Überblick zu verschaffen und eine Stimmungsanalyse zu erstellen.

Besonders viel Material ohne Zuhilfenahme weiterer Tools bekommen Sie, wenn Sie einen Blog betreiben. Hier erhalten Sie von Haus aus viel Zahlenmaterial, insbesondere über die Zugriffe. Die Anzahl der Seitenzugriffe pro Tag und Monat gibt darüber Auskunft, wie häufig Ihr Blog gelesen wurde. Noch interessanter ist jedoch, wie Ihr Blog gefunden wurde. Dabei sind sowohl die Suchwörter als auch die Quellen, die Sie verlinkt haben, viel wert. Sie geben Auskunft, wie Sie Ihrem Blog zu einer höheren Verbreitung verhelfen können.

Wenn Ihnen das noch nicht ausreicht, können Sie auch prüfen, was Google über Ihren Blog denkt, indem Sie die URL Ihres Blogs bei den Google-Webmaster-Tools anmelden. Sobald Sie verifiziert wurden, erhalten Sie Zugriff auf Materialien zur Positionierung Ihres Blogs. Hier erfahren Sie über verschiedene Statistiken, wie oft ein Beitrag über Google+ geteilt wurde, welche Suchwörter zum Auffinden Ihres Blogs geführt haben und wie oft er bei Google in den Suchergebnissen erschienen ist. Diese Zahlen lassen Rückschlüsse zu, was Sie in Zukunft besser oder anders machen können, aber auch darauf, was gut lief.

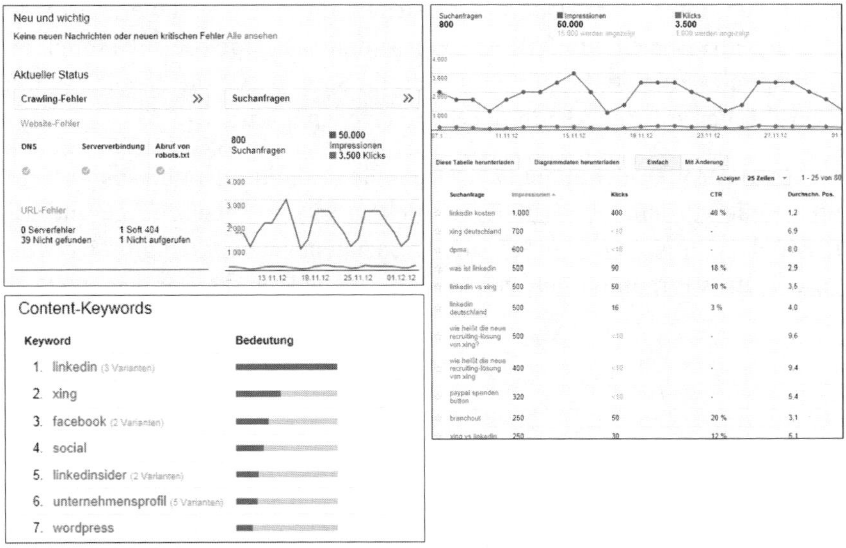

Abbildung 11.9 Ausschnitte aus den Statistiken der Google-Webmaster-Tools

Den Content-Keywords kommt eine zentrale Bedeutung zu. Dies sind die Suchbegriffe, bei denen Ihr Blog dem Google-Nutzer präsentiert wird. Wenn Sie hier Stärken feststellen, sollten Sie diese ausbauen. Ein ähnlicher Service wird auch von Microsofts Suchmaschine bing angeboten – eine gute Alternative, um sich eine zweite Meinung einzuholen.

Tipp

Machen Sie von Ihren Statistiken hin und wieder Screenshots oder Sicherungskopien oder nutzen Sie Downloads von Excel-/CSV-Dateien. Manche Erkenntnisse kommen erst im Lauf der Zeit.

Zuletzt sei der Anbieter Klout erwähnt. Dieser erfreut sich einer immer stärkeren Verbreitung. Der Grund dürfte sein, dass Klout verschiedene Profile in den sozialen Netzwerken zu einem Gesamt-Score (Punktestand) aggregiert. Gemessen werden Twitter, Google+, LinkedIn, WordPress, Blogger, Facebook und ein paar weitere. Ob Sie den Algorithmen vertrauen können, möchte ich nicht beurteilen. Viele Experten melden berechtigte Kritik an. Da aber der Markt diesen Dienst annimmt und nutzt, sei er erwähnt.

Sie können Klout unter *www.klout.com* erreichen und sich wahlweise mit der eigenen E-Mail-Adresse, einem Twitter- oder einem Facebook-Profil anmelden. Die Anmeldung mit einen der beiden Profile ergibt Sinn, da Sie die Profile sowieso mit Klout verknüpfen müssen, damit der Score errechnet wird.

Klout wertet Ihre Veröffentlichungen, aber auch die Interaktionsraten aus – wie oft Ihre Inhalte geteilt wurden, ein »Gefällt mir« bekamen, retweetet wurden und was es noch an Möglichkeiten in den unterstützten sozialen Netzwerken gibt. Der Top-Wert ist 100. Um wahrgenommen zu werden, gilt ein Punktestand von 40 als Minimum.

11.2 Wie werde ich wahrgenommen?

Die bisher vorgestellten Hilfsmittel dienen vorrangig einem Zweck: Sie können damit prüfen, wie Sie von Ihrer Außenwelt wahrgenommen werden. Innen- und Außenwirkung können durchaus voneinander abweichen: Wichtig ist nicht, was Sie über Ihr Verhalten in den sozialen Netzwerken denken, sondern wie Sie tatsächlich wahrgenommen werden.

Die bereits erwähnte Ego-Search ist ein gutes Mittel, dies festzustellen. Wiederholen Sie die Ego-Search regelmäßig und stellen Sie sich bei Google und Yahoo Benachrichtigungen ein. Sobald Sie festgestellt haben, wie in den sozialen Netzwerken über Sie gesprochen wird, können Sie gegensteuern, wenn es notwendig sein sollte.

Für den Anfang können Sie sich über Tools wie Social Mention eine Stimmungsanalyse erstellen lassen. Hier können Sie bereits ablesen, wie Ihr Name oder Ihre Unternehmung in den sozialen Netzwerken besetzt ist. Führt Ihr Name eher zu positiven, negativen oder sachlichen Assoziationen? Wenn Sie dies herausgefunden haben, können Sie auch im Zeitablauf experimentieren. Schreiben Sie vier Wochen lang nur positive Posts und prüfen Sie, ob sich in diesem Zeitraum die Wahrnehmung ändert. Diese Zeitspanne ist für solche Experimente wichtig, da die Tools nicht zeitgleich auf Veränderungen anschlagen.

Generell gilt: Jeder Post und jede Unternehmensnachricht haben Auswirkungen auf Ihre Außenwelt. Bemühen Sie sich auf jeden Fall um eine positive Attitüde. Wenn Sie am Montagmorgen twittern, dass das Wochenende schon wieder vorüber ist, kann das einmal unterhaltsam sein. Wenn Sie das aber regelmäßig tun, erwecken Sie bei Ihren Followern möglicherweise den Eindruck, dass Sie chronisch unzufrieden und/oder unglücklich mit ihrem Job sind. Diesen Eindruck sollten Sie vermeiden. Am besten geben von sich aus nicht Negatives preis. Das erinnert an amerikanische Verhaltensmuster, die sich langsam auch in unserem Kulturkreis verbreiten.

Warnung ×

In diesem Zusammenhang sei noch einmal erinnert, dass das Internet wenig oder gar nichts vergisst. Sorgen Sie für eine positive Stimmung, die man mit Ihnen verbinden wird. Wenn Ihnen das gelingt, werden Kunden und Interessenten eher bereit sein, mit Ihnen in Kontakt zu treten.

Sie können hin und wieder auch Posts positionieren, die für gute Laune und eine sympathische Außendarstellung sorgen. Gratulieren Sie anderen zu Beförderungen oder einen gelungenen Geschäftsabschluss. Freuen Sie sich auf Weihnachten oder das bevorstehende Stadtfest und gratulieren Sie zu Jubiläen und Geburtstagen. Dann wird man Sie als freundlich gesinnten Menschen in Erinnerung behalten. Im Umkehrschluss: Bei häufig negativ assoziierten Posts und Dialogen werden Sie als negativ eingestellt eingestuft. Ob dies nun der Realität entspricht oder nicht – Sie erschweren es den Interessenten damit, mit Ihnen Kontakt aufzunehmen.

11.3 Umgang mit Kritik

Negative Äußerungen über Sie selbst können im Internet drei Ausprägungen haben:

- Troll
- Sachliche Kritik
- Shitstorm

Auf den Shitstorm sind wir in Kapitel 1, »Was bringt Social Media?«, schon einmal eingegangen: Eine Vielzahl von Nutzern »verbündet« sich quasi gleichzeitig und wettert auf allen Kanälen gegen einen bestimmten Anbieter. Ein solcher Shitstorm trifft vorrangig Konsumgüterhersteller – Beispiele aus der jüngsten Vergangenheit sind Jack Wolfskin, Adidas und Nestlé – oder große Konzerne. Eine Shitstorm-Urform traf Shell wegen der geplanten Versenkung der Brent Spar. Einzelpersonen, die nicht im Rampenlicht stehen, wurden bisher noch nie von einem

Shitstorm getroffen. Auch in Zukunft ist dies nicht zu erwarten, weil einfach nicht genügend Menschen zur Solidarisierung mobilisiert werden können. Sie als Selbstständiger, Freiberufler oder kleiner Unternehmer müssen also kaum Angst vor einem Shitstorm haben.

Also bleiben zwei Kategorien übrig: der Troll und die sachliche Kritik. Zunächst sind beide kaum zu unterscheiden. Sachliche Kritik lässt sich schnell einem Kunden und/oder einem Produkt zuordnen. Sehen Sie dies als Anlass, mit diesem Kunden zu kommunizieren. Denken Sie daran, dass sachliche Kritik, auf die Sie nicht reagieren, auch von anderen wahrgenommen wird. Versuchen Sie, Ideen aufzuzeigen, wie Sie etwas verbessern können. Vermeiden Sie es, die Schuld von sich abzuwälzen. Der Kunde ist in dem Moment, in dem er Kritik übt, verärgert. In vielen Fällen beruhigt er sich, wenn er erkennt, dass Sie sich ernsthaft mit ihm beschäftigen.

Hinweis

Kritik ist die zweitbeste Form des Dialoges mit dem Kunden!

Versuchen Sie, negative Stimmungen abzubauen. Bestärken Sie den Kunden (»Ich kann verstehen, dass Ihnen das unangenehm ist«, »Ich hätte mich auch geärgert«). Wenn sich der Kunde ernst genommen fühlt, haben Sie einen wichtigen Schritt getan.

Versuchen Sie zu vermitteln. Es gibt aber auch Internet-Nutzer, die entweder Dauernörgler oder Trolle sind: Sie möchten einfach zum Spaß die Kommunikation stören. In den sozialen Netzwerken ist dies leider recht häufiger zu erleben. Die Identifikation von Nörglern und Trollen ist wichtig, damit Sie nicht zu viel Energie verbrauchen, wenn von vornherein keine Besserung zu erwarten ist. Sehen Sie sich die kritisierende Person an, wenn Sie die Kritik nicht auf Anhieb einem Kunden oder einer Dienstleistung zuordnen können. Mehrere Indizien sprechen für einen Troll:

- Hat der Nutzer in dem Netzwerk einen sehr neuen Account mit starker Aktivität? Trolle werden gerne einmal gesperrt und kommen mit neuen Accounts wieder.
- Schauen Sie in die Historie des Kritisierenden. Bringt dieser häufig Kritik an? Versucht er es an verschiedenen Stellen?
- Ist die Kritik sehr allgemein (»Zahnärzte haben sowieso alle keine Ahnung«)? Wenn solche Anschuldigungen verwendet werden, ist Vorsicht angebracht.

Einen Troll sollten Sie mit »Missachtung« bestrafen. Dieser Nutzer sucht die Aufmerksamkeit im Dialog und wird bei einer fehlenden Reaktion schnell die Lust am initiierten Dialog verlieren.

Sachliche Kritik hin oder her: Beleidigungen müssen Sie sich nicht gefallen lassen. Wenn jemand Sie persönlich angreift, ignorieren Sie dies am besten; bei Wiederholung drohen Sie mit rechtlichen Konsequenzen. Interessanterweise kommt dies in anonymen Netzwerken genauso oft vor wie in personalisierten Netzwerken.

11.4 Checkliste: Was sollte ich überwachen?

- Haben Sie einen einmaligen Namen?
  - Wenn nicht: Gibt es Begriffe, mit denen sich eine Ego-Search durchführen lässt, die mit großer Wahrscheinlichkeit zu Ihnen führt? Überlegen Sie sich mindestens zwei, besser drei mögliche Suchabfragen.
- Haben Sie bereits eine Ego-Search durchgeführt?
  - Bei Google
  - Bei Yahoo!
- Haben Sie sich hierzu Benachrichtigungen eingestellt?
  - Bei Google
  - Bei Yahoo!
- Haben Sie noch weitere Suchmaschinen befragt?
  - Ja, Metager
  - Ja, *Ask.com*
  - Ja, T-Online
  - Ja, andere
- Haben Sie mit einer Personensuchmaschine nach Ihrem Namen gesucht?
  - Bei Yasni
  - Bei 123people
- Haben Sie ein Social-Media-Monitoring-Tool verwendet?
  - Ja, Addict-o-matic
  - Ja, Social Mention
  - Ja, Icerocket

- Sind Sie lokal tätig?
  - Haben Sie einen Google+-Account?
    - Haben Sie nach Ihrer Stadt/Region gesucht?
  - Haben Sie bei Twitter nach lokalen Tweets gesucht?
- Sind Sie in einem bestimmten Themengebiet tätig?
  - Ist das Thema sehr speziell?
    - Suche kann ohne Hashtags durchgeführt werden.
  - Ist das Thema allgemeiner?
    - Suche mit Hashtags durchführen
  - Haben Sie bei Twitter nach dem Thema gesucht?
    - Wenn Sie Twitter-Nutzer sind: Haben Sie die Suche gespeichert?
    - Wenn Sie kein Twitter-Nutzer sind, können Sie die gesamte Suche als Favorit in Ihrem Browser speichern.
  - Haben Sie einen Google+-Account?
    - Wenn ja, haben Sie Suchabfragen nach Ihren Begriffen gespeichert?
- Haben Sie bzw. hat Ihr Unternehmen ein Profil bei Google+?
  - Haben Sie selbst erstellte Beiträge?
    - Haben Sie sich die Verteilung angesehen? Gibt es für Sie Influenzer, die Ihre Beiträge viel weiter tragen?
  - Haben Sie Mitbewerber mit Google+-Konto?
    - Haben Sie sich die Verteilung angesehen? Gibt es für Sie Influenzer, die Ihre Beiträge viel weiter tragen? Können Sie diese zum Beispiel über Mentioning einbeziehen?
- Haben Sie ein Unternehmensprofil?
  - Bei Facebook: Sehen Sie sich die Statistiken an (von Zeit zu Zeit sichern).
  - Bei LinkedIn: Sehen Sie sich die Statistiken an (von Zeit zu Zeit sichern).
  - XING und Google+ bieten keine gesonderten Statistiken an. Notieren Sie von Zeit zu Zeit die Anzahl der Follower/Abonnenten, damit Sie die Entwicklung im Zeitablauf verfolgen können.
- Haben Sie eine Gruppe?
  - Ja, bei LinkedIn oder Facebook
    - Haben Sie sich die Gruppenstatistiken angeschaut (von Zeit zu Zeit sichern)?

- Ja, bei XING oder Google+
    - Notieren Sie sich hin und wieder die Anzahl der Gruppenmitglieder und Aufrufzahlen einzelner Threads.

- Haben Sie einen Blog?
    - Sehen Sie sich die Statistiken an.
    - Sichern Sie hin und wieder die wichtigsten Daten.
    - Haben Sie einen Google+-Account?
        - Ist der Blog mit Ihrer Google+-Unternehmensseite verknüpft?

    - Nutzen Sie Webmaster-Tools?
        - Ja, von Google
        - Ja, von bing

- Haben Sie Mitbewerber identifiziert?
    - Lohnt die Überwachung (vor allem, wenn Sie mit nur ein paar Mitbewerbern in Konkurrenz stehen)?
    - Haben Sie sich die Mitbewerber über Monitoring-Tools angeschaut?
    - Folgen Sie den Mitbewerbern, wenn sie in asynchronen Netzwerken unterwegs sind (Google+, Twitter, LinkedIn eingeschränkt)?
    - Haben Sie einen Alert für die Mitbewerber eingerichtet?

- Haben Sie zentrale Kunden?
    - Lohnt die Überwachung (vor allem, wenn es nur wenige sind)?
    - Können Sie eine Überwachung leisten? (zum Beispiel: Ist Ihr Kunde VW oder ein anderer Konzern? Dann macht ein Monitoring keinen Sinn, da er in den Netzen zu stark vertreten ist).
    - Haben Sie sich Ihre zentralen Kunden über Monitoring-Tools angeschaut?
    - Folgen Sie ihnen, wenn sie in asynchronen Netzwerken unterwegs sind (Google+, Twitter, LinkedIn eingeschränkt)?
    - Haben Sie einen Alert für die zentralen Kunden eingerichtet?

Kapitel 12
Rechtliche Rahmenbedingungen

Inhalt

- Gesetzliche Grundlagen
- Impressum korrekt erstellen
- Privatsphäre respektieren

Mit einem Auftritt in einem sozialen Netzwerk bewegen Sie sich in einem nahezu öffentlichen Raum. Deshalb ist es wichtig, sich mit den rechtlichen Rahmenbedingungen vertraut zu machen. Sie sollten jedoch nicht zu viel Angst vor ihnen haben. Im Grunde genommen entsprechen die Rahmenbedingungen für den Auftritt in den sozialen Netzwerken und für klassische Marketing-Varianten einander.

Rechtsverstöße sind eine Folge daraus, dass es überhaupt eine rechtliche Norm gibt. Die wichtigsten Gesetzestexte im Zusammenhang mit Ihrem Auftritt in den sozialen Netzwerken sind:

- Gesetz gegen den unlauteren Wettbewerb
- Urheberrechtsgesetz
- Telemediengesetz
- Markenrecht
- Gesetz über Einheiten im Messwesen und die Zeitbestimmung

Diese werden Ihr Engagement beeinflussen. Sie brauchen die Gesetzestexte nicht vollständig zu lesen; ihre Inhalte sollten Ihnen jedoch bekannt sein. Es kommt beispielsweise immer wieder vor, dass das Impressum vergessen wird. Der Grund ist oft, dass man mit einem privaten Engagement in den sozialen Netzwerken beginnt und langsam die Grenze zur gewerblichen Nutzung überschreitet, ohne dies selbst wahrzunehmen. Daher ist es besser, wenn Sie sich gleich zu Beginn Ihrer Aktivitäten mit den relevanten Gesetzen vertraut machen. Aber auch später, wenn Sie Social Media aktiv nutzen, müssen Sie einiges bedenken. Wenn Sie sich an einige Grundregeln halten, ist eine Abmahnung sehr unwahrscheinlich.

Warnung ×

Denken Sie an Ihre Reichweite in den sozialen Netzwerken. Im Gegensatz zu lokal begrenzten Marketingmaßnahmen kann Sie jeder sehen und finden. Hinzu kommt, dass Ihre Maßnahmen teilweise dauerhaften Bestand haben und nicht nur für einen begrenzten Zeitraum sichtbar sind.

Auf Belange, die das Strafgesetzbuch betreffen, geht dieses Kapitel nicht näher ein: Schmähkritik oder gar Beleidigungen haben im öffentlichen Raum nichts zu suchen. Hierzu zählen auch die sozialen Netzwerke. Wenn Sie selbst konkret beleidigt werden, sollten Sie die sonst nicht empfehlenswerte Möglichkeit zur Löschung eines Kommentars nutzen. Wenn jemand anderes offensichtlich beleidigt wird, greifen Sie ein, wenn Sie können. Ein Beispiel ging durch die Medien: Ein Nutzer wurde abgemahnt, als er Mitarbeiter bei einem Konkurrenten abwerben wollte. Was in der Meldung aber oft unterschlagen wurde: Der Abwerber hatte den Konkurrenten diskreditiert. Und das sollte unterbleiben – egal in welchem Medium.

Auch die rechtlichen Vorschriften, wenn Sie die sozialen Netzwerke nicht nur zur Verkaufsanbahnung nutzen, sondern direkte, elektronische Bestellungen über Facebook oder andere Plattformen anbieten, würden den Rahmen sprengen – man könnte darüber ein eigenes Buch schreiben. Hier müssten Sie zusätzlich das Fernabsatzgesetz beachten.

Insgesamt muss ich darauf hinweisen, dass ich für die Vollständigkeit keine Garantie übernehmen kann. Die Rechtsprechung ist so komplex, dass der Einzelfall entscheidend ist. In diesem Kapitel finden Sie lediglich eine Zusammenfassung der üblichen Fallstricke und was Sie beachten müssen. Es werden immer wieder neue Fälle von Anlässen für Abmahnungen bekannt. Ein aktuelles Beispiel sind die Impressen bei Facebook, die als App in den Auftritt der Fanseite eingebunden sind. Diese Apps werden auf dem Smartphone nicht mit angezeigt. Anbieter, die sich allein auf die App verlassen und keinen zweiten Weg zum Impressum eingebunden haben, laufen Gefahr, abgemahnt zu werden – das Impressum muss immer erreichbar sein.

Hinweis

Bei der Nutzung der sozialen Netzwerke liegen Chancen und Risiken nahe beieinander. Absolute Rechtssicherheit werden Sie nur erreichen, wenn Sie einen Anwalt konsultieren. Mit etwas Zeit und Einlesen lassen sich viele der strittigen Punkte sauber in Ihrem Auftritt integrieren. Die Risiken, nicht dabei zu sein, sind höher als das Risiko, eine Abmahnung zu erhalten.

12.1 Urheberrecht

Das Urheberrecht ist in der Gesetzgebung fest verankert. Die Inhalte finden sich in Deutschland im Urheberrechtgesetz wieder. Im Kern besagt dieses, dass ein Werk bereits bei seiner Entstehung geschützt ist. Es kann sich dabei um einen Zeitungsartikel, ein Buch, ein Bild, aber auch eine Rede handeln. Damit man von einem »Werk« sprechen kann, müssen vier Bedingungen erfüllt sein:

1. **Persönliches Schaffen**: Ein Werk muss von einem Menschen erschaffen sein, nicht von einem technischen Produkt oder einem Tier.
2. **Wahrnehmbare Formgestaltung**: Eine Idee reicht noch nicht aus; das Werk muss in irgendeiner Form bereits gestaltet worden sein.
3. **Geistiger Gehalt**: Es muss eine Gedankenwelt vorliegen, die den Betrachter/Leser in irgendeiner Form anregt.
4. **Eigenpersönliche Prägung**: Das Urheberrecht fordert zudem noch ein Mindestmaß an geistiger Schöpfungshöhe. Ein Tweet zum Beispiel dürfte aus diesem Grund kaum als »Werk« anerkannt werden.

Warnung

Es gibt leider keine feste Grenze, ab wann die schöpferische Höhe gewährleistet ist.

Nur wenn diese Kriterien zutreffen, kann das Urheberrecht auf das Werk angewandt werden. Der Schutz beginnt mit der Erstellung (er muss nirgends beantragt werden, sondern tritt automatisch in Kraft) und endet erst 70 Jahre nach dem Tod des Schöpfers.

Warnung

Das Urheberrecht ist jedoch vererbbar. Vor der Verwendung von Inhalten, deren Urheber vor über 70 Jahren verstorben sind, sollten Sie sich informieren, ob sie wirklich gemeinfrei sind oder ob das Urheberrecht den Erben übertragen wurde.

Vom Urheberrecht sind die Verwertungsrechte zu unterscheiden. Diese kann der Schaffende sehr wohl übertragen. Ein Autor kann die Verwertungsrechte zum Beispiel an einen Verlag übertragen, ein Journalist per Arbeitsvertrag an die Zeitung, für die er die Artikel recherchiert und verfasst.

12.1.1 Urheberrecht und Text

Was ist nun erlaubt? Der einfachste Fall sind natürlich Ihre eigenen Texte – der Urheber sind Sie selbst. Auch fremde Texte können Sie in geringem Umfang ohne Genehmigung des Urhebers verwenden. Grundlage hierfür ist das Zitatrecht. Ein solches Zitieren muss aber als solches erkennbar sein und darf den Sinn des ursprünglichen Werkes nicht entstellen. Das vollständige Kopieren eines Werkes ist hingegen nicht erlaubt, es sei denn, der Text erreicht die entsprechende Schöpfungshöhe nicht.

Wenn Sie fremde Texte teilen oder mit »Gefällt mir« markieren, stellt dies in der Regel kein Problem dar. Auf der sicheren Seite befinden Sie sich, wenn der Artikel mit Social Plug-ins ausgestattet ist. Diese stellen eine Einladung des Autors oder Verlegers dar, den entsprechenden Text auch dem Netzwerk mitzuteilen. Wenn Sie einen Text über diese Funktion teilen, machen Sie sich den Artikel nicht zu Eigen, sondern informieren Ihr Netzwerk darüber, dass Sie ihn interessant und mitteilungswert finden. Das vollständige Kopieren eines gesamten Zeitungsartikels sollten Sie vermeiden, auch wenn Sie ihn kennzeichnen. Anders sieht es natürlich aus, wenn der Autor Ihnen eine Genehmigung erteilt. Achten Sie aber bitte darauf, dass der Autor auch die Verwertungsrechte besitzt.

Auch auf Kommentare und Diskussionsbeiträge sollten Sie achten. So kann auch ein Dritter einen vollständigen Artikel auf Ihre Seite pinnen oder auf Ihrer Seite veröffentlichen. Achten Sie dann auf Hinweise: Wenn sich jemand beschwert, dass sein Artikel bei Ihnen publiziert wurde, müssen Sie auch reagieren. Ansonsten können Sie als »Mitstörer« (wie es im Juristendeutsch genannt wird) in die Verpflichtung genommen werden.

Unproblematisch sind zum Beispiel Texte aus der Wikipedia, da diese als »Allgemeingut« anerkannt sind. Ein Teilen, Zitieren oder sogar die gewerbliche Nutzung der Texte ist gestattet. Genauso verhält es sich bei Gesetzestexten oder Texten aus dem Bundesanzeiger.

Warnung ×

Beachten Sie jedoch, dass Sie Wikipedia-Texte nur gemäß der Creative-Commons-Lizenz »CC-BY-SA 3.0« nutzen dürfen. Das heißt, dass Sie die Autoren des jeweiligen Textes nennen oder einen Link auf den Wikipedia-Artikel hinzufügen müssen. Außerdem müssen Sie den Text – auch wenn Sie ihn abgeändert haben – wieder unter die »CC-BY-SA 3.0«-Lizenz stellen, ihn also ebenfalls zur Weitergabe unter den genannten Bedingungen freigeben.

Wenn Sie sich nicht sicher sind, verfassen Sie einen eigenen Text und verlinken Sie auf einen Artikel. Die Veröffentlichung von Links ist in fast allen Fällen unproblematisch. So sollte der Heise-Verlag in die Verpflichtung genommen werden, Links zu einem Hersteller von Kopiersoftware aus seinem Angebot zu entfernen. Hier wurde deutlich, dass die Meinungsfreiheit und somit der Verweis auf existierende Seiten im Netz als hohes Gut zu bewerten ist. Es ist nicht zumutbar, dass man als Verlinkender vollständige Kenntnis über die Inhalte der Seiten hat. Auch findet man häufig »Disclaimer«, dass der Inhalt von Links nicht geprüft würde. Diese Disclaimer sind rechtlich nicht notwendig.

12.1.2 Fotografien, Videos und mediale Werke

Für mediale Werke gilt das Urheberrecht prinzipiell genauso wie für Texte. Das Grundprinzip ist dasselbe: Eigene erstellte Fotos oder Videos sind unproblematisch. Wenn jemand ein Foto hochlädt und mittels Social Plug-ins zum Teilen einlädt, ist die Einbindung in den eigenen Teil der sozialen Netzwerke genauso unproblematisch. Es gibt aber auch Blogs und Zeitungsartikel, in dem interessante Fotos, Tabellen oder Grafiken enthalten sind. Diese müssen genauso zitiert werden wie andere Texte auch. Die Geister scheiden sich beispielsweise am Dienst Pinterest, über den Sie mit einem schnellen Klick ein Foto oder eine Grafik teilen können. Da ein eigenes Bild (eine digitale Kopie) auf den Servern von Pinterest abgelegt wird, sind einige Rechtsexperten der Ansicht, dass es sich um eine unerlaubte Vervielfältigung handelt. Eine eindeutige Rechtsprechung gibt es dazu im Moment leider nicht.

Tipp

Videos auf YouTube dürfen Sie immer teilen, da die entsprechenden Buttons in den wichtigsten sozialen Netzwerken vorhanden sind.

Wenn es sich um kein selbst erstelltes Werk handelt, sollten Sie die Rechte vom Autor einholen. Gerade bei kleinen Blogs finden Sie oft Perlen. Wenn das Teilen nicht explizit gestattet ist, können Sie den Autor schnell und unkompliziert fragen und erhalten in vielen Fällen eine positive Antwort, meist verbunden mit dem verständlichen Wunsch, als Urheber genannt zu werden.

Ähnlich verhält es sich, wenn Sie beim Fotografen Bilder erstellen lassen. Viele Fotografen untersagen in ihren Geschäftsbedingungen die Weiterverbreitung oder gewerbliche Nutzung ihrer Werke. Wenn Sie die Dienste eines Fotografen in Anspruch nehmen, achten Sie darauf, dass Sie die Bilder verwenden dürfen oder vereinbaren Sie dies gesondert. Das Urheberrecht geht dabei nicht auf Sie über, sondern Sie erhalten ein Nutzungsrecht für die Fotos.

Genau wie bei Texten können Sie auch bei Bildern mit der Problematik der »Mitstörerhaftung« konfrontiert werden. Andere Nutzer der sozialen Netzwerke können auf unterschiedliche Weise bei Ihnen Fotos oder Grafiken hochladen – sei es auf der Facebook-Fanseite oder auch, wenn Sie einen Blog betreiben, als »Gravatar«-Foto im Kommentarbereich (Als Gravatar bezeichnet man das kleine Foto neben dem Kommentar, wenn jemand bei Ihnen etwas kommentiert oder postet). Wenn Sie eine Aufforderung erhalten, ein Bild zu löschen, sollten Sie dem auch nachkommen, da die bereits erwähnte »Mitstörerhaftung« Sie sonst zu einem Komplizen des widerrechtlichen Nutzers des Bilds macht.

Ein trauriges Beispiel hierfür ist ein Lego-Skulptur-Künstler, der die Bildrechte an eine Agentur weiterveräußert hatte. In seinem eigenen Blog forderte er sogar dazu auf, Fotos seiner Kunstwerke zu verwenden. Im Rahmen der veräußerten Bildrechte meldete sich bei einigen Bildern wiederum eine Berliner Agentur, die nachträglich Lizenzeinnahmen im vierstelligen Bereich von den Bloggern wollte. Dieser Fall ist zum Glück glimpflich verlaufen, da sich der Künstler an sein Wort hielt und mit der Agentur eine Einigung fand, so dass die einzelnen Blogger keine Lizenzgebühren zahlen mussten. Aber so viel Glück hat nicht jeder.

Die beste Möglichkeit, auf der sicheren Seite zu bleiben, ist die Verwendung eigener Fotos. Für Dokumentationszwecke in sozialen Netzwerken brauchen Sie nicht immer professionelle Bilder. Ganz im Gegenteil – oft wirken diese eher steril und lassen Ihren Auftritt nicht authentisch wirken. Für kleine Unternehmer,

Freiberufler oder Selbstständige sind Fotos aus dem Alltag gut geeignet. Besonders wertvoll sind sie, wenn sie schöne Erlebnisse im beruflichen Umfeld dokumentieren. Durch die Allgegenwärtigkeit von Smartphones ist dies kein Problem mehr.

Tipp

Eigene Bilder lassen sich mit intuitiv bedienbaren Tools wie etwa Instagram leicht mit Polaroid- und ähnlichen Effekten versehen. So wird auch aus einem einfachen Foto ein Hingucker.

Beachten Sie auch den Markenschutz. Dieser umfasst Logos, aber auch Schriftzüge, in manchen Fällen sogar eine Farbe. Die Telekom hat beispielsweise die Farbe Magenta für Telekommunikationszwecke schützen lassen. Wenn Sie selbst ein einprägsames Logo besitzen, sollten Sie umgekehrt darüber nachdenken, es beim Deutschen Patent- und Markenamt schützen zu lassen. Auf der Website dieses Amts können Sie direkt Erkundigungen über bereits registrierte Marken einholen. Suchen Sie auf *www.dpma.de* nach »Registerauskunft«.

Ein letzter Hinweis, über den Sie aber beim Thema Privatsphäre noch mehr lesen werden: Vergewissern Sie sich explizit, dass die abgebildeten Personen mit einer Veröffentlichung einverstanden sind. Jeder Mensch hat das Recht auf sein eigenes Bild. Eine Ausnahme sind Personen, an denen ein öffentliches Interesse besteht, und Personen, die einen Teil einer Menschenmenge bilden (wenn auf einem Foto von einem Jahrmarkt beispielsweise 50 Menschen abgebildet sind).

12.1.3 Sonderfall: Das Leistungsschutzrecht

Aktuell wird in den Medien viel über den Sonderfall »Leistungsschutzrecht« diskutiert. Das Leistungsschutzrecht ist kein eigenständiger Gesetzestext, sondern wurde am 1. März 2013 zum Schutz von Presseverlegern als Ergänzung zum Urheberrecht (§ 87f Urhebergesetz) beschlossen. Diesen steht demnach als einzigen das Recht zu, ihre Inhalte gewerblich zu nutzen. Warum sind Sie von dieser Diskussion betroffen? Wenn Sie eine Seite verlinken und es eine Vorschau auf den verlinkten Artikel gibt, können Sie gegenüber dem Verlag tantiemepflichtig werden. Wenn Sie Pressartikel aus dem Internet verlinken, müssen Sie darauf achten, ob der Verlag explizit auf das Leistungsschutzrecht verzichtet. Im Moment sind das zum Beispiel das Nachrichtenmagazin DER SPIEGEL oder Heise.de und auch mein Blog (Blogs fallen als regelmäßiges Erzeugnis ebenfalls unter das Leistungsschutzrecht).

Tipp

Eine Liste finden Sie zum Beispiel im Internet auf *http://mediainfo.de/index/lsr-frei*.

Das Zitatrecht ist hiervon nicht betroffen: Es ist nach wie vor erlaubt, einen Artikel zu verlinken, um eine bestimmte Aussage zu belegen.

12.2 Gesetz gegen den unlauteren Wettbewerb (UWG)

Das Gesetz gegen den unlauteren Wettbewerb soll den Verbraucher vor irreführender Werbung und irreführenden Angeboten schützen. Hierbei geht es nicht nur um offensichtliche Fallstricke wie etwa Beispiel unangemessene Versandkosten. Die folgenden Situationen sollen mit dem UWG verhindert werden:

- unsachliche Beeinflussung
- Ausnutzung der geschäftlichen Unerfahrenheit oder einer Zwangslage, Angstwerbung
- Verkaufsförderung durch Gewinnspiele
- getarnte Werbung (sogenannte Schleichwerbung)
- Herabsetzung des Konkurrenten (sogenannte Anschwärzung)
- irreführende Werbung
- vergleichende Werbung
- unzumutbare Belästigung (unaufgeforderte Telefonwerbung, unangeforderte Newsletter, Spam-E-Mail etc.)
- Irreführung durch unwahre Angaben
- Schneeballsysteme
- Geheimnisverrat
- Vorlagenmissbrauch

Im Mittelpunkt steht das Schutzrecht. So sollten Sie bei vergleichender Werbung sehr sachlich bleiben und auf gar keinen Fall Mitbewerber herabsetzen oder gar beleidigen. Auch dürfen Sie keine unwahren Angaben über Ihr Produkt oder Ihre Dienstleistung machen. Irreführende Angaben deckt das Gesetz genauso ab. Bekannt sind Fälle auf eBay geworden, in denen eine »iPhone OVP« versteigert wurde und die Auktionsgewinner tatsächlich eine Originalverpackung zugesandt bekamen, obwohl das Angebot so aufgemacht war, dass man glaubte, auf ein iPhone zu bieten. Das Gesetz gegen unlauteren Wettbewerb ist so ausgelegt, dass ein »normaler« Leser den werbenden Charakter erkennt oder die Aussagen zur Produkt- oder Dienstleistungsausgestaltung versteht.

Die bis jetzt aufgeführten Regeln sollten Ihnen im gewerblichen Verkehr vertraut sein. Im Zusammenhang mit sozialen Netzwerken müssen Sie sich aber mit weiteren Aspekten vertraut machen. Der eine ist die Schleichwerbung, ein weiterer die Akquise von Empfehlungen (auf Gegenleistungsbasis) und der Versand von »Kaltnachrichten«, also Nachrichten an Personen, die Sie nicht kennen und zu denen Sie keine Verbindung haben.

Schleichwerbung

Schleichwerbung ist unzulässig, weil jede Werbemaßnahme so beschaffen sein muss, dass ihr werbender Charakter von den Angesprochenen erkannt werden kann. Auch in den sozialen Netzwerken muss ein Werbe-Posting immer als solches erkennbar sein. Wenn Sie einen Kommentar abgeben, ist dies noch keine Werbung (zumindest keine direkte). Machen Sie jedoch auf Ihr Produkt oder Ihre Dienstleistung aufmerksam, handelt es sich unmissverständlich um Werbung. Gerade bei Social-Media-Fachleuten sind Posts wie »Ich habe gerade etwas gesehen und finde es interessant, schaut mal hier« beliebt, wobei der Link zum eigenen Produkt bzw. der eigenen Dienstleistung führt. Diese Vorgehensweise ist unzulässig.

Akquise von Empfehlungen

Auch bei der Akquise von Empfehlungen gibt es einige Fallstricke. Zunächst sollten Sie Ihr eigenes Produkt nicht selbst bewerten. Dies gilt auch für Sie als Geschäftsführer, wenn Sie eine juristische Person wie eine AG oder GmbH vertreten, und für Mitarbeiter. So sind beispielsweise Rezensionen für eigene Produkte bei Amazon, Bewertungsportalen oder auch Google Places tabu. Genauso wenig ist es zulässig, Kunden zu einer Bewertung zu bewegen. Eine höfliche Ansprache, eine Bitte in der Fußnote Ihrer Mailkorrespondenz oder der Hinweis, dass man sich über eine Bewertung freut, sind hingegen korrekt. Sie dürfen Kunden aktiv um eine Empfehlung oder Bewertung bitte, dürfen dies aber nicht mit Bedingungen verknüpfen. So wären eine Preisnachlass nach einer erfolgten Bewertung oder ein Geschenk für jeden Bewertenden unzulässige Handlungen – diese könnten Abmahnungen nach sich ziehen.

Kontaktanfragen

Weiterhin werden Kontaktanfragen in sozialen Netzwerken mit Mail-Werbung oder einem Telefonanruf gleichgestellt. Und das bedeutet für Sie, dass Sie andere Nutzer nicht aktiv zur Kontaktaufnahme einladen sollten, zumindest nicht mit einem Unternehmensprofil oder einer Unternehmensseite. Sorgen Sie lieber durch interessante Inhalte dafür, dass Sie wahrgenommen werden und andere Nutzer Sie einkreisen, Ihr Fan werden oder Ihnen folgen.

Die Gesetzgebung hat noch eine Allzweckwaffe: Sie erklärt jegliche werbende Maßnahme für unlauter, wenn sie dazu geeignet ist, einen Verbraucher zu einer Entscheidung zu bewegen, die er sonst nicht getroffen hätte.

12.3 Das Impressum

Eine weitere Maßnahme gegen unlautere Methoden ist, dass ein Impressum erreichbar und ausgestaltet sein muss. Grundlage hierfür ist das Telemediengesetz, das seit 2007 die Impressumspflicht regelt. Gerade das Impressum hat in den sozialen Netzwerken traurige Berühmtheit erlangt, weil es immer wieder als Anlass für Abmahnungen genutzt wird. Hierbei werden oft nicht nur die Impressumsinhalte abgemahnt, sondern auch die Erreichbarkeit bzw. Verlinkung. Zum Beispiel darf das Impressum nicht unter dem Link *Info* versteckt werden. Dies wurde vom Landgericht Aschaffenburg für nicht ausreichend erachtet, da der Begriff »Impressum« klar genannt werden muss.

In vielen professionellen Facebook-Auftritten ist das Impressum direkt als eigene Kachel (so werden die anklickbaren Kästchen genannt) eingebunden. Dann ist der Link zum Impressum auf den ersten Blick erkennbar, so dass der Gesetzgebung Genüge getan ist: Für einen gewerblichen Auftritt ist ein Impressum zwingend vorgeschrieben und das Impressum muss mit zwei Klicks erreichbar sein.

Wenn Sie eine Website oder einen Blog besitzen, können Sie auch direkt dorthin verlinken: »Impressum: *www.meinepage.de*«. Sind Sie ausschließlich in den sozialen Netzwerken unterwegs, werden Sie dort ein Impressum einrichten müssen. Bei Facebook ist es möglich, hierfür eine eigene Seite einzurichten, bei anderen Diensten (Google+, LinkedIn oder XING) müssen Sie die vorhandenen Textfelder verwenden. Dies sieht nicht so elegant aus, ist aber nicht zu beanstanden. Bei Twitter ist es schwieriger, ein Impressum zu integrieren. Das Textfeld bietet mit

160 Zeichen einfach nicht genug Platz. Sie sind darauf angewiesen, auf einen anderen Inhalt im Web zuzugreifen und das Impressum zu verlinken.

Abbildung 12.1 Bei Facebook können Sie eine einfache, direkt erreichbare Seite zu Ihren Impressum anlegen (*Quelle: Facebook-Auftritt der BASF AG*).

Genauso wichtig ist es, dass Sie das Impressum nicht nur direkt zugänglich machen, sondern es auch mit entsprechenden Inhalten versehen. Diese sind vom Telemediengesetz vorgegeben:

(1) Diensteanbieter haben für geschäftsmäßige, in der Regel gegen Entgelt angebotene Telemedien folgende Informationen leicht erkennbar, unmittelbar erreichbar und ständig verfügbar zu halten:

> *1. den Namen und die Anschrift, unter der sie niedergelassen sind, bei juristischen Personen zusätzlich die Rechtsform, den Vertretungsberechtigten und, sofern Angaben über das Kapital der Gesellschaft gemacht werden, das Stamm- oder Grundkapital sowie, wenn nicht alle in Geld zu leistenden Einlagen eingezahlt sind, der Gesamtbetrag der ausstehenden Einlagen,*
>
> *2. Angaben, die eine schnelle elektronische Kontaktaufnahme und unmittelbare Kommunikation mit ihnen ermöglichen, einschließlich der Adresse der elektronischen Post,*

3. soweit der Dienst im Rahmen einer Tätigkeit angeboten oder erbracht wird, die der behördlichen Zulassung bedarf, Angaben zur zuständigen Aufsichtsbehörde,

4. das Handelsregister, Vereinsregister, Partnerschaftsregister oder Genossenschaftsregister, in das sie eingetragen sind, und die entsprechende Registernummer,

5. soweit der Dienst in Ausübung eines Berufs im Sinne von Artikel 1 Buchstabe d der Richtlinie 89/48/EWG des Rates vom 21. Dezember 1988 über eine allgemeine Regelung zur Anerkennung der Hochschuldiplome, die eine mindestens dreijährige Berufsausbildung abschließen (ABl. EG Nr. L 19 S. 16), oder im Sinne von Artikel 1 Buchstabe f der Richtlinie 92/51/EWG des Rates vom 18. Juni 1992 über eine zweite allgemeine Regelung zur Anerkennung beruflicher Befähigungsnachweise in Ergänzung zur Richtlinie 89/48/EWG (ABl. EG Nr. L 209 S. 25, 1995 Nr. L 17 S. 20), zuletzt geändert durch die Richtlinie 97/38/EG der Kommission vom 20. Juni 1997 (ABl. EG Nr. L 184 S. 31), angeboten oder erbracht wird, Angaben über

a) die Kammer, welcher die Dienstanbieter angehören,

b) die gesetzliche Berufsbezeichnung und den Staat, in dem die Berufsbezeichnung verliehen worden ist,

c) die Bezeichnung der berufsrechtlichen Regelungen und dazu, wie diese zugänglich sind,

6. in Fällen, in denen sie eine Umsatzsteueridentifikationsnummer nach § 27a des Umsatzsteuergesetzes oder eine Wirtschafts-Identifikationsnummer nach § 139c der Abgabenordnung besitzen, die Angabe dieser Nummer,

7. bei Aktiengesellschaften, Kommanditgesellschaften auf Aktien und Gesellschaften mit beschränkter Haftung, die sich in Abwicklung oder Liquidation befinden, die Angabe hierüber.

(2) Weitergehende Informationspflichten nach anderen Rechtsvorschriften bleiben unberührt.

Neben den vollständigen Angaben über Ihre Unternehmung müssen Sie auch »leicht« zu kontaktieren sein. Bei Facebook ist das am einfachsten, da der Nachrichten-Button direkt integriert ist. Bei Google+ sind Sie mit einer Unternehmenspräsenz direkt ansprechbar. Bei LinkedIn und XING müssen Sie eine E-Mail-Adresse angeben.

Tipp

Am Ende dieses Kapitels finden Sie eine Checkliste, die aufführt, was das Impressum enthalten muss.

Die Impressumspflicht betrifft Sie aber nicht nur, wenn Sie eine rein gewerbliche Seite betreiben. Auch wenn Sie eine persönliche Seiten unter Ihrem Namen erstellen und auf dieser regelmäßig auf Ihr Produkt oder Ihre Dienstleistung aufmerksam machen, kann das bereits als »Schleichwerbung« interpretiert werden. Demnach sollten Sie auch dann ein Impressum zur Verfügung stellen, wenn Sie nur einen persönlichen Facebook, LinkedIn- oder XING-Account haben. Bei einer gemischten Nutzung (also einem persönlichen Profil und einer Unternehmensseite) können Sie auch auf das Impressum des Unternehmens verweisen. Unterstreichen Sie dies, indem Sie in das verlinkte Impressum selbst den Hinweis aufnehmen, »... gilt auch für das persönliche Profil auf XYZ unter dem Namen ABC.«

Wenn Sie ausschließlich ein persönliches Profil besitzen, stellt sich die Frage, ob Sie dieses mit einen vollständigen Impressum überfrachten wollen. Eine Alternative wäre, an anderer Stelle im Internet ein Impressum abzulegen (hierfür gibt es verschiedene Anbieter, zum Beispiel Dropbox) und darauf zu verlinken. Dies wirkt wesentlich eleganter, als wenn Sie in einem persönlichen Profil Details wie Handwerksrolle oder Umsatzsteuer-ID hinterlegen.

Hinweis

Weiterführende Informationen finden Sie gut aufbereitet beim Bundesministerium der Justiz. Dort können Sie Leitfäden einsehen, die sich mit der Impressumspflicht beschäftigen.

12.3.1 Längen und Größen

Das Gesetz über Einheiten im Messwesen und die Zeitbestimmung (EinhZeitG) behandelt alle Maßeinheiten, wie sie im geschäftlichen Verkehr verwendet werden müssen. Das Regelwerk listet 51 Maßeinheiten auf, neben bekannten wie Meter oder Kilogramm auch nicht ganz so bekannte wie Siemens (elektrischer Leitwert), Henry (Induktivität) oder Weber (magnetischer Fluss).

Im Zusammenhang mit Social Media sind die Maßeinheiten, die sich im deutschsprachigen Raum durchgesetzt haben, relevant, vor allem der Zoll, der im Automobilbereich etwa für Felgen verwendet wird, im IT-Bereich für die Größe von Monitoren oder Screens von Telefonen, im HiFi-Bereich als Größenangabe von Boxen, in der Unterhaltungsindustrie als Maß für die Fernsehdiagonale, bei Klempnern für den Rohrdurchmesser. Diese Zollangaben mögen sich bei den Verbrauchern durchgesetzt haben – verwendet werden dürfen sie für sich alleine nicht. Die gesetzlich vorgegebenen Maßeinheiten müssen nicht nur vorhanden sein, sondern auch hervorgehoben werden. Wenn Sie beispielsweise einen Fernseher anbieten, ist die Angabe »40 Zoll« oder »40« auf keinen Fall ausreichend. Auch die Angabe »40 (102 Zentimeter) « genügt nicht. Vielmehr müssen Sie die Zentimeterangabe durch eine größere Schrift oder Fettdruck hervorheben (zum Beispiel »**102 Zentimeter** (40)«. Hieran sollten Sie sich halten, damit Sie keine unangenehmen Überraschungen im Briefkasten vorfinden.

Analog verhält es sich mit der Angabe des Gewichtes in Unzen (Oz.). Nach dem EinhZeitG muss diese genauso behandelt werden wie die Angabe in Zoll: Wenn Sie etwas aus USA importieren, dürfen Sie nicht ausschließlich die dort übliche Gewichtsangabe »6 Oz.« verwenden. Selbst die Angabe »6 Oz. (170 Gramm)« wäre noch nicht ausreichend. Nach dem deutschen Recht müssen Sie die Gramm-Angabe folgendermaßen hervorheben: »**170 Gramm** (6 Oz.)«.

Tipp

Die Angaben von Speichergrößen, zum Beispiel Kilobyte, Megabyte, Gigabyte oder Terabyte, sind hingegen unkritisch, weil diese Einheiten bisher keinen Einzug in die Gesetzestexte gehalten haben und somit keine gesetzliche Größenangabe darstellen. Sie können sie also verwenden, ohne eine metrische Skalierung hinzuzufügen (etwa 1.024 Byte für ein Kilobyte).

12.3.2 Der Datenschutz und die Privatsphäre

Zunächst müssen wir die beiden Begriffe voneinander abgrenzen. Die Begriffe »Datenschutz« und »Privatsphäre« werden gern in einem Atemzug genannt. Tatsächlich handelt es sich aber um zwei verschiedene Sachverhalte, die eng miteinander verbunden sind.

Die rechtliche Grundlage ist im Kern der Datenschutz. Der Begriff entstand in der zweiten Hälfte des 20. Jahrhunderts. Dahinter steht die Idee, dass jeder Mensch frei entscheiden kann, wer zu welchem Zeitpunkt in welchen Umfang seine persönlichen Daten nutzen darf. Der Datenschutz umfasst:

- Schutz vor missbräuchlicher Datenverarbeitung
- Schutz des Rechts auf informationelle Selbstbestimmung
- Schutz des Persönlichkeitsrechts bei der Datenverarbeitung

Der letzte Punkt geht nahtlos in den Schutz der Privatsphäre über. Wenn Sie Social Media in Reinkultur verwenden, ist die Behandlung der Privatsphäre der wichtigste Punkt. Der Datenschutz kommt allerdings ins Spiel, wenn Sie technische Hilfsmittel verwenden, zum Beispiel einen Outlook-Abgleich oder den »Freunde-Finder« von Facebook: Wenn Sie die Exportmöglichkeiten der verschiedenen sozialen Netzwerke nutzen, um die Kontaktdaten herunterzuladen, beginnen Sie bereits mit der Datenverarbeitung. Lassen Sie auf jeden Fall bei den E-Mail-Abgleichen Vorsicht walten. Einen solchen Abgleich ermöglichen die meisten sozialen Netzwerke, beispielsweise LinkedIn, XING, Twitter, Facebook und Google+:

Diese bieten ihren Nutzern an, schnell und einfach zu prüfen, wer schon alles im entsprechenden Netzwerk ein Konto besitzt. Hierzu müssen Sie nur Ihr Passwort bei einem Mail-Provider wie GMX, Hotmail oder Yahoo angeben. Dann nutzen die sozialen Netzwerken Ihr dort hinterlegtes Adressbuch, um es mit der eigenen Datenbank abzugleichen. Anschließend werden Ihre Bekannten präsentiert, mit denen Sie sich anschließend gleich verbinden können. Was viele nicht beachten: Sie geben damit persönliche Daten Ihrer Bekannten und Kollegen an die Betreiber der sozialen Netzwerke weiter. Diese Weitergabe von persönlichen Daten ist aber nur dann zulässig, wenn Sie zuvor explizit um Erlaubnis gefragt haben – und das bei jedem Einzelnen.

Mit dem automatisierten Abgleich sollten Sie sparsam umgehen – und vor allem: Wenn Sie ihn nutzen, achten Sie darauf, dass Sie Buttons mit der Aufschrift »Einladen« oder »Zu XYZ einladen« meiden: Einige Netzwerke nutzen die Mail-Adresse, um die Bekannten einzuladen, auch wenn sie dort noch kein Profil haben. Sie erhalten dann eine Mail von Facebook, XING oder LinkedIn, aus der hervorgeht, dass Sie sie gerne zum Beitritt bewegen wollen. Dies wird aber von vielen als Spam betrachtet. Sie sollten es deshalb vermeiden, Bekannte, Freunde, Kollegen oder Kunden, die noch nicht in einem bestimmten Netzwerk sind, einfach dorthin einzuladen. Tun Sie dies erst nach einem persönlichen Avis.

Die sozialen Netzwerke gehen mit den auf diese Weise hochgeladenen Adressen unterschiedlich um. Facebook ist gerade wegen des »Freunde-Finders« ins Gerede und unter die Beobachtung der Datenschützer gelangt: Facebook hatte für Personen, die gar nicht bei Facebook angemeldet waren, Schattenprofile angelegt. Dies fiel auf, wenn sich jemand neu bei Facebook anmeldete und tatsächliche Bekannte als »könntest du kennen« markiert wurden. Diese Praxis betreibt Facebook mittlerweile jedoch nicht mehr.

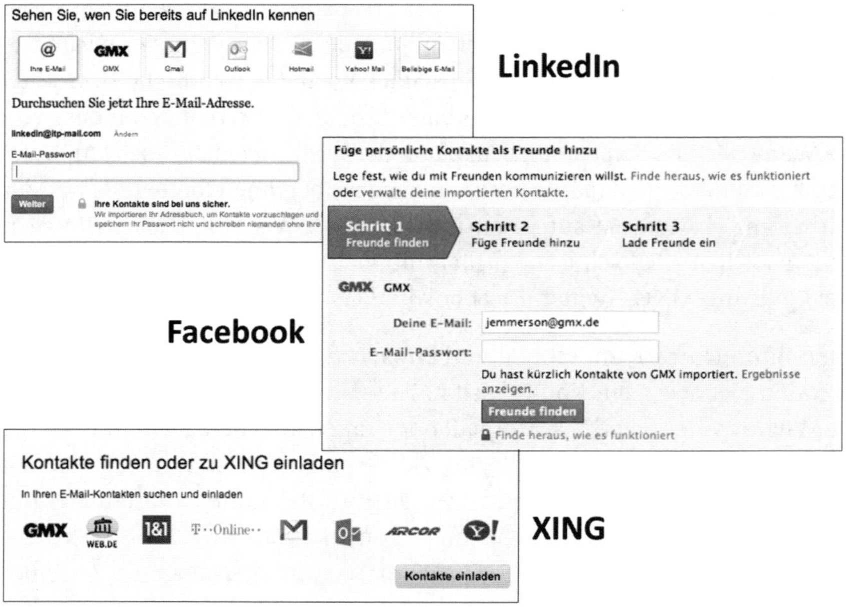

Abbildung 12.2 Abgleiche über Mail-Adressen in verschiedenen sozialen Netzwerken

Egal, was die Netzwerke behaupten: Keiner (außer dem Anbieter selbst) kann darüber Auskunft geben, was mit den persönlichen Daten wirklich passiert und wie lange sie in welchem Umfang gespeichert werden.

12.3.3 Datenschutzhinweis

Der Datenschutzhinweis kommt ins Spiel, wenn Sie nicht nur die Mechanismen eines sozialen Netzwerks verwenden (zum Beispiel XING, LinkedIn oder das Facebook-Profil), sondern Daten von Kunden und anderen Personen in irgendeiner Weise speichern oder verarbeiten. Wenn von Datenverarbeitung die Rede ist, denkt man schnell an Rechenzentren und andere Verarbeitungsmöglichkeiten in ähnlichem Umfang. Wenn Sie jedoch die eben beschriebenen Schnittstellen der sozialen Netzwerke nutzen, um die Kontaktdaten der Kunden hochzuladen, beginnen Sie mit der Datenverarbeitung. Vor allem wenn es sich um Privatkunden handelt, müssen Sie über einen Datenschutzhinweis darauf hinzuweisen.

Paragraph 13 des Telemediengesetzes schreibt Folgendes vor:

> *Der Dienstanbieter hat den Nutzer zu Beginn des Nutzungsvorgangs über Art, Umfang und Zwecke der Erhebung und Verwendung personenbezogener Daten sowie über die Verarbeitung seiner Daten in Staaten außerhalb des Anwendungsbereichs der Richtlinie 95/46/EG des Europäischen Parlaments und des Rates vom 24. Oktober 1995 zum Schutz natürlicher Personen bei der Verarbeitung personenbezogener Daten und zum freien Datenverkehr (ABl. EG Nr. L 281 S. 31) in allgemein verständlicher Form zu unterrichten, sofern eine solche Unterrichtung nicht bereits erfolgt ist.*

Aus einer Datenschutzerklärung muss der Kunde ablesen können, wie Sie die Daten speichern und verwenden. Darüber hinaus müssen Sie dem Kunden eine Möglichkeit bieten, Widerspruch einzulegen.

Ein Datenschutzhinweis ist beispielsweise dann Pflicht, wenn Sie

- personenbezogene Daten speichern,
- Cookies verwenden,
- dem Nutzer die Möglichkeit geben, Blog-Kommentare zu abonnieren,
- einen Google+-Button verwenden,
- Google Analytics einsetzen,
- (oder auch Ihr Anbieter) Daten (zum Beispiel die IP-Adresse) der Nutzer speichern,
- Partner von Amazon sind.

In diesen Fällen werden Nutzerdaten an andere Dienste übertragen – und darauf müssen Sie hinweisen. Im Internet finden Sie Generatoren, die Ihnen eine solche Erklärung erstellen. Der Text sollte, ähnlich wie das Impressum, schnell und einfach auffindbar sein. Als Titel bieten sich Begriffe wie »Datenschutz«, »Datenschutzhinweis« oder »Datenschutzerklärung« an. Auch eine Verlinkung im Impressum sollten Sie vornehmen. Dies gilt auch, wenn Sie einen Blog auf Standardoberflächen wie WordPress oder *Blogger.com* anbieten. Diese bieten Abonnement-Funktionen an und speichern bei Kommentaren die IP- und Mail-Adressen der Benutzer. Das sind auf jeden Fall Elemente, die eine Datenschutzerklärung oder einen Datenschutzhinweis erfordern.

Auch wenn Sie Social Plug-ins verwenden, sollten Sie vorsichtig sein. Diese verarbeiten Benutzerinformationen bereits beim reinen Besuch der Seite, auf der sie eingebunden sind. Es gibt für die Nutzung von Social Plug-ins auch sogenannte Zwei-Klick Lösungen, die vom Heise Verlag eingeführt wurden. Diese kommen dem deutschen und europäischen Datenschutz wesentlich näher als Lösungen mit einem Klick. Wenn Sie beispielsweise einen Facebook-Like-Button direkt in Ihren Blog oder Ihre Website einbinden, wird beim Aufruf Ihrer Seite die IP des Kunden direkt an Facebook gesendet. Ist dieser zum Zeitpunkt des Besuches Ihres Angebotes bei Facebook angemeldet, wird dies von Facebook zugeordnet und gespeichert. Bei der Zwei-Klick-Lösung muss der Nutzer zuerst einen Button aktivieren, bevor er einen Beitrag über (in diesem Beispiel) Facebook teilen kann. Wenn der Nutzer den Button nicht anklickt, werden keine Daten an Facebook übertragen.

Tipp

Der für die Website oder Blog notwendige Code ist Open-Source. Sie finden ihn beim Heise Verlag (*www.heise.de/extras/socialshareprivacy*).

12.4 Privatsphäre

Der Schutz der Privatsphäre verdient besondere Aufmerksamkeit: Zum einen ist die Privatsphäre durch die gesetzlichen Rahmenbedingungen geschützt, zum anderen haben viele Nutzer auch ein gesteigertes Bedürfnis nach dem Schutz ihrer Privatsphäre.

Die Situation ist erstaunlich: Die während der Volkszählung 1987 gesammelten Daten riefen zu dieser Zeit entschiedene Proteste hervor. Heute hinterlassen wir im Internet eine breite Datenspur und auch ohne die Internet-Anbieter werden große Mengen an Informationen gespeichert: Daten von Handy-Providern, von Smartphones, Payback-Karten oder den Banken selbst, die aus den Ein- und Ausgaben eines normalen Girokontos die Ausfallwahrscheinlichkeit berechnen. Wenn Sie regelmäßig Amazon nutzen, sind dem Unternehmen nicht nur die Daten aus Ihren Einkäufen bekannt; es weiß vielmehr auch, was Sie gesucht und angesehen haben. Hieraus ermittelt Amazon Vorschläge, was Ihnen gefallen könnte.

Auch sollten Sie nicht zu viele Informationen über andere preisgeben. Posten Sie zum Beispiel nicht, dass Sie gesehen haben, wie jemand (namentlich genannt) am Samstag aus einem übel beleumdeten Etablissement kam. Das Beispiel mag Ihnen extrem vorkommen, soll aber eines verdeutlichen: Kompromittieren Sie niemanden. Wenn jemand krankgeschrieben ist und beim Facharzt in der Stadt war, so könnte ein an ihn gerichtetes Posting, wie es in der Stadt war, den Arbeitgeber aufmerken lassen. Sie können in einem solchen Zusammenhang immer reagieren und an einer vorhandenen Diskussion teilnehmen, aber Sie sollten niemals der Erste sein, der bestimmte Angaben über andere Personen in den sozialen Netzwerken veröffentlicht.

12.4.1 Worauf müssen Sie achten?

Wenn Sie sich in den sozialen Netzwerken bewegen, werden Sie mit bekannten, aber auch mit fremden Personen in Kontakt treten. Das ist gut so und der Sinn von sozialen Netzwerken. Wenn Sie andere Nutzer erwähnen, sollten Sie darauf achten, dass dadurch keine Rückschlüsse auf andere als die in der Diskussion ohnehin genannten privaten Daten gezogen werden können. Beispiele:

- Wenn Sie mit jemandem auf Facebook oder Google+ kommunizieren, fragen Sie nicht nach dem Wohlbefinden der Ehefrau oder Tochter.
- Publizieren Sie keine Kundenbeziehungen über öffentliche Kanäle: Stellen sie Ihrem Kunden niemals direkte Fragen, die auf Ihre Beziehung Rückschlüsse erlauben. Fragen Sie immer nur allgemein: Was denkt ihr über...? Was würdet ihr tun? Wenn der Kunde die Diskussion eröffnet hat, können Sie natürlich gerne reagieren.
- Wie bereits erwähnt: Laden Sie niemanden aktiv von außen in ein Netzwerk ein, sondern erst dann, wenn Sie die Einladung im Vorfeld avisiert haben Achten Sie darauf, ob der Kontakt bereits Mitglied in dem von Ihnen gewählten Netzwerk ist.
- Mentioning (die verlinkte Erwähnung anderer) sollten Sie nur im positiven Sinn einsetzen, zum Beispiel für Glückwünsche, Dank, gute Ideen etc.
- Vermeiden Sie eine direkte Ansprache auf politische oder religiöse Themen. Wenn Sie selbst auf solche Themen angesprochen werden, reagieren Sie vorsichtig und versuchen Sie, das Thema zu umgehen.
- Steuerberater/Arzt: Sprechen Sie in den sozialen Netzwerken mit Patienten bzw. Mandanten niemals über Diagnosen, Resultate oder Ähnliches, auch nicht, wenn Sie von ihnen direkt kontaktiert werden. Bestehen Sie in diesem Fall auf einem Wechsel des Kanals (zum Beispiel E-Mail oder Telefon).
- Posten Sie nichts, was Rückschlüsse darauf erlaubt, ob ein Kunde oder Kontakt zu einem bestimmten Zeitpunkt an einem bestimmten Ort war.
- Posten Sie nichts, was Rückschlüsse darauf erlaubt, welche Beziehung Ihr Kontakt zu Dritten hat.

Vermeiden Sie Medienbrüche! Wenn Sie einen Kunden bei Facebook oder Google+ als Kontakt haben und auch dort mit ihm kommuniziert haben, bleiben Sie dabei. Ein Wechsel zur E-Mail- oder gar telefonischen Kommunikation wird nicht immer positiv aufgenommen. Oft wissen die Nutzer noch nicht einmal, dass sie mit der Kontaktfreigabe in einem sozialen Netzwerk auch ihre Kontaktdaten veröffentlicht haben. Wenn jemand auf Facebook über den »Like«-Button Ihr Fan geworden ist, bleiben Sie mit ihm auch via Facebook in Kontakt. Gleiches gilt natürlich auch für die anderen sozialen Netzwerke wie LinkedIn und Google+ oder auch Twitter und Pinterest.

Warnung ×

Immer wieder stelle ich fest, dass die Veröffentlichung der Kontaktkoordinaten in den sozialen Netzwerken von Adressensammlern genutzt wird – Nutzer verknüpfen sich mit mir und schicken mir dann E-Mail-Newsletter. Oft kann ich noch nicht einmal die Firmen zuordnen und weiß auch nicht, was sie von mir wollen. Daher gilt: Die Annahme eines Kontaktes ist keine Genehmigung zum Versand von Werbemails oder Newslettern! Nutzen Sie den aus den Kontakten generierten Adressbestand nicht für diese Zwecke. Wenn Sie eine Mailing-Liste erstellen, holen Sie sich zuvor eine Genehmigung ein. Übrigens ist selbst die Einholung einer Genehmigung unzulässig, wenn sie kalt erfolgt (also noch keine Korrespondenz mit dem Kunden stattfand).

Bilden Sie keine Personen ohne Genehmigung im Internet ab

Arbeiten Sie – wie ausdrücklich empfohlen – mit Fotos oder Videos, sollten Sie darauf achten, dass die abgebildeten Personen einer Veröffentlichung zustimmen. Die sozialen Netzwerke stellen mittlerweile einen nahezu öffentlichen Raum dar. Wenn ein Abgebildeter darauf besteht, dass Sie das entsprechende Bild entfernen, müssen Sie diesem Wunsch auch nachkommen. Ausnahme bilden nur Menschenmengen (beispielsweise auf einem Jahrmarkt oder bei einem Fest) oder Personen, an denen die Öffentlichkeit ein Interesse hat.

Tipp ×

Sie können die Problematik auch umgehen: Manchmal ist es unvermeidlich, dass jemand mit aufs Bild gerät, zum Beispiel wenn Sie eine einmalige Situation fotografiert haben oder wenn die Person integraler Bestandteil des Motivs ist. In diesem Fall können Sie die Abgebildeten und deren Namen unkenntlich machen. Hierzu gibt es Filtereffekte, mit denen Sie beispielsweise Gesichter verpixeln können. Gegenüber anderen Varianten – beispielsweise dem berühmten schwarzen Balken über den Augen – hat das Verpixeln den Vorteil, dass es das Gesamtbild nicht so stark in Mitleidenschaft und somit das Auge des Betrachters nicht so stark auf sich zieht. Sie benötigen dazu noch nicht einmal eine Bildbearbeitungssoftware wie Gimp oder Photoshop – vielmehr bieten auch verschiedene Internet-Dienste solche Bearbeitungsmöglichkeiten. Ich persönlich nutze gerne den Online-Fotoeditor *www.pixlr.com*. Dieser eignet sich hervorragend, wenn Sie nur gelegentlich Verpixelungen vornehmen möchten.

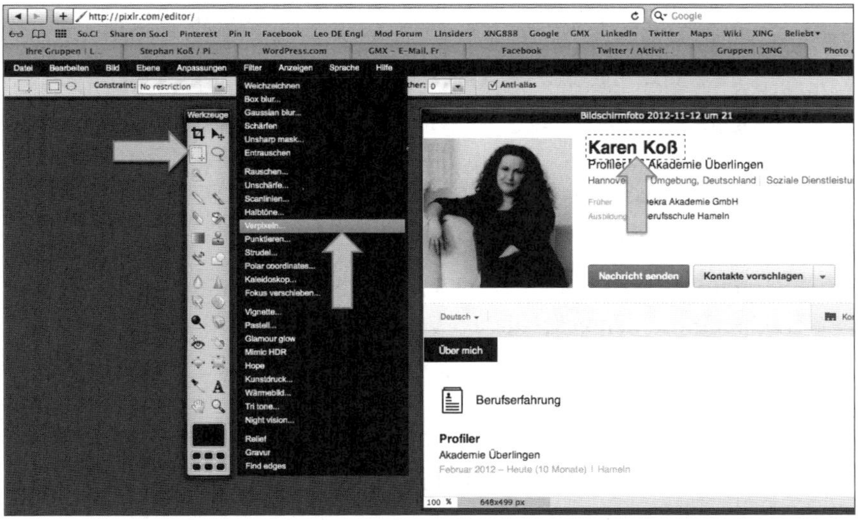

Abbildung 12.3 Zum Verpixeln können Sie auch Online-Fotoeditoren verwenden. Um sie zu bedienen, brauchen Sie kaum Bildbearbeitungskenntnisse.

12.5 Checklisten

12.5.1 Welche rechtlichen Vorschriften müssen Sie bezüglich Ihres Online-Auftritts beachten?

- Treten Sie unter Ihrem eigenen oder unter Ihrem Firmennamen auf?
  - Besitzen Sie die Markenrechte an dem von Ihnen genutzten Namen?
  - Gibt es Mitbewerber, die unter demselben Namen agieren?

- Haben Sie ein Logo?
  - Haben Sie die Rechte an dem Logo?
  - Ist das Logo geschützt?
  - Wird das Logo anderweitig verwendet?
  - Verwenden Sie fremde Logos (zum Beispiel von Lieferanten)?

- Haben Sie ein Impressum?
  - Ist dieses in allen Profilen mit dem Begriff »Impressum« versehen? (Der von Facebook standardmäßig verwendete Begriff »Info« ist nicht ausreichend.)
  - Ist das Impressum von Ihrem Auftritt aus mit maximal zwei Klicks erreichbar?
  - Ist das Impressum vollständig (Die nächste Checkliste führt die notwendigen Elemente auf)?

- Bieten Sie eine einfache und/oder direkte Kontaktmöglichkeit?
  - Bei Facebook, LinkedIn, XING etc. sollten Sie darauf achten, dass Sie direkt kontaktiert werden können. Deaktivieren Sie diese im Regelfall voreingestellte Möglichkeit nicht!
  - Bei einem Blog oder einer Website: Sie müssen eine Möglichkeit anbieten, Sie direkt zu kontaktieren. Eine Angabe und anklickbare E-Mail-Adresse im Seitenbereich ist ausreichend.

- Nutzen Sie irgendwelche Größen-, Gewichts- oder Längenangaben?
  - Entsprechen diese den gesetzlichen Vorgaben?

- Verkaufen Sie Waren direkt über Ihren Social-Media-Auftritt?
  - Beachten Sie das Fernabsatzgesetz.

- Haben Sie einen Blog oder eine Website?
  - In den folgenden Fällen benötigen Sie eine Datenschutzerklärung:
    - wenn Sie personenbezogene Daten speichern, zum Beispiel Abonnements oder Newsletter anbieten
    - wenn Ihre Seite den Facebook-Like-Button oder den Google+-Teilen-Button enthält (Generell ist beim Einsatz jeglicher Social Plug-ins eine Datenschutzerklärung nötig.)
    - wenn Sie Google Analytics einsetzen
    - wenn Sie am Google-AdSense-Programm teilnehmen
    - wenn Sie am Amazon-Programm teilnehmen
    - wenn Sie WordPress oder Blogger.com verwenden

12.5.2 Was müssen Sie bei Postings beachten?

- Ist das Posting persönlich?
  - Soll es auch öffentlich sein? Wenn nicht: Nutzerkreis einschränken, der das Posting sehen soll
  - Werden Personen namentlich genannt?
  - Enthält das Posting ehrverletzende oder gar beleidigende Inhalte? Wenn ja, verzichten Sie auf eine Veröffentlichung.
  - Können Rückschlüsse gezogen werden,
    - ob das Mitglied in einer Kirche ist,
    - ob das Mitglied an einer Krankheit leidet,
    - ob familiäre Beziehungen bestehen,
    - ob das Mitglied zu einem bestimmten Zeitpunkt an einen bestimmten Ort war?

- Ist das Posting religiöser oder politischer Natur?
  - Ist eine Publikation notwendig? Wenn nicht, sollten Sie darauf verzichten, da oft Diskussionen entstehen, die schlecht zu steuern sind oder gar unredlichen Charakter bekommen.

- Sind die Inhalte des Postings wahr?
  - Sarkastische oder ironische Postings unbedingt als solche kenntlich machen. Es gibt viele Menschen, die ein solches Posting nicht verstehen.
  - Generell: Unwahrheiten müssen Sie unterlassen!

- Handelt es sich bei dem Posting um Werbung?
  - Machen Sie den werbenden Charakter deutlich!

- Sind in dem Posting Fotos oder Videos enthalten?
  - Haben Sie das Medium erstellt? Wenn ja, haben Sie auch die Rechte?
  - Bei fremden Medien:
    - Liegt ein allgemeines Veröffentlichungsrecht vor (beispielsweise bei gemeinfreien/Public-Domain-Inhalten)?
    - Haben Sie eine Zusicherung des Rechtinhabers, den Inhalt veröffentlichen zu dürfen?

  - Bei in den Medien abgebildeten Personen:
    - Sind diese Teil einer Menschenmenge?
    - Sind sie persönlich erkennbar?
      - Wenn ja: Dürfen Sie sie abbilden?
      - Wenn nein oder unbekannt: Unkenntlich machen.

12.5.3 Was muss ein Impressum enthalten?

- Agieren Sie als natürliche Person?
  - Familienname
  - Vorname
  - Vollständige und ladungsfähige Postanschrift
  - Postleitzahl
  - Ort
  - Straße
  - Hausnummer
  - Angabe eines Postfaches ist nicht ausreichend!
  - Kontaktinformationen

    - E-Mail-Adresse und eine weitere Möglichkeit, zum Beispiel Kontaktformular oder Telefonnummer. Da bei Angabe der Telefonnummer die Erreichbarkeit ein strittiges Thema ist, nutzen Sie besser zwei elektronische Medien.

- Agieren Sie als juristische Person?
    - Firmenname, vollständig ausgeschrieben
    - Adresse (Postfach ist nicht ausreichend)
    - Registerinformationen
    - Registernummer
    - Führendes Register
    - Führendes Gericht mit Adresse
    - Vertretungsberechtigter
    - Freiwillig: Gesellschaftskapital
    - Kontaktinformationen
    - E-Mail-Adresse und eine weitere Möglichkeit, zum Beispiel Kontaktformular oder Telefonnummer. Da bei Angabe der Telefonnummer die Erreichbarkeit ein strittiges Thema ist, nutzen Sie besser zwei elektronische Medien.

- Sind Sie ein Dienstanbieter (Makler, Spielhalle, Versicherungsvertreter, Gastronomie)?
    - Zuständige Aufsichtsbehörde. Die Angabe muss erfolgen, auch wenn eine Zulassung fehlt oder verweigert wurde. Bei Auseinanderfallen der Zulassungs- und Aufsichtsbehörde ist vorrangig die Aufsichtsbehörde zu nennen.
    - Postanschrift der Behörde
    - Sind Sie in einem Register eingetragen (Handels-, Vereins-, Partnerschafts- oder Genossenschaftsregister)?
    - Register
    - Registernummer
    - Auch ausländische Register müssen angegeben werden.

- Haben Sie einen reglementierten Beruf (Steuerberater, Arzt, Architekt, viele Heilberufe)?
    - Kammer
    - Gesetzliche Berufsbezeichnung
    - Staat, in dem die Berufsbezeichnung verliehen wurde
    - Angaben müssen den Normen entsprechen.
    - Benennung des Gesetzes, nach dem der Titel oder die Berufsbezeichnung verliehen worden ist

- Haben Sie eine Umsatzsteueridentifikationsnummer?
  - Angabe der Umsatzsteueridentifikationsnummer
  - eventuell eine Ersatz-Wirtschaftsidentifikationsnummer

Anhang A
Interessante Links zum Weiterlesen und Vertiefen

Inhalt

- Deutschsprachige Quellen
- Englischsprachige Quellen

Im Internet finden Sie viele Informationen über die sozialen Netzwerke. Vor allem zu Facebook werden Sie unendlich viel Material finden. Leider sind die weniger ernst zu nehmenden schlecht von den guten Blogs zu unterscheiden. Deshalb finden Sie in den folgenden Abschnitten einige lohnenswerte, vorwiegend deutschsprachige Quellen; aber auch einige wichtige englischsprachige Ressourcen sind dabei. Ich habe mich für eine alphabetische Sortierung entschieden, da eine Priorisierung von meiner Seite aus für Sie keine Hilfe darstellt. Zu unterschiedlich können die Gründe sein, die zu einer Recherche führen.

Sicherlich sind gerade die wirklich tiefgehenden Informationen für Sie zu Anfang weniger wichtig. Wenn Sie aber Ihren Stil und Ihre Plattformen gefunden haben, werden Sie zumindest gelegentlich neue Informationen benötigen – gerade wegen der rasanten Entwicklung der sozialen Netzwerke brauchen Sie hin und wieder Anlaufpunkte, die Ihnen Ihre Fragen beantworten können.

Hinweis

Diese Empfehlungen sollen lediglich einen Einstieg für Ihre Suche darstellen. In den Artikeln wird oft auf andere Artikel verwiesen und so führt Ihre Recherche von einem Blog oder einer Website zur nächsten.

A.1 Deutschsprachige Blogs und Internetauftritte

Im deutschsprachigen Raum werden Sie mit der Zeit immer wieder auf dieselben Quellen stoßen. Wie in jedem Bereich gibt es gute und weniger empfehlenswerte Blogs oder Online-Magazine. Viele Blogs dienen nur als Appetithäppchen, um eine Beratungsleistung anzubieten. In einem guten Blog werden Sie auf die im Titel angerissene Fragestellung eine Antwort finden.

A.1.1 blog.schwindt-pr.com

Die PR-Beraterin Annette Schwindt betreibt einen Blog zum Thema Kommunikation. Sie schreibt und bloggt viel über die sozialen Medien und deren Nutzung im Allgemeinen sowie über Facebook und Google+ im Besonderen. Besonders positiv empfinde ich, dass das Thema Kommunikation im Mittelpunkt steht. Es ist nicht der richtige Weg, Lösungen zu bieten, ohne nach Ihren Wünschen oder Zielen zu fragen. Frau Schwindt betrachtet die Fragestellungen hingegen aus der richtigen Perspektive und stellt nicht das Werkzeug (Facebook oder Google+) in den Mittelpunkt, wie es sonst oft üblich ist.

A.1.2 Futurebiz.de

Auf *Futurebiz.de* finden Sie viele gute Artikel zu Social-Media-Themen, insbesondere zu Google+, sowie zahlreiche Statistiken. Wenn Sie aktuelles Material darüber benötigen, auf welcher Plattform Sie mehr Frauen antreffen und wo vor allem junge Leute, empfehle ich diese Seite. Wie der Name des Online-Magazins bereits suggeriert, stehen Trends und Neuigkeiten im Mittelpunkt.

A.1.3 Heise.de

Bei *Heise.de* handelt es sich um den Klassiker für Nachrichten aus dem digitalen Sektor. Der Heise-Verlag publiziert auch die ct und andere Magazine wie etwa iX. *Heise.de* ist sehr umfangreich und die Informationen zu den sozialen Netzwerken gehen in »Prozessorgeflüster«, »Anonymous«, »Julian Asange« und anderen Artikeln unter. Deshalb sollten Sie die Suchfunktion nutzen. Zur Navigation zu einem Thema ist der Online-Auftritt des Heise-Verlages gut geeignet.

A.1.4 Karrierebibel

Auf *Karrierebibel.de* schreiben vorrangig drei Personen: Jochen Mai, Christian Müller und Christian Schroff. Hier finden Sie nicht nur zum Thema Personal und HR viel Material, sondern auch zahlreiche Informationen rund um soziale Netzwerke. Viele Artikel der Karrierebibel befassen sich mit den Themen Twitter und Kommunikation in den sozialen Netzwerken. Die Autoren sparen nicht an kurzen, einfachen Artikeln, die das Leben in und mit den sozialen Netzwerken erleichtern. Die Karrierebibel ist gut zu lesen und auch für Einsteiger geeignet.

A.1.5 LinkedInsiders.wordpress.com

Den Blog LinkedInsiders habe ich im Jahr 2010 eigentlich als Spaßprojekt begonnen. Mittlerweile hat er immerhin den Alexa-Rang 450.000 (er gehört also zu den 450.000 weltweit am häufigsten besuchten Webseiten. Auf LinkedInsiders finden Sie zahlreiche Artikel über Social Media und viele Detailerläuterungen zum Thema LinkedIn. Ich erkläre die neusten Entwicklungen bei LinkedIn, zeige, wie man ein Profil optimiert und wie man eine Gruppe gründet. Zu allen Themen erhalten Sie praktische Tipps. Auch dem großen Informationsbedarf zum Thema Unternehmensprofile trage ich Rechnung. Gerade hierzu erhalte ich die meisten Rückfragen und publiziere deshalb immer wieder aktuelle Artikel zu diesem Themenkomplex. Weiterhin finden Sie statistisches Material zum Thema Business-Netzwerke, vor allem für den deutschsprachigen Raum.

A.1.6 rechtsanwalt-schwenke.de (ehemals Spreerecht)

Rechtsanwalt Thomas Schwenke ist so was wie der Advocatus Diaboli der Social-Media-Branche. Zu allen Themen, die dort Kreativität benötigen, hat er ein »Ja, aber…« auf den Lippen. Er beleuchtet spannende Themen wie die Datenschutzerklärung oder das Impressum und holt einen so in die bittere Realität der deutschen Rechtsprechung zurück. Dabei bereitet er die Themen so auf, dass ein normaler Nutzer sie versteht und sich ihm die Notwendigkeit der juristischen Perspektive erschließt. Dazu bietet Thomas Schwenke gute Werkzeuge wie Textbausteine für eine Datenschutzerklärung und alle Belange, die man als Unternehmer in den sozialen Netzwerken zum abmahnungsfreien Überleben braucht. Bei Fragen rund um das Thema Recht und soziale Netzwerke ist er sicherlich der bekannteste Ansprechpartner. Eine große Hilfe sind die »Generatoren«, die er in seinem Blog kostenfrei zur Verfügung stellt. Wenn Sie ihn über die Suchmaschinen suchen, werden Sie viele Treffer für die Domain »Spreerecht« erhalten, auf der er früher gebloggt hat.

A.1.7 social-media-monitoring.blogspot.de

Dieser Blog beschäftigt sich mit dem Thema Social Media Monitoring. Er enthält viele gute und leicht verständliche Artikel zu diesem eher trockenen Thema. Es werden nicht nur einzelne Tools wie etwa Social Mention vorgestellt, sondern auch viele Analysen zum Social-Media-Monitoring-Markt in Deutschland: Was denken Unternehmen über Social Media Monitoring? Wie viel geben sie dafür aus und was möchten sie darüber lernen? Die verschiedenen Kennzahlen werden anschaulich erklärt. Wenn Sie über einen Fachbegriff wie »Buzz« oder »Follower Ratio« stolpern, kann dieser Blog eine gute Anlaufstelle für eine fundierte Erklärung sein.

A.1.8 rumohr.de/blog

Der Blog von Joachim Rumohr hat sich das Thema XING auf die Fahnen geschrieben. Hier finden Sie viele kleine Tipps und Tricks zum deutschen Business-Netzwerk aus Hamburg. Wenn Sie Ihr Profil verschönern oder optimieren wollen oder nicht wissen, wie Sie mit Hilfe von HTML die XING-»Über mich«-Seite besser darstellen können, bietet der Blog die notwendigen Informationen, Tipps und Tricks.

A.1.9 thomashutter.com

Der Blog von Thomas Hutter rückt das Thema Facebook in den Mittelpunkt. Sie finden zahlreiche Analysen, Trends sowie statistisches Material zur Nutzung des Giganten unter den sozialen Netzwerken. Thomas Hutter begleitet Facebook bei allen Neuerungen. Verändert Facebook sein Layout, können Sie davon ausgehen, dass Thomas Hutter dazu bereits einen Artikel verfasst und Vor- und Nachteile der neuen Vorgehensweise oder des neuen Layouts anschaulich dargestellt hat. Wenn Sie eine Fanseite betreiben oder selbst in Facebook vertreten sind, bietet die Seite einen guten Ausgangspunkt, um sich über die Entwicklungen auf dem Laufenden zu halten.

A.1.10 t3n.de

Ein Eldorado für Informationen rund um die sozialen Netzwerke ist der Online-Ableger des Magazins t3n. Hier finden Sie viele Artikel zu allen sozialen Netzwerken – sei es Google+, LinkedIn, XING oder Facebook. Wenn Sie auch für Laien verständliche Erklärungen suchen, wie sich ein Google+-Profil auf die Suchmaschine Google auswirkt, wie ein Blog gut einzusetzen ist und wie ein Titel für einen Artikel am besten formuliert wird, sind Sie bei t3n richtig.

A.2 Englischsprachige Blogs und Internetauftritte

Wenn Sie sich intensiver mit sozialen Netzwerken auseinandersetzen und zudem der englischen Sprache mächtig sind, finden Sie viele englischsprachige Blogs, Websites oder Artikel. Viele deutsche Artikel basieren auf englischsprachige Publikationen, die adaptiert wurden. Einige Seiten haben Kultcharakter. Besonders Mashable und TechCrunch sind ein »Must Read« in der Social-Media-Branche.

A.2.1 chrisbrogan.com/google-plus

Der Amerikaner Chris Brogan hat eine eigene Kommunikationsfirma und gilt im angloamerikanischen Raum als Star. Er kümmerte sich erst sehr intensiv um Twitter und ist nun auch auf Google+ sehr aktiv. Er ist Autor bei der New York Times. Sein Blog bietet immer wieder gute Artikel, wie man als Unternehmen kommuniziert und sich in den sozialen Netzwerken präsentiert, um als Dienstleister wahrgenommen zu werden. Hierbei stellt Chris Brogan nicht die Werkzeuge (wie Twitter oder Google+), sondern die Kommunikation und das Unternehmen in den Mittelpunkt.

A.2.2 mashable.com

Mashable ist im amerikanischen Raum eines der zentralen Organe für Social-Media-Themen. Hier werden Sie immer aktuelle Artikel zu allen sozialen Netzwerken finden, egal ob Google+, LinkedIn, Twitter, Pinterest, BranchOut oder So. Cl. Die Macher des Online-Magazins haben so ziemlich alle sozialen Netzwerke auf ihrem Radar. Neuigkeiten wie Relaunches finden hier stets Beachtung. Wenn ein soziales Netzwerk von einem Tag auf den anderen anders aussieht und Sie keinen deutschsprachigen Artikel dazu finden, ist Mashable (genau wie TechCrunch) die richtige Anlaufstelle für Ihre Recherche, was sich geändert hat.

A.2.3 socialmouths.com/blog

Socialmouths ist nicht ganz so bekannt wie die anderen amerikanischen Seiten TechCrunch und Mashable. Dafür finden Sie hier Artikel, die auch für Einsteiger gut lesbar sind. Zudem erhalten Sie viele Tipps und Tricks –wie Sie besser Follower auf Twitter bekommen oder wie Sie eine Fanseite auf Facebook so gestalten, dass die Besucher auf der Seite bleiben usw. Socialmouths ist in einfachem Englisch geschrieben; auch mit weniger perfekten Englischkenntnissen werden Sie gut mit Socialmouths zurechtkommen.

A.2.4 techcrunch.com

TechCrunch gehört zu den Seiten, die Sie gelesen haben sollten, wenn Sie sich intensiv mit der Funktionsweise von sozialen Netzwerken auseinandersetzen. Neben Mashable ist TechCrunch auch der beste Einstieg, um nach Neuigkeiten zu Ihrem sozialen Netzwerk zu suchen. Produktankündigungen und Neuerungen wie Werkzeuge oder Änderungen an bestehenden Plattformen werden hier oft mit als erstes beleuchtet. Wahrscheinlich bekommt TechCrunch auch deshalb so hohen Zulauf, weil die Autoren ein exzellentes Netzwerk an Informationszuträgern besitzen.

Stichwortverzeichnis

C

D

E

F

S

T

Z